高等学校"十三五"规

# 电工电子实验实训指导

华旭奋　赵　勇　主编

化学工业出版社

·北京·

本书根据高等学校工科基础课电工、电子技术教学要求编写，重点是电工与电子技术的基础实践训练项目。本书共分为4个模块，模块1为测量与仪表，介绍测量基本知识和常用电工电子测量仪表的使用与测量方法；模块2为电工基础训练，包含了11个电工基础实验训练项目；模块3为模拟电子技术基础训练，包含了12个模拟电子技术实验训练项目；模块4为数字电子技术基础训练，包含了11个数字电子技术实验训练项目。

本书把实验分为三个层次，即验证性实验、技术性实验和综合设计性实验。其中，验证性实验是通过实验的方法再现实验原理，让学生更深刻地理解课程内容；技术性实验是通过实验的方法，让学生掌握电子设备的使用技术，提高学生的动手能力；综合设计性实验主要培养学生综合运用各种知识的技能和创新能力。

本书既可作为电类专业的电路、模拟电子技术、数字电子技术与非电类专业的电工学等课程的实验指导书，也可作为独立的电工与电子技术实验课程的教材。

**图书在版编目（CIP）数据**

电工电子实验实训指导/华旭奋，赵勇主编．—北京：化学工业出版社，2017.6（2022.9重印）
高等学校“十三五”规划教材
ISBN 978-7-122-29599-6

Ⅰ.①电…　Ⅱ.①华…②赵…　Ⅲ.①电工试验-高等职业教育-教材②电子技术-实验-高等职业教育-教材　Ⅳ.①TM②TN-33

中国版本图书馆CIP数据核字（2017）第096178号

责任编辑：王听讲　　文字编辑：张绪瑞
责任校对：吴　静　　装帧设计：韩　飞

出版发行：化学工业出版社（北京市东城区青年湖南街13号　邮政编码100011）
印　　刷：三河市航远印刷有限公司
装　　订：三河市宇新装订厂
787mm×1092mm　1/16　印张10¼　字数260千字　　2022年9月北京第1版第6次印刷

购书咨询：010-64518888　　售后服务：010-64518899
网　　址：http://www.cip.com.cn
凡购买本书，如有缺损质量问题，本社销售中心负责调换。

**定　　价：25.00元**

# 前　言

本书是根据高等学校工科基础课电工、电子技术等基础教材编写大纲的意见，结合笔者多年教学、科研和生产实践经验及当前科学技术发展中的一些新知识、新技术所编写的。既可作为电类专业的电路、模拟电子技术、数字电子技术与非电类专业的电工学等课程的实验指导书，也可作为独立的电工与电子技术实验课程的教材。本书是以一种全新的主题实验形式编写的实验教材，围绕一个实验主题把与该主题相关的实验内容以模块化的形式编写，学生可以根据实验教学的学时安排及自身的能力情况对实验及实践操作内容有选择地完成。

本书共分为 4 个模块，模块 1 为测量与仪表，介绍测量基本知识和常用电工电子测量仪表的使用与测量方法；模块 2 为电工基础训练，包含了 11 个电工基础实验训练项目；模块 3 为模拟电子技术基础训练，包含了 12 个模拟电子技术实验训练项目；模块 4 为数字电子技术基础训练，包含了 11 个数字电子技术实验训练项目。

本书在实验内容上进行了改革，把实验分为三个层次，即验证性实验、技术性实验和综合设计性实验。其中，验证性实验是通过实验的方法再现实验原理，便于学生更好地理解课程内容；技术性实验是通过实验的方法，让学生掌握电子设备的使用技术，提高学生的动手能力；综合设计性实验主要培养学生综合运用各种知识的技能和创新能力。

我们将为使用本书的教师免费提供电子教案等教学资源，需要者可以到化学工业出版社教学资源网站 http://www.cipedu.com.cn 免费下载使用。

全书由无锡职业技术学院华旭奋和赵勇担任主编，其中，模块 1 由无锡职业技术学院赵翱东编写，模块 2 由华旭奋和无锡职业技术学院杨小平编写，模块 3 由杨小平编写，模块 4 由赵勇编写。无锡职业技术学院戴新敏副教授担任主审，他为本书提出了许多宝贵意见和修改建议，在此一并表示衷心感谢。

本书在编写过程中得到了杭州天科教仪设备有限公司、合肥学和晋创科技有限公司的大力协助，江苏大学无锡机电学院胡俊平副教授也在本书编写过程中提出了许多宝贵意见，在此一并表示衷心感谢。

鉴于编者水平有限，书中难免有疏漏和不妥之处，敬请读者批评指正。

编　者

# 目　录

# 模块 1

# 测量与仪表

## 项目 1.1 测量的基本知识

### 1.1.1 训练目标

（1）合理地利用仪器仪表对电路进行各种测量。

（2）掌握测量的基本知识，获取正确的测量结果，达到预期训练目的。

### 1.1.2 原理说明

**1. 测量方法**

在电量参数中，大部分都是可以直接测量的。在直接测量某参数时，根据仪表工作原理，又可将测量方法分成两类。

（1）直读法。由仪表指针或数字显示直接读出被测量大小和单位的测量方法。这种仪表称为直读式指示仪表，如各种电流表、电压表、万用表等。直读法测量简便、迅速，但测量准确度较差。

（2）比较法。将被测量与已知的标准值在仪表内部进行比较，从而得出被测结果的测量方法。这种仪表称为比较式仪表，如电桥、电位差计等。比较法测量准确度高，但速度慢，操作比较麻烦。

电工测量的方法很多。同一个参数往往既能用直接测量也能用间接测量；既可以采用直读法也可以采用比较法。我们应根据具体的情况和要求，选择相应的测量方法。

**2. 测量误差、准确度和灵敏度**

被测量的实际值称为真实值（真值），对被测量进行测量时，其测量结果称为测量值。真实值与测量值之间的差值称为误差，误差的大小反映了测量的准确程度。

1）测量误差的表示方法

误差的表示方法有绝对误差、相对误差和引用误差三种。

（1）绝对误差。被测量的测量值 $A_x$ 与真实值 $A$ 之差称为绝对误差 $\Delta$。由于真实值多数情况下是未知的，所以，通常以标准表的测量值作为真实值，称为实际值。因此，绝对误差可表示为：

$$\Delta = A_x - A \tag{1.1.1}$$

绝对误差是有单位的量，其值可正可负。绝对误差比较直观，但一般不能用来表示测量的准确程度。在工程测量中，凡需评价测量结果的准确度时，均用相对误差。

（2）相对误差。绝对误差与实际值比值的百分数称为相对误差 $\gamma$，即：

$$\gamma = \frac{\Delta}{A} \times 100\% \tag{1.1.2}$$

相对误差只有正负大小而无单位。实际测量中，常用测量值 $A_x$ 代替实际值 $A$，即：

$$\gamma = \frac{\Delta}{A_x} \times 100\% \tag{1.1.3}$$

相对误差能表示某次测量结果的准确程度，但不能表示仪表本身的准确性能。仪表本身的准确性能应由引用误差表示。

（3）引用误差。绝对误差 $\Delta$ 与仪表量程 $A_m$ 比值的百分数称为引用误差 $\gamma_n$，即：

$$\gamma_n = \frac{\Delta}{A_m} \times 100\% \tag{1.1.4}$$

测量时，仪表各刻度处的绝对误差是不相等的。把最大绝对误差 $\Delta_m$ 与仪表量程 $A_m$ 的比值称为仪表的最大引用误差 $\gamma_{nm}$，即：

$$\gamma_{nm} = \frac{\Delta_m}{A_m} \times 100\% \tag{1.1.5}$$

一只合格的电工仪表，在规定的正常工作条件下，最大引用误差应小于其允许值。

2）仪表的准确度

仪表的准确度是衡量仪表质量的重要指标，准确度高，则测量误差小，仪表质量高。准确度的高低用准确度等级表示。指示仪表的准确度等级按国家标准规定分为七级，见表 1.1.1。

显然，仪表的准确度等级与基本误差是直接对应的。根据国家标准规定，基本误差由引用误差表示，这样，仪表准确度等级 $K$ 与仪表最大引用误差应有如下关系：

$$K\% \geqslant \left| \frac{\Delta_m}{A_m} \right| \times 100\% \tag{1.1.6}$$

**表 1.1.1　指示仪表的准确度等级**

| 仪表准确度等级 | 0.1 | 0.2 | 0.5 | 1.0 | 1.5 | 2.5 | 5.0 |
|---|---|---|---|---|---|---|---|
| 基本误差/% | ±0.1 | ±0.2 | ±0.5 | ±1.0 | ±1.5 | ±2.5 | ±5.0 |

注：0.1、0.2 级为标准表；0.5～1.5 级为实验用表；2.5、5.0 级是一般工程用表。

3）仪表的灵敏度

电工仪表指针偏转角的变化量 $\Delta\beta$ 与被测量的变化量 $\Delta A_x$ 之比称为灵敏度 $S$，即：

$$S = \frac{\Delta\beta}{\Delta A_x} \tag{1.1.7}$$

在均匀刻度的仪表中，灵敏度是一个常数。在非均匀刻度的仪表中，灵敏度随工作点的不同而不同。从灵敏度表达式可以看出，仪表灵敏度与被测量的性质有关，例如将 1mA 的电流通入某毫安表时，若该表指针偏转 2 小格，则该毫安表对电流的灵敏度就是 2 格/mA。

灵敏度的倒数称为仪表常数 $\left(C = \frac{1}{S}\right)$。仪表常数表示仪表指针产生单位偏转所需的输入量。灵敏度反映了仪表所能测量的最小被测量，不同形式的仪表灵敏度相差很大。在选用测量仪表时，应选用灵敏度合适的仪表。

**3. 减少测量误差的方法**

根据误差产生的原因，测量误差可分为三类。

1）系统误差

系统误差是指测量过程中保持不变或遵循一定规律变化的误差，它包括测量仪表本身的误差和测量方法上的误差。测量仪表本身的误差指受制造工艺的限制而造成的仪表基本误差和仪表工作条件不符合规定而引起的附加误差。测量方法上的误差指测量方法不完善，使用了近似公式或未能足够估计接触电阻、仪表内阻等因素而造成的误差等。

系统误差的消除方法主要有以下几种。

（1）测量前对仪表进行必要的校正。

（2）选择合理的测量方法，配置适当的测量仪表及附加装置，改善仪表的安装质量和配线方法，采取必要的屏蔽措施，以消除外界电、磁场的影响等。

（3）采用特殊的测量方法以减小系统误差，常用方法有：替代法、正负误差补偿法和引入校正值法。替代法是在保持仪表读数不变的情况下，用等值的标准已知量替代被测量。例如，用电桥测电阻时，在调平衡后，用标准电阻替代被测电阻，从而消除由电桥本身和外界因素影响造成的系统误差。正负误差补偿法是对同一被测量进行两次不同的测量，得到正负不同的误差后求平均值。引入校正值法是在系统误差已知的情况下，在测量结果中引入校正值，以消除系统误差。

（4）合理选择仪表量程。测量时要合理地选择仪表量程，尽可能使仪表读数接近满量程位置。一般情况下，指示仪表的指针在 2/3 满刻度以上时才有比较准确的测量结果。

2）随机误差

随机误差也称偶然误差，是一种大小和符号都不确定，且无一定变化规律的误差。随机误差主要由周围环境的各种随机变化引起。

随机误差必须采用重复测量的方法，通过计算各次测量结果的算术平均值才能消除。测量次数越多，测量结果的算术平均值就越趋近于实际值。在工程测量中，由于随机误差较小，通常可以忽略不计。

3）过失误差

过失误差是明显地歪曲了测量结果的误差。它产生的原因主要是测量条件的突然改变或测量人员的操作不正确。

过失误差明显歪曲测量结果，一般是由于操作者粗心所造成的，因此需要不断提高工作人员的素质和工作责任心，才能避免这种误差的产生。另外，通过重复测量、更换操作人员或利用数理统计分析测量结果，也能判断出过失误差。

**4. 测量数据的处理**

测量数据处理，就是对实验中得到的实验数据（测量值或波形）进行记录、整理、分析和计算，从中得到实验的结论。测量数据处理是实验过程中非常重要的环节，直接影响到实验结论是否正确。

1）有效数字及其表示方法

在测量中，对实验数据进行记录时，并不是小数点后位数越多越精确，由于误差的存在，所以测量值总是近似的。测量数据通常由“可靠数字”和“欠准数字”两部分组成，两者合起来称有效数字。

例如：用一块量程 50V 的电压表（其最小刻度为每小格 1V）测量电压时，指针指在 34V 和 35V 之间，则可读数为 34.4V，其中数字“34”是准确可靠的，而最后一位“4”是估计出来的不可靠数字，因此，该测量值应记为“34.4V”，其有效数字是 3 位，如图 1.1.1 所示。

有效数字位数越多，测量准确度越高。在实验数据的记录中，一定要合理选择有效数字的位数，使所取得的有效数字的位数与实际测量的准确度一致。

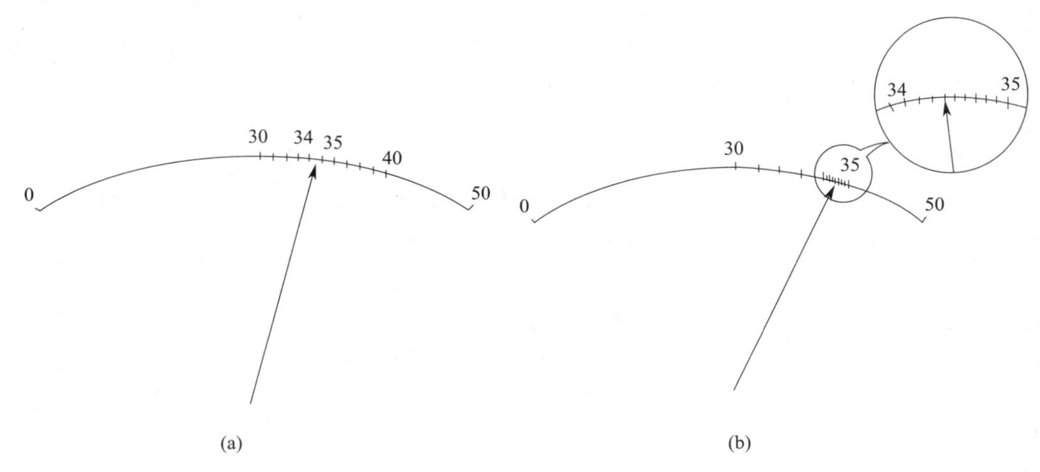


图 1.1.1　有效数字的读取

(1) 有效数字的表示形式。用有效数字记录测量数据时，应遵守以下表示形式。

① 记录测量数据时，只允许保留一位欠准数字。

② 在第一个非零数字前的“0”不是有效数字。

③ 大数值与小数值要用幂的乘积形式来表示。

④ 当有效数字位数确定以后，多余的位数应一律按四舍五入的规则舍去，称为有效数字的修约。

⑤ 表示常数的数字可认为它的有效数字位数无限制，可按需要取任意位。如常数 $\pi$、e、$\sqrt{2}$ 等因子的有效数字的位数在计算中可视需要确定其效数字的位数。

(2) 有效数字的运算规则。当测量结果需要进行中间运算时，有效数字的取舍，原则上取决于参与运算的各数中精度最差的那一个数的有效数字位数。一般应遵循以下规则。

① 加、减运算：在进行加、减运算时，参加运算的各数所保留的位数，一般应与各数小数点后位数最少的数相同。

② 乘除运算：在进行乘除运算时，各因子及计算结果所保留的位数以百分误差最大或有效数字位数最少的项为准，不考虑小数点的位置。

③ 乘方及开方运算：运算结果比原数多保留一位有效数字。

④ 对数运算：取对数前后的有效数字位数应相等。

2) 测量数据的读取与记录

(1) 数字式仪表的读数与记录。一般情况下，从数字式仪表上可直接读出被测量的量值，读出值即可作为测量结果予以记录而无需再经过换算。需注意的是，在使用数字式仪表时，若测量过程中量程选择不当则会丢失有效数字，降低测量精度。例如：用数字电压表测量 2.352V 的电压，在不同的量程时显示值如表 1.1.2 所示。

**表 1.1.2　数字式仪表的有效数字**

| 量程/V | 3 | 30 | 100 |
|---|---|---|---|
| 显示值/V | 2.352 | 02.35 | 002.3 |
| 有效数字位数 | 4 | 3 | 2 |

实际测量时，一般是使被测量值小于但接近于所选择的量程，而不可选择过大的量程。

(2) 指针式仪表的读数与记录。指针式仪表直接读取的指示值一般不是被测量的测量值，而要经过换算才可得到所需的测量结果，即

$$测量值=读数(格)\times仪表常数(C)$$

应注意的是，测量值的有效数字的位数应与读数的有效数字的位数一致。

① 读数——指针式仪表的指针所指出的标尺值并用格数表示，测量时应首先记录仪表的读数。如图 1.1.2 所示为某电压表的均匀标度尺有效数字读数示意图，图中指针的两次读数为 18.8 格和 115.9 格，它们的有效数字位数分别为 3 位和 4 位。

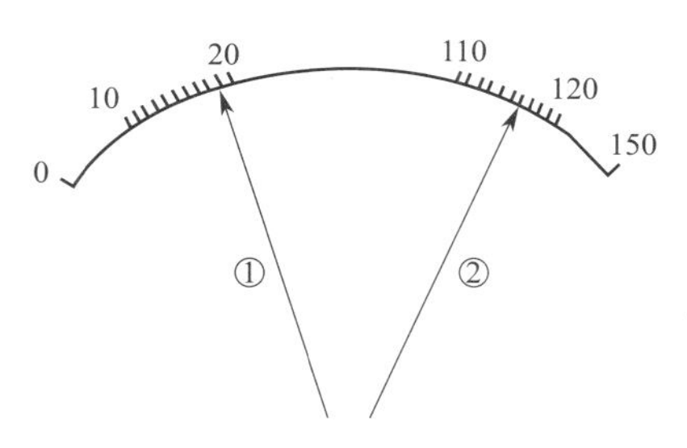

图 1.1.2　指示仪表有效数字读数示意图

② 仪表常数 $C$——即仪表灵敏度的倒数$\left(C=\dfrac{1}{S}\right)$，表示仪表指针产生单位偏转所需的输入量。对于同一仪表，选择的量程不同则仪表常数也不同。

(3) 波形的记录。在实验过程中，常用示波器观察电子线路中电信号的输入、输出波形。在记录波形时要注意以下几点。

① 在坐标系上标示出合适的横坐标、纵坐标的单位及坐标原点。

② 在波形图上标示出能够显示图形变化趋势的关键点及相应的坐标。

③ 描绘示波器测试波形时，在波形图上应该正确反映测试波形之间的相位关系。

④ 描绘示波器测试波形时，要注意正确反映波形与基线的相对位置（可参阅模块 1 项目 1.4 示波器注意事项）。

3) 测量数据的处理

常用的测量数据处理法为列表法和图示法。

(1) 列表法。列表法指测量时将测量结果填写在一个经过设计有一定对应关系的表格中，以便能清楚地从表格中得出各数据之间的简单关系。例如表 1.1.3 所示的是某一电路输出端电压值与负载的对应关系，从表中可见输出端电压值随负载阻值的增大而增大，根据这几组数据我们就能绘制一个输出端电压关于负载变化的曲线。

**表 1.1.3　某电路输出端电压值与负载对应关系**

| $R_L/\Omega$ | 0 | 100 | 200 | 300 | 500 | 1000 | $\infty$ |
|---|---|---|---|---|---|---|---|
| $U_L/V$ | 0.01 | 2.00 | 4.00 | 5.00 | 6.00 | 7.00 | 11.00 |

表格中测试点的设计是列表法的关键，选择的测试点必须能够准确地反映测试量之间的关系，尤其不要遗漏一些关键测试点（如表 1.1.3 中 $R_L$ 为 0 和$\infty$的两点），这样才能比较精确地画出测试曲线。如果测试点描绘的曲线有转折区域，则在曲线的拐点处附近要多选择几组测试点。

(2) 图示法。图示法指用曲线表示测量数据的方法。在分析两个（或多个）物理量之间的关系时，用曲线表示它们之间的关系，往往比用数字、公式表示更形象和直观。

在实际测量过程中，由于测量数据的离散性，如将测量点直接连接起来，所得曲线将呈折线状，如图 1.1.3 所示。但这样的曲线往往是错误的，我们应视情况进行曲线的修匀，即作出拟合曲线，使其成为一条光滑均匀的曲线，如图 1.1.4 所示。若测量数据点分散程度大时，则应将相应的点取平均值后再绘制曲线，如图 1.1.5 所示。

绘制曲线时要注意以下几点：

① 选择合适的坐标系；

② 在坐标系中，一般横坐标代表自变量，纵坐标代表因变量；

③ 在横、纵坐标轴的末端要标明其所代表的物理量及其单位；

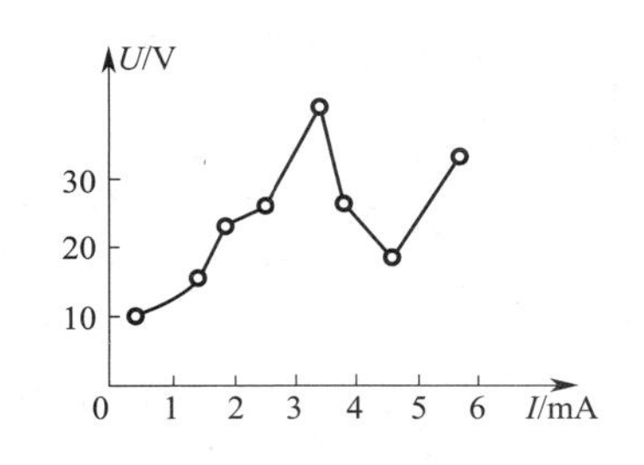


图 1.1.3 各数据点直接连成折线

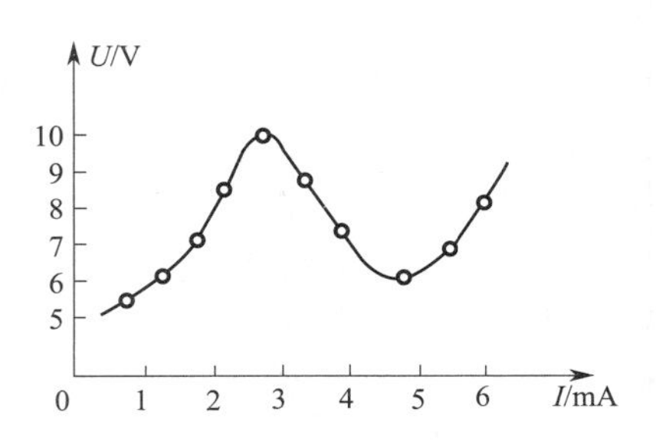


图 1.1.4 拟合后的实验数据曲线

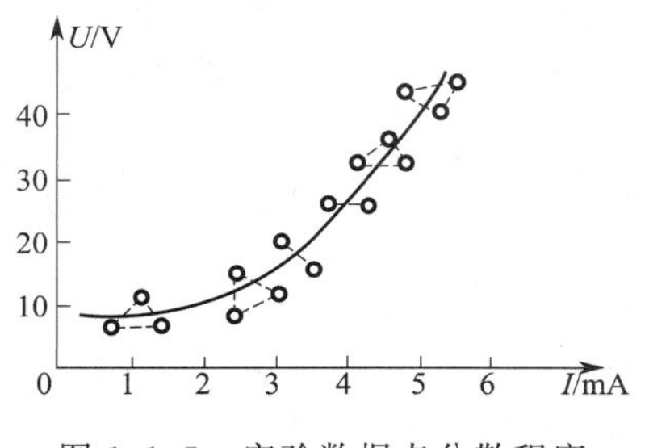


图 1.1.5 实验数据点分散程度大时的曲线绘制

④ 要合理恰当地进行坐标分度。

### 1.1.3 训练内容

（1）怎样表示电工仪表的准确度？为什么直读式仪表尽可能要使用在满量程的$\frac{2}{3}$以上？

（2）用上限为5A的电流表测量2A、3A和4A的电流，仪表指示分别为1.98A、2.98A和4.01A，试确认测量结果的相对误差和仪表的引用误差。

（3）有一电流为10A的电路，用电流表甲测量时，其指示为10.3A；另一电流为50A的电路，用电流表乙测量时，其指示为49.1A。试求甲、乙两只电流表测量的绝对误差和相对误差各为多少？能不能说甲表比乙表更准确？

### 1.1.4 项目报告

（1）根据训练内容，拟定表格，完成报告。

（2）分析误差产生原因。

## 项目1.2 万用表的使用

### 1.2.1 训练目标

（1）熟练掌握MF-47万用表的使用方法。

（2）熟练掌握F17B数字万用表的使用方法。

### 1.2.2 原理说明

万用表，又称万能表，能够测量多种电量和电参数，并且测量量程多、操作简单、携带方便，是一种最常用的电工测量仪表。万用表有指针式和数字式两种。指针式万用表可以测量直流电流、直流电压、交流电压、直流电阻以及音频电平，有的还可以测量电容、电感以及晶体管放大系数。数字式万用表除了具有以上功能外，还可以测量频率、周期、时间间隔等参数。

## 1. 指针式万用表

指针式万用表主要由磁电式测量机构（俗称表头）、测量线路和转换开关三部分组成。下面以 MF-47 型万用表（外形如图 1.2.1 所示）为例说明其使用方法及注意事项。

图 1.2.1　MF-47 指针式万用表外形

1）使用方法

（1）交、直流电压的测量。将转换开关旋至被测量相应的量程，再将红、黑表笔分别与被测电压两端相接。测量直流电压时，红表笔应接电压正极，黑表笔接电压负极，红、黑表笔不能接反，否则会使表针反向偏转而撞弯。如预先无法知道电压正、负极，可选用最高量程，一支表笔定位在一测量点，另一表笔快速点一下另一测量点，看表针偏转方向确定电压正负极后再正式测量。万用表交流电压挡只能用于测量正弦波电压的有效值，频率范围为 45～1000Hz，如果超出频率范围，误差会增大。

（2）交、直流电流的测量。测量电流时，应将万用表串联在被测电路中，测量直流电流时，红、黑表笔分别接高、低电位端，不能接反。当转换开关指向电流挡位时，不能将万用表和电源直接连接，否则易烧坏表头。

（3）电阻的测量。测量电阻前必须先调零。选择合适的电阻挡位，将红、黑表笔短接，旋动调零旋钮使指针指到电阻刻度的零值。测量时将两表笔分别与被测电阻两端良好接触，指针读数乘以挡位所指倍率即为电阻值。每调整一次转换开关挡位，均应先调零。注意电阻不能带电测量，测量时手不能触及表笔金属部分，以避免人体电阻影响读数。

（4）晶体管直流放大系数 $h_{FE}$ 的测量。先将转换开关置于晶体管调节“ADJ”位置，短接红黑表笔，调节欧姆调零旋钮使指针指示在绿色晶体管刻度线的刻度值 300 上，然后再将转换开关转到“$h_{FE}$”位置，将待测晶体管管脚分别插入晶体管测试座的 ebc 管座内，就可根据指针位置从绿色刻度线上读取该晶体管的直流放大系数。NPN 型晶体管应插入 NPN 型管孔内，PNP 型晶体管应插入 PNP 型管孔内。

2）使用注意事项

（1）指针式万用表使用前应先观察指针是否在零位，如果指针有偏移，可通过表盘下方的机械调零螺栓调节。

（2）测量时要正确使用表笔，握法如图 1.2.2 所示。手不能触及表笔的金属部分，以保证人身安全和测量的准确度。

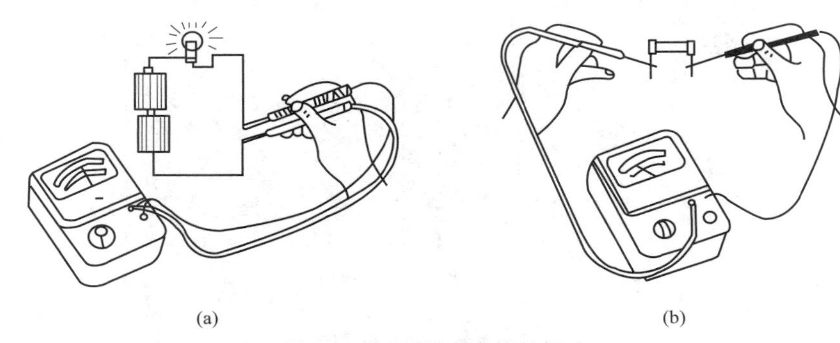


图 1.2.2　万用表表笔的握法

图 1.2.3　Fluke 17B 型数字万用表外观

（3）指针万用表使用完毕后，应将转换开关转到交流电压的最高量程挡位。

（4）经常保持万用表清洁干燥，避免振动。

### 2. 数字万用表

数字式仪表已经成为了工业应用的主流，大有取代模拟式仪表的趋势。数字万用表具有测量准确度高、分辨率高、灵敏度高、抗干扰能力强、显示明了、便于携带等特点。数字万用表的构成核心是集成单片模拟-数字转换器。为实现多种测量功能，其内部还包括电流-电压变换器（I-V），交流电压-直流电压变换器（AC-DC），电阻-电压变换器（Ω-V）以及量程选择电路、数字显示电路等。

Fluke 17B 是美国福禄克公司生产的一款具有 $3\frac{1}{2}$ 位 LCD 液晶显示的手持式数字万用表，其外观如图 1.2.3 所示。

1）Fluke 17B 型数字万用表的端子

Fluke 17B 型数字万用表的外接端子如图 1.2.4 所示。

端子 1：适用于最高 10A 的交流和直流电电流测量及频率测量的输入端子。

端子 2：适用于最高 400mA 的交流电、直流电微安及毫安测量，以及频率测量的输入端子。

端子 3：适用于所有测试的公共端（返回端子）。

端子 4：适用于电压、电阻、通断性、二极管、电容、频率和温度测量的输入端子。

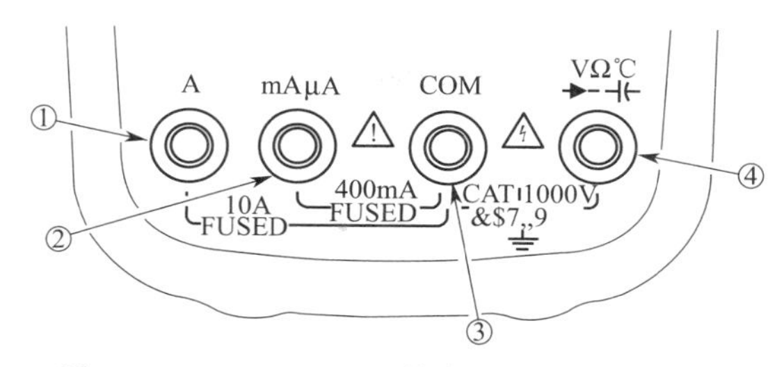


图 1.2.4　Fluke 17B 型数字万用表的外接端子

2）Fluke 17B 型数字万用表的显示屏

Fluke 17B 型数字万用表的显示屏如图 1.2.5 所示，其中各符号代表含义如下。

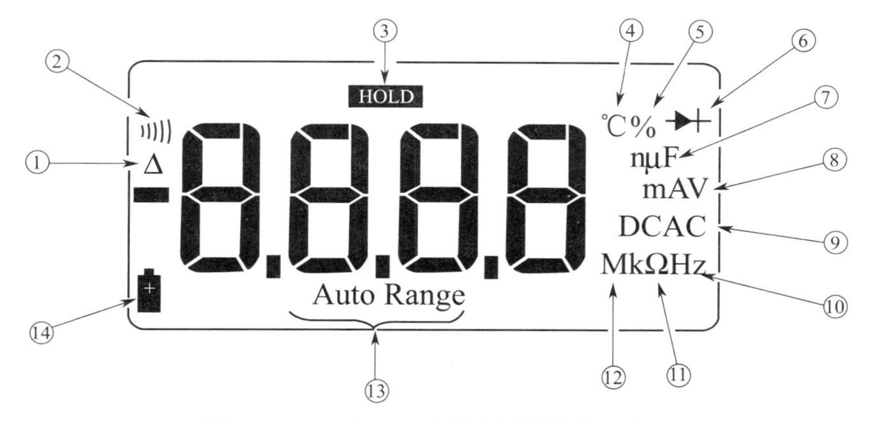


图 1.2.5　Fluke 17B 型数字万用表的显示屏

①：已启用相对测量模式。

②：已选中通断性。

③：已启用数据保持模式。

④：已选中温度。

⑤：已选中占空比。

⑥：已选中二极管测试。

⑦：F——电容法拉。

⑧：A、V——安培或伏特。

⑨：DC、AC——直流或交流电压或电流。

⑩：Hz——已选中频率。

⑪：Ω——已选中欧姆。

⑫：m、M、k——十倍数前缀。

⑬：已选中自动量程。

⑭：电池电量不足，应立即更换。

3）Fluke 17B 型数字万用表的使用方法

（1）电池节能模式切换。如果连续 30min 未使用电表也没有输入信号，万用表将进入“睡眠模式”（Sleep mode），显示屏呈空白。按任何按钮或转动旋转开关，可以唤醒电表。如果要禁用“睡眠模式”，则在开启电表的同时按下“黄色”按钮。

（2）手动量程及自动量程选择。万用表有手动和自动量程两个选择。在自动量程模式内，万用表会为检测到的输入选择最佳量程，这样则可以很方便地转换测试点而无需重新设置量程。也可以手动选择量程来改变自动量程。

如果在某种功能测量时超出量程，万用表将默认进入自动量程模式。当电表在自动量程模式时，会显示 Auto Range。

① 进入及退出手动量程模式的方法。

a. 按下 RANGE 键。每按 RANGE 一次会递增一个量程。当达到最高量程时，再按 RANGE 电表会回到最低量程。

b. 要退出手动量程模式，按住 RANGE 键 2s。

② 数据保留功能。按下 HOLD 键可以保留万用表当前测量读数。再按 HOLD 键则恢复正常操作。

③ 相对测量功能。Fluke 17B 型万用表可进行除频率外所有功能的相对测量。

a. 将万用表设定在希望测量的功能，让探针接触以后测量要比较的电路。

b. 按下 REL 键将此时测得的值储存为参考值，并启动相对测量模式。在后面的测量过程中就会显示参考值和后续读数间的差异。

c. 按下 REL 键超过 2s，万用表恢复正常操作。

④ 测量交流和直流电压。Fluke 17B 型万用表测量电压方法如图 1.2.6 所示。

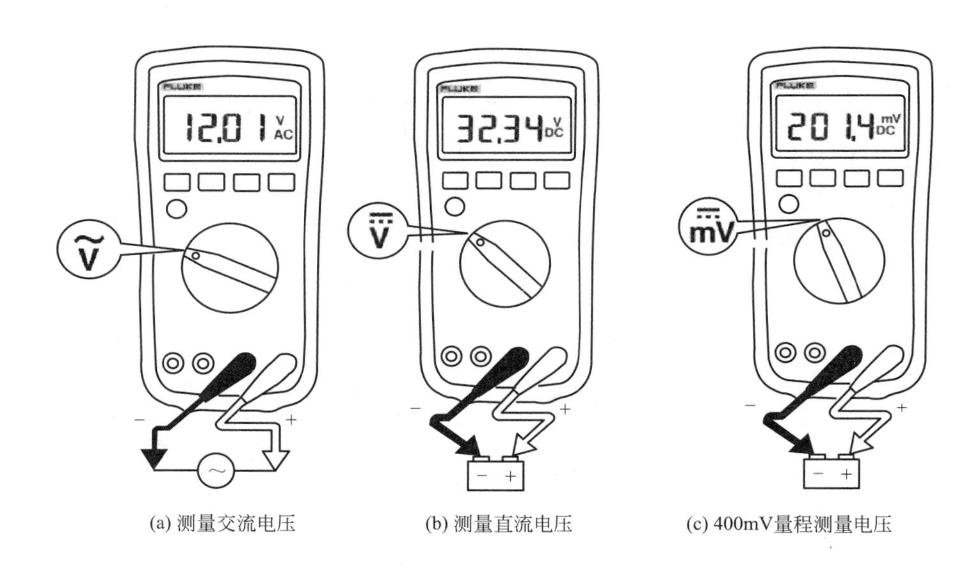


图 1.2.6　测量交流和直流电压

a. 将旋转开关转到 $\tilde{\mathrm{V}}$、$\overline{\mathrm{V}}$ 或 $\overline{\mathrm{mV}}$，选择交流电或直流电。

b. 将红色测试导线插入 VΩ℃ 端子并将黑色测试导线插入 COM 端子。

c. 将探针接触想要的电路测试点，测量电压。

d. 对显示屏上测出的电压进行读数。

注意：手动选择量程是进入 400 $\tilde{\mathrm{mV}}$ 量程的唯一方式。

⑤ 测量交流或直流电流。Fluke 17B 型万用表测量电流方法如图 1.2.7 所示。

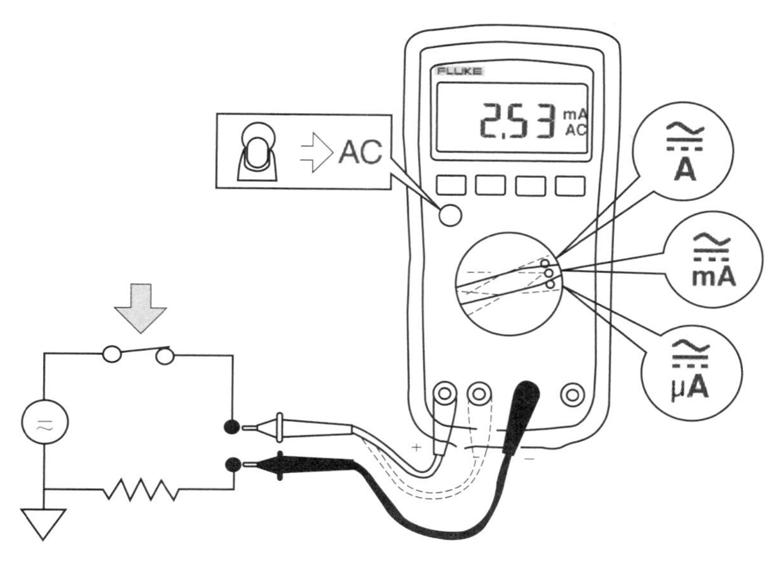


图 1.2.7　测量交流和直流电流

a. 将旋转开关转到 A、mA 或 μA。

b. 按下黄色按钮，在交流或直流电流测量功能间切换。

c. 根据待测电流，将红色测试导线插入 A、mA 或 μA 端子，并将黑色测试导线插入 COM 端子。

d. 将测试导线接入待测电路并开启电源。

e. 对显示屏上测出的电流进行读数。

⑥ 测量电阻和通断性测试。Fluke 17B 型万用表测量电阻及通断性的方法如图 1.2.8 所示。

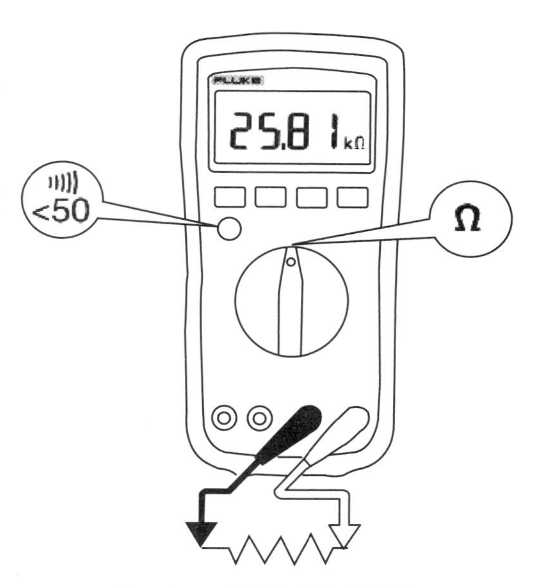


图 1.2.8　测量电阻及通断性

a. 测量前应检查电路情况，确保电路电源关闭，电路中所有电容器已放电。

b. 将旋转开关转至 Ω，再次确保已切断待测电路的电源。

c. 将红色测试导线插入 VΩ°C 端子，并将黑色测试导线插入 COM 端子。

d. 将探针接触电路测试点，测量电阻。

e. 对显示屏上测出的电阻值进行读数。

f. 在测量电阻模式，按两次黄色按钮可以启动通断性测试蜂鸣器。若电阻不超过 50Ω，蜂鸣器会发出连续音，表明短路。若电表读数为 OL，则表示是开路。

⑦ 测试二极管。

a. 测量前应确保电路电源关闭，电路中所有电容器已放电。

b. 将旋转开关转至 Ω。

c. 按黄色功能按钮一次，启动二极管测试功能。

d. 将红色测试导线插入VΩ℃端子并将黑色测试导线插入COM端子。

e. 将红色探针接到待测的二极管的阳极而黑色探针接到阴极。

f. 读取显示屏上的二极管正偏电压值。

g. 若测试导线的电极与二极管的电极反接，则显示屏读数会显示为OL。通过这种情况可以用来区分二极管的阳极和阴极。

⑧ 测量电容。测量前确保断开电路电源，并将所有高压电容器放电。

a. 将旋转开关转至⊣⊢。

b. 将红色测试导线插入VΩ℃端子并将黑色测试导线插入COM端子。

c. 将探针接触电容器导线。

d. 待读数稳定后（长达15s），读取显示屏上的电容值。

⑨ 测量温度。

a. 将旋转开关转至℃。

b. 将热电偶插入电表的VΩ℃和COM端子，确保带有＋符号的热电偶插头插入电表上的VΩ℃端子。

c. 读取显示屏上显示的温度值（摄氏）。

### 1.2.3 训练内容

（1）给定电阻元器件，用MF-47及F17B万用表测量其阻值。

（2）给定50Hz正弦波信号，用MF-47及F17B万用表测量其电压值。

### 1.2.4 项目报告

（1）根据训练内容，拟定表格，完成报告。

（2）分析误差产生原因。

## 项目1.3 函数信号发生器与交流毫伏表的使用

### 1.3.1 训练目标

（1）明确函数发生器与交流毫伏表的用途和主要技术性能。

（2）掌握函数发生器与交流毫伏表的使用方法。

### 1.3.2 交流毫伏表使用说明

#### 1. VD2173交流毫伏表概述

VD2173交流毫伏表是立体声测量的必备仪器，它采用两个通道输入，由一只同轴双指针电表指示，可以分别指示各通道的示值也可指示出两通道之差值，对立体声音响设备的电性能测试及对比最为方便，广泛用于立体声收录机、立体声唱机等立体声音响测试，而且它还具有独立的量程开关，可代作两只灵敏度高、稳定性可靠的晶体管毫伏表，如图 1.3.1 所示。

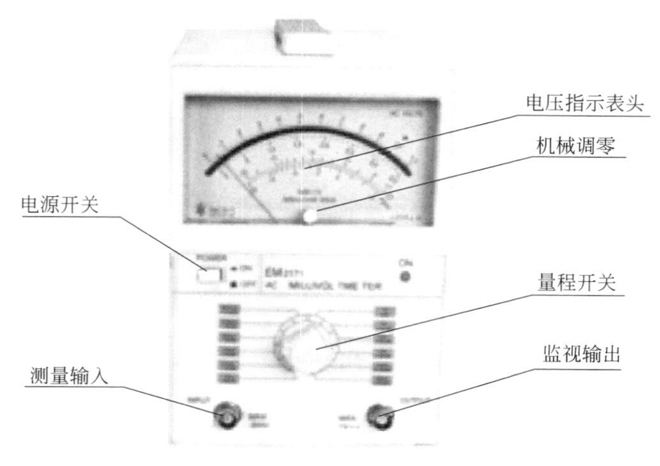


图 1.3.1　交流毫伏表

**2. 技术参数**

（1）测量电压范围：100μV～300V。

仪器共分十二挡电压量程：1mV、3mV、10mV、30mV、100mV、300mV、1V、3V、10V、30V、100V、300V。

分贝量程：－60dB、－50dB、－40dB、－30dB、－20dB、－10dB、0dB、＋10dB、＋20dB、＋30dB、＋40dB、＋50dB。（0dBV＝1V，0dBm＝0.775V）

（2）测量电压的频率范围：10Hz～2MHz。

（3）基准条件下的电压误差：±3%（400Hz）。

（4）基准条件下的频响误差：见表 1.3.1（以 400Hz 为基准）。

**表 1.3.1　　频响误差**

| 频率 | 误差 |
| --- | --- |
| 20Hz～100kHz | ±3% |
| 10Hz～2MHz | ±8% |

（5）在环境温度 0～40℃，湿度≤80%，电源电压为 220V±10%，电源频率为 50Hz±4%时的工作误差：见表 1.3.2。

**表 1.3.2　工作误差**

| 频率 | 工作误差 |
| --- | --- |
| 20Hz～100kHz | ±7% |
| 2mHz～10Hz | ±15% |

（6）输入阻抗：1～300mV，输入电阻≥2MΩ，输入电容≤50pF；1～300V，输入电阻≥8MΩ，输入电容≤20pF。

（7）噪声电压小于满刻度的 3%。

（8）两通道隔离度：≥110dB（10Hz～100kHz）。

(9) 监视放大器。

输出电压：1V±5%。

频响误差：2mHz～10Hz，±3dB（以400Hz为基准）。

(10) 仪器的过载电压。

① 1～300mV各量程交流过载峰值电压为100V，1～300V各量程交流过载峰值电压为660V。

② 最大的直流电压和交流电压叠加总峰值为660V。

(11) 仪器所使用的电源：220V±10%，50Hz±4%，消耗功率5W。

**3. 使用说明**

(1) 通电前，调整电表的机械零位，并将量程开关置300V挡。

(2) 接通电源后，电表的双指针摆动数次是正常的，稳定后即可测量。

(3) 若测量电压未知时，应将量程开关置最大挡，然后逐渐减小量程，直至电表指示大于三分之一满刻度值时读数。

(4) 若要测量市电或高电压时，输入端黑柄鳄鱼夹必须接中线或地端。

**4. 维护说明**

仪器应在正常工作条件下使用，不允许在日光暴晒、强烈振动及空气中含腐蚀气体的场合下使用。常见故障排除方法见表1.3.3。

**表1.3.3　常见故障排除方法**

| 故障 | 排除方法 |
|---|---|
| 接通电源发光管不亮但仪器能正常工作 | 发光管坏应更换 |
| 接通电源发光管不亮仪器不正常工作 | 交流保险丝断应更换 |
| 仪器输入短路指示超过满度值的3% | 管子内部噪声大更换BG201或BG301或BG302 |

## 1.3.3　XHF05B型函数信号发生器使用说明

**1. XHF05B型函数发生器概述**

XHF05B型函数发生器是采用直接数字合成技术（DDS）具有快速完成测量工作所需的高性能指标和众多的功能特性。其简单而功能明晰的前面板设计和中/英文液晶显示界面更便于操作和观察，可扩展的选件功能，可获得增强的系统特性。

**2. 技术参数**

XHF05B型函数信号发生器技术指标见表1.3.4。

**表1.3.4　XHF05B型函数信号发生器技术指标**

| 指标＼型号 | XHF05B | 指标＼型号 | XHF05B |
|---|---|---|---|
| 波形 | 正弦波、方波、三角波、锯齿波、脉冲等32种波形 | 衰减器 | 0dB、−20dB、−40dB、−60dB |
| | | 直流电平 | −10～10V |
| 频率 | 正弦波，1μHz～5MHz；方波，1μHz～1MHz | 占空比 | 10%～90%连续可调 |
| 显示 | TFT液晶显示，320×240，中文/英文菜单 | 输出阻抗 | 50Ω±10% |
| 频率误差 | 50Hz(1±5%) | 正弦失真 | ≤2%(20Hz～20kHz) |
| 幅度 | 2mV(P-P)～20V(P-P) | 方波上升时间 | ≤50ns |
| 功率 | <45V·A | TTL方波输出 | 上升下降时间≤20ns |

**3. 面板说明**

如图1.3.2所示为XHF05B型函数信号发生器的面板。其面板中英文/中文对照见表1.3.5。

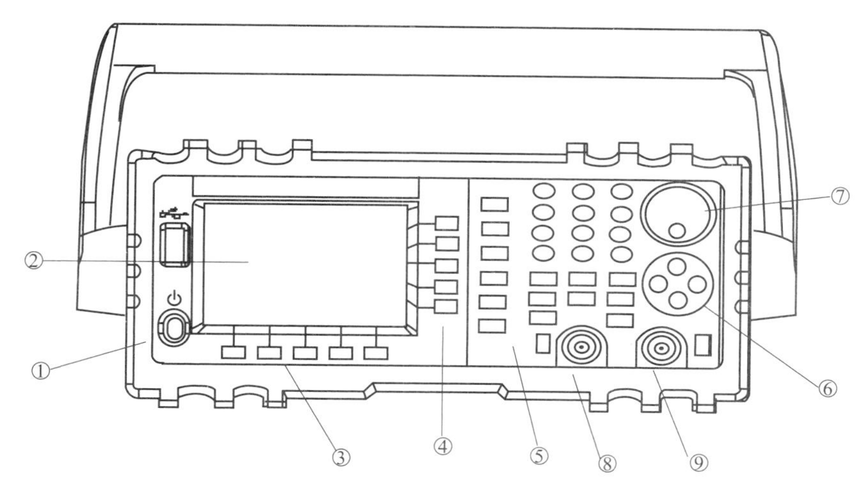


图 1.3.2 XHF05B 型函数信号发生器的面板

①：电源开关。
②：液晶显示屏。
③：单位软键。
④：选项软键。
⑤：功能键，数字键。
⑥：方向键。
⑦：调节旋钮。
⑧：A 路输出/触发。
⑨：B 路输出/触发。

**表 1.3.5 英文/中文对照**

| 英文 | Channel | Sweep | MOD | Burst | SK | Counter | TTL | Utility |
|---|---|---|---|---|---|---|---|---|
| 中文 | 单频 | 扫描 | 调制 | 猝发 | 键控 | 计数 | TTL | 系统 |
| 英文 | Sine | Square | Ramp | Pulse | Noise | Arb | CHA Output/Trigger | CHB Output/Trigger |
| 中文 | 正弦波 | 方波 | 三角波 | 脉冲 | 噪声 | 任意波 | A 输出/触发 | B 输出/触发 |

**4. 注意事项**

（1）把仪器接入 AC 电源之前，应检查 AC 电源是否和仪器所需的电源电压相适应。
（2）仪器需预热 10min 后方可使用。
（3）请不要将大于 10V（DC＋AC）的电压加至输出端和脉冲端。
（4）请不要将超过 10V 的电压加至 VCF 端。

## 1.3.4 训练使用设备及器件

（1）XHF05B 型函数发生器。
（2）VD2173 型交流毫伏表。
（3）MF-47 型万用表。
（4）F17B 型数字万用表。

### 1.3.5 训练内容

（1）用 VD2173 型交流毫伏表分别测量 XHF05B 型函数发生器输出端的正弦波输出电压范围。

$U_{MAX}=$　　　　　　　　$U_{MIN}=$

（2）如表 1.3.6，分别用所列仪表测量正弦波输出电压。

表 1.3.6　正弦波电压的测量

| 序号 | 频率/Hz | VD2173 测量 | MF-47 测量 | 一句话结论 |
|---|---|---|---|---|
| 1 | 50 | 4.3V | | |
| 2 | $8.8\times10^3$ | 1.9V | | |
| 3 | 198 | 7.2V | | |
| 4 | 360 | 26mV | | |

### 1.3.6 项目报告

记录、整理结果，并对结果进行分析。

## 项目 1.4　稳压电源与示波器的使用

### 1.4.1 训练目标

（1）掌握 VD252 示波器的使用方法。

（2）掌握示波器显示波形及测量信号参数的方法。

（3）掌握 VD1710-2B 双路跟踪直流稳压电源的使用方法。

### 1.4.2 VD252 示波器的使用说明

正确的使用和维护可延长仪器的使用寿命。

**1. 放置**

（1）避免将仪器放在过热或过冷的地方。避免将仪器放在阳光直射的地方，夏季不要放在密封的车厢内，或者放在附近有热源的房间内。仪器的最高工作温度为 40℃。

（2）寒冷的冬季，仪器不要放在室外使用。仪器的最低工作温度不低于 0℃。

（3）不要将仪器迅速地从热的环境中移到温度低的环境中，否则仪器将结露。

（4）防潮，防水，防尘；当仪器放在潮湿或有灰尘的地方，容易引起意外事故。仪器的工作湿度为 35%～85%。

（5）不要将仪器放在有强烈振动的地方，使用时也应避免振动。

（6）不要将仪器放在有磁铁或强磁场的地方。

**2. 注重事项**

（1）切勿将重物放在示波器上。

（2）切勿堵塞散热孔。

（3）切勿用重物冲击示波器。

(4) 切勿将导线、大头针等物从散热孔插入仪器内。

(5) 切勿用探头拖拉仪器。

(6) 切勿将发热的烙铁碰到机壳或屏幕。

(7) 切勿将仪器倒置，以防损坏旋钮。

(8) 切勿将仪器立起时将 BNC 电缆连接到后面板上的外消隐端子上，否则电缆可能损坏。

**3. 维护与保养**

(1) 盖板上污点的清除，当外盖板被沾污，先用软布蘸中性清洁剂轻轻擦，然后再用干布擦拭。

(2) 不要用易挥发的溶剂如汽油和酒精擦拭。

(3) 清洁仪器内部时必须确信电源电路的元器件上无残存的电荷，可用干毛刷或皮老虎除尘。

**4. 操作与防护**

(1) 检查电源电压。VD252 开机前，应检查使用场所的电网电压是否符合规定要求。

(2) 使用规定的保险丝。为了防止过载，电源变压器的初级用了一只 1A 保险丝，若保险丝熔断，应仔细查找原因，找出故障点，再用规定的保险丝更换。严禁使用不合规定的保险丝，否则可能出现故障或造成危险。

(3) 不要将亮度调得太亮。不要将光点或扫描线调得太亮，太亮会使眼睛过度疲劳，并且会损坏荧光层。

(4) 不要加入过大的电压。VD252 示波器各输入端及经探头输入的电压值如表 1.4.1 所示。绝不要加入超过规定的高电压。

**表 1.4.1 VD252 示波器各输入端及经探头输入的电压值**

| 输入端 | 输入电压值 | 输入端 | 输入电压值 |
|---|---|---|---|
| 直接输入 | 300V(DC+AC 峰值,1kHz) | 外触发输入 | 300V(DC+AC 峰值,1kHz) |
| 乘 10(经探头) | 400V(DC+AC 峰值,1kHz) | 外消隐 | 30V(DC+AC 峰值,1kHz) |
| 乘 1(经探头) | 300V(DC+AC 峰值,1kHz) | | |

**5. 校准周期**

为确保仪器精度，示波器每工作 1000h 至少校准一次，或者使用频繁时每月校准一次。

**6. 使用探头时应注意**

若使用探头作为测试信号输入连接时，应注意探头的衰减开关位置；当处于①位置时，示波器的带宽将下降（约为 6MHz）；当处于⑩位置时，示波器的带宽才能达到使用手册的要求。

**7. 面板介绍**

VD252 示波器的正面板和反面板分别如图 1.4.1 和图 1.4.2 所示，相关组件说明如下。

1) 电源和示波管系统的控制件

①电源开关：电源开关按进去为电源开，按出为电源断。

②电源指示灯：电源接通后该指示灯亮。

③聚焦控制：当辉度调到适当的亮度后，调节聚焦控制直至扫描线最佳。虽然聚焦在调节亮度时能自动调整，但有时有稍微漂移，应当手动调节以获得最佳聚焦状态。

④基线旋转控制：用于调节扫描线和水平刻度线平行。

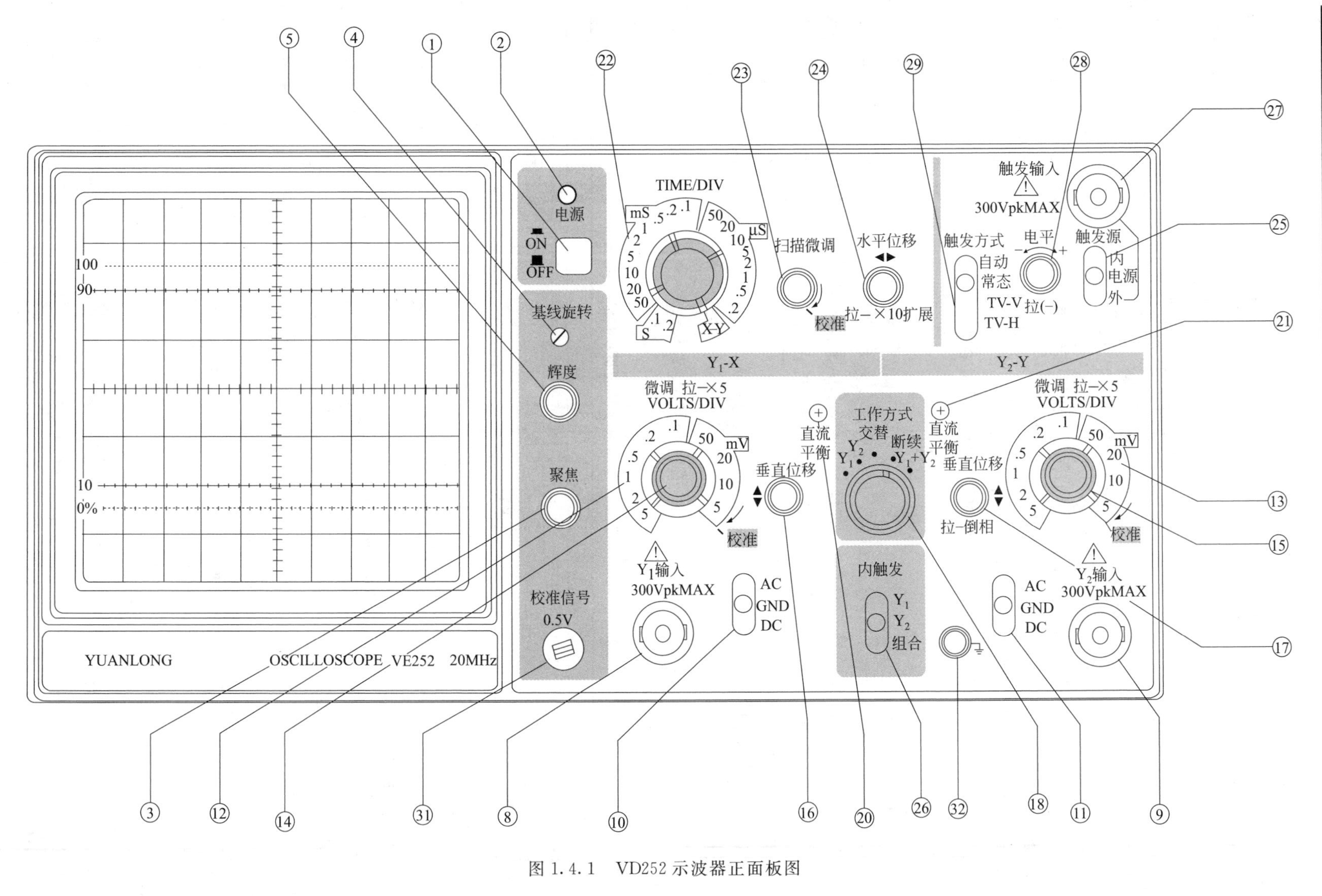


图 1.4.1 VD252 示波器正面板图

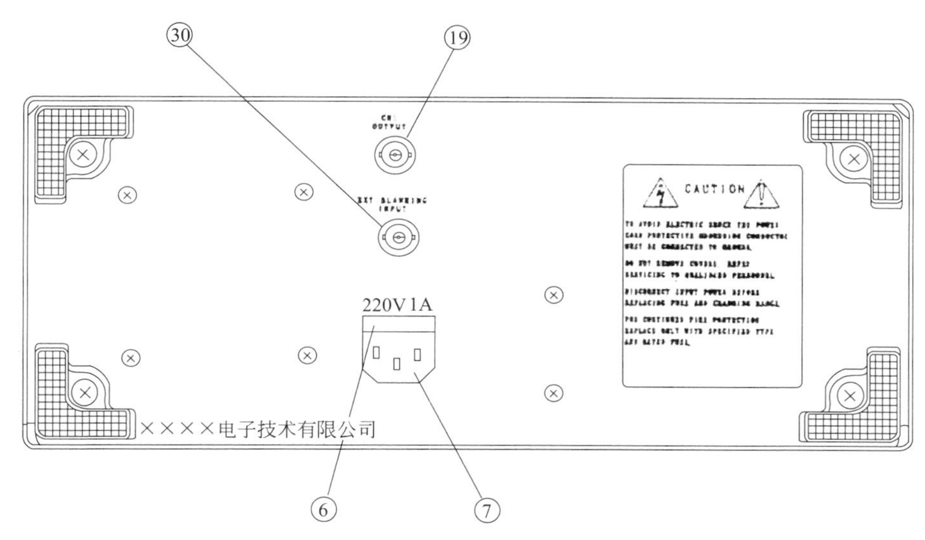


图 1.4.2 VD252 示波器后面板图

⑤辉度控制：此旋钮用来调节辉度电位器，改变辉度。顺时针方向旋转，辉度增加；反之，辉度减小。

⑥电源保险丝插座：用于放置整机电源保险丝。

⑦电源插座：用于插入电源线插头。

2）垂直偏转系统的控制件

⑧$Y_1$ 输入：BNC 端子用于垂直轴信号的输入。

当示波器工作于 X-Y 方式时，输入到此端的信号变为 X 轴信号。

⑨$Y_2$ 输入：类同 $Y_1$，但当示波器工作于 X-Y 方式时，输入到此端的信号变为 Y 轴信号。

⑩、⑪输入耦合开关（AC-GND-DC）：此开关用于选择输入信号送至垂直轴放大器的耦合方式。

AC：在此方式时，信号经过电容器输入，输入信号的直流分量被隔离，只有交流分量被显示。

GND：在此方式时，垂直轴放大器输入端接地。

DC：在此方式时，输入信号直接送至垂直轴放大器输入端而显示，包含信号的直流成分。

⑫、⑬VOLTS/DIV 选择开关：该开关用于选择垂直偏转因数，使显示的波形置于一个易于观察的幅度范围。当 10∶1 探头连接于示波器的输入端时，荧光屏上的读数要乘以 10。

⑭、⑮微调/拉出×5 扩展控制：当旋转此旋钮时，可小范围连续改变垂直偏转灵敏度，顺时针到底为校准位置；逆时针方向旋转到底时，其变化范围应大于 2.5 倍。此旋钮拉出时，垂直系统的增益扩展 5 倍，最高灵敏度可达 1mV/DIV。

⑯$Y_1$ 位移旋钮：此旋钮用于 $Y_1$ 信号在垂直方向的位移。顺时针方向旋转波形上移，逆时针方向旋转波形下移。

⑰$Y_2$ 位移/倒相控制：位移功能同 $Y_1$，但当旋钮拉出时，输入到 $Y_2$ 的信号极性被倒相。

⑱工作方式选择开关：此开关用于选择垂直偏转系统的工作方式。

$Y_1$：只有加到 $Y_1$ 通道的输入信号能显示。

$Y_2$：只有加到 $Y_2$ 通道的输入信号能显示。

交替：加到 $Y_1$、$Y_2$ 通道的信号能交替显示在荧光屏上。此工作方式用于扫描时间短的两通道观察。

断续：在此工作方式时，加到 $Y_1$ 和 $Y_2$ 通道的输入信号受约 250kHz 自激振荡电子开关的控制，同时显示在荧光屏上。此方式用于扫描时间长的两通道观察。

$Y_1+Y_2$：在此工作方式时，加到 $Y_1$、$Y_2$ 通道的信号的代数和在荧光屏上显示。

⑳、㉑直流平衡调节控制：用于直流平衡调节。

3）水平偏转系统的控制件

㉒TIME/DIV 选择开关：扫描时间范围从 0.2μs/DIV 到 0.2s/DIV，按 1-2-5 进制共分 19 挡和 X-Y 工作方式。当示波器工作于 X-Y 方式时，X（水平）信号连接到 $Y_1$ 输入端；Y（垂直）信号连接到 $Y_2$ 输入端，偏转灵敏度从 1mV/DIV 到 5V/DIV，此时带宽缩小到 500kHz。

㉓扫描微调控制：当旋转此旋钮时，可小范围连续改变水平偏转因数，顺时针到底为校准位置；逆时针方向旋转到底时，其变化范围应大于 2.5 倍。

㉔水平移位/拉出扩展×10 控制：此旋钮用于水平移动扫描线，顺时针旋转时，扫描线向右移动；反之，扫描线向左移动。此旋钮拉出时，扫描时间因数扩展 10 倍，即 TIME/DIV 开关指示的是实际扫描时间因数的 10 倍。这样通过调节旋钮就可以观察所需信号放大 10 倍的波形（水平方向），并可将屏幕外的所需观察信号移到屏幕内。

4）触发系统

㉕触发源选择开关：此开关用于选择扫描触发信号源。

内：表示加到 $Y_1$ 或 $Y_2$ 的信号作为触发源。

电源：取电源频率的信号作为触发源。

外：外触发信号加到外触发输入端作为触发源。外触发用于垂直方向上的特殊信号的触发。

㉖内触发选择开关：此开关用于选择扫描的内触发信号源。

$Y_1$：加到 $Y_1$ 的信号作为触发信号。

$Y_2$：加到 $Y_2$ 的信号作为触发信号。

组合：用于同时观察两个波形，触发信号交替取自 $Y_1$ 和 $Y_2$。

㉗外触发输入插座：此插座用于扫描外触发信号的输入。

㉘触发电平控制旋钮：此旋钮通过调节触发电平来确定扫描波形的起始点，亦能控制触发开关的极性；按进去为“＋”极性，拉出为“－”极性。

㉙触发方式选择开关。

自动：本状态仪器始终自动触发，显示扫描线。有触发信号时，获得正常触发扫描，波形稳定显示。无触发信号时，扫描线将自动出现。

常态：当触发信号产生，获得触发扫描信号，实现扫描；无触发信号时，应当不出现扫描线。

TV-V：此状态用于观察电视信号的全场信号波形。

TV-H：此状态用于观察电视信号的全行信号波形。

注：只有当电视同步信号是负极性时，TV-V 和 TV-H 才能正常工作。

5）其他

㉚外增辉输入插座：此输入端用于外增辉信号输入。它是直流耦合；加入正信号辉度降低，加入负信号辉度增加。

㉛校正 0.5V 端子：输出 1kHz、0.5V 的校正方波；用于校正探头的电容补偿。

㉜接地端子：示波器的接地端子。

**8. 调试扫描线**

仪器通电前应检查所用电源是否符合要求，并按表 1.4.2 设置各控制旋钮。

完成上述准备工作后，打开电源。15s 后，顺时针旋转辉度旋钮，扫描线将出现。如果立即开始使用，调聚焦旋钮使扫描亮线最细。

**表 1.4.2　控制旋钮置位表**

| 控制旋钮 | 设置状态 | 控制旋钮 | 设置状态 |
|---|---|---|---|
| 电源开关① | 关 | 触发方式㉙ | 自动(AUTO) |
| 辉度⑤ | 反时针旋转到底 | 触发源㉕ | 内(INT) |
| 聚焦③ | 居中 | 内触发源㉖ | $Y_1$ |
| AC-GND-DC⑩、⑪ | GND | TIME/DIV㉒ | 0.5ms/DIV |
| 垂直位移⑯、⑰ | 居中(旋转按进) | 水平位移 | 居中 |
| 工作方式⑱ | $Y_1$ | | |

如果打开电源而仪器不使用，反时针旋转挥度控制旋钮降低亮度也使聚焦模糊。

注：通常观察时将下列带校准功能旋钮置“校准”位置，如表 1.4.3 所示。

**表 1.4.3　带校准功能旋钮置位表**

| 功能旋钮 | 位　　置 |
|---|---|
| 微调⑭、⑮ | 旋到箭头所指方向，在这种情况下 VOLTS/DIV 被校准，可直接读出数据 |
| 扫描位移㉔ | 该旋钮处于按下状态 |
| 扫描微调㉓ | 旋到箭头所指方向 |

调节 $Y_1$、$Y_2$ 位移旋钮，移动扫描亮线到示波管中心，与水平刻度线平行。有时，扫描线受大地磁力线及周围磁场的影响，发生一些微小的偏转，此时可调节基线旋转电位器，使基线与水平刻度线平行。

**9. 信号连接方法**

测量的第一步是正确地将信号连接至示波器的输入端。

1）探头的使用

(1) 当高精度测量高频率信号波形时，使用附件中的探头，探头的衰减位“10”，输入信号的幅度被衰减 10 倍。

(2) 当测量高速脉冲信号或高频信号时，探极接地点要靠近被测试点，较长接地线能引起振铃和过冲之类波形畸变。VOLTS/DIV 的读数要乘 10。

例如：如果 VOLTS/DIV 的读数为 50mV/DIV，则实际为 50mV/DIV × 10 = 500mV/DIV。

为了避免测量误差，在测量前探头应按下列方法进行校正检查以消除误差。

探头探针接到校正方波输出端；正确的电容值将产生平顶方波，如图 1.4.3 (a) 所示。如果出现如图 1.4.3(b)、(c) 所示的波形，需用起子调整探头校正孔的电容补偿，直到获得正确波形。

2）探头使用注意事项

当不使用探头而直接将信号接到示波器时，应注意下列几点，以最大限度减少测量误差。

图 1.4.3　测量误差调整波形

（1）使用无屏蔽导线时，对于低阻抗高电平不会产生干扰。但应注意到，在很多情况下，其他电路和电源线的静态寄生耦合可能引起测量误差。即使在低频范围，这种测量误差也不能忽略，所以通常应避免使用无屏蔽线。

使用屏蔽线的一端与示波器接地端连接，另一端接至被测电路的地线。最好使用 BNC 同轴电缆线。

（2）在进行宽频带测量时，必须注意下列情况，当测量快速上升波形或高频信号波形时，需使用终端阻抗匹配的电缆线。

特别在使用长电缆时，当终端不匹配时将会因振铃现象导致测量误差。有些测量电路要求端电阻等于测量端的电缆特性阻抗。BNC 电缆的端阻抗为 50Ω，可以满足其目的。

（3）使用较长的屏蔽线进行测量时，屏蔽线本身的分布电容要考虑在内。因为常用屏蔽线具有 100pF/m 的分布电容，它对被测电路的影响是不能忽略的。使用探头能减少对电路的影响。

3）X-Y 工作方式时观察波形

设置时基开关“TIME/DIV”于“X-Y”状态，即示波器工作于 X-Y 方式。此时加载到示波器各输入端的情况如表 1.4.4 所示，同时使水平位移扩展开关（水平位移/拉－×10 扩展旋钮）处于按下状态。

**表 1.4.4　X-Y 工作方式时输入端情况**

| 输入端 | 输入信号 |
|---|---|
| X 轴信号(水平轴信号) | $Y_1$ 输入 |
| Y 轴信号(垂直轴信号) | $Y_2$ 输入 |

### 10. 测量程序

开始测量前先做好以下工作：调节辉度和聚焦旋钮于适当位置以便观察；最大可能减少显示波形的读出误差；使用探头时应检查电容补偿。

1）一般测量

（1）观察一个波形的情况。当不观察两个波形的相位差或除 X-Y 工作方式以外的其他工作状态时，仅用 $Y_1$ 或 $Y_2$ 通道输入。控制旋钮应置于如表 1.4.5 所示状态。

在此情况下，通过调节触发电平，所有加到 $Y_1$ 或 $Y_2$ 通道上的频率在 25Hz 以上的重复信号能被同步并观察。无输入信号时，扫描亮线仍然显示。

若观察低频信号（大约 25Hz 以下），则置触发方式为常态（NORM），再调节触发电平旋钮能获得同步。

**表 1.4.5　测量一个波形控制旋钮设置方式**

| 类　　别 | 旋钮设置方式 |
|---|---|
| 垂直工作方式 | $Y_1(Y_2)$ |
| 触发方式 | 自动(AUTO) |
| 触发信号源 | 内(INT) |
| 触发源 | $Y_1(Y_2)$ |

（2）同时观察两个波形。垂直工作方式开关置交替或断续时就可以方便地观察两个波形。交替用于观察两个重复频率较高的信号，断续用于观察两个重复频率较低的信号。当测量信号相位差时，需要用相位超前的信号作触发信号。

2）直流电压测量

置输入耦合开关于 GND 位置，确定零电平位置。置 VOLTS/DIV 开关于适当位置，置 AC-GND-DC 开关于 DC 位置。扫描亮线随 DC 电压的数值而移动，信号的直流电压可以通过位移幅度与 VOLTS/DIV 开关标称值的乘积获得。如图 1.4.4 所示波形，当 VOLTS/DIV 开关指在 50mV/DIV 挡时，则 50mV/DIV×4.2DIV＝210mV（若使用了 10∶1 探头，则信号的实际值是上述值的 10 倍，既 50mV/DIV×4.2DIV×10＝2.1V）。

3）交流电压测量

与直流电压测量相似，但这里不必在刻度上确定零电平。

如果有一波形显示如图 1.4.5 所示，且 VOLTS/DIV 是 1mV/DIV，则此信号的交流电压是 1V/DIV×5DIV＝$5V_{(P\text{-}P)}$（若使用 10∶1 探头时是 $50V_{(P\text{-}P)}$）。

当观察叠加在较高直流电平上的小幅度交流信号时，置输入耦合于 AC 状态直流成分被隔离，交流成分可顺利通过，提高了测量灵敏度。

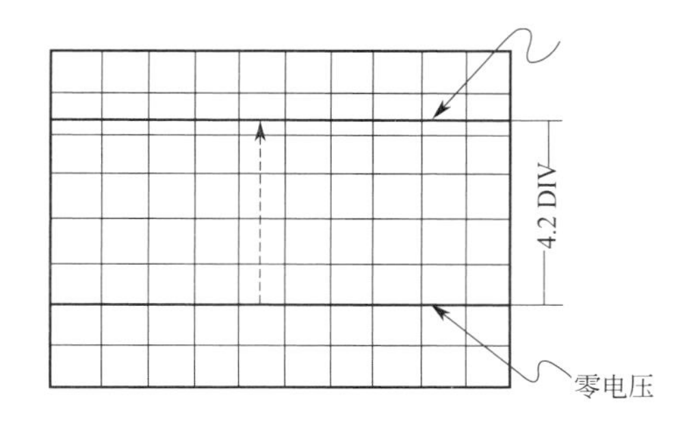


图 1.4.4　直流电压测量波形

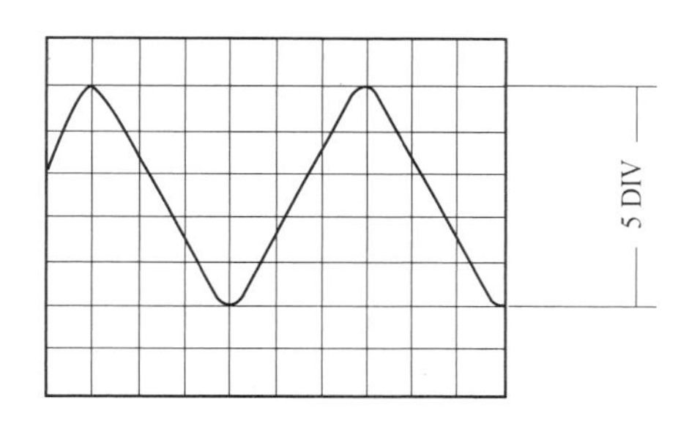


图 1.4.5　交流电压测量波形

4）频率和周期的测量

有输入信号的波形显示如图 1.4.6 所示，$A$ 点和 $B$ 点的间隔为一个整周期，在屏幕上的间隔为 2DIV，当扫描时间因数为 1ms/DIV 时，则周期 $T$ 为 $T$＝1ms/DIV×2.0DIV＝2.0ms，频率 $f=1/T=1/2.0\text{ms}=500\text{Hz}$（当水平位移/拉—×10 扩展按钮拉出时，TIME/

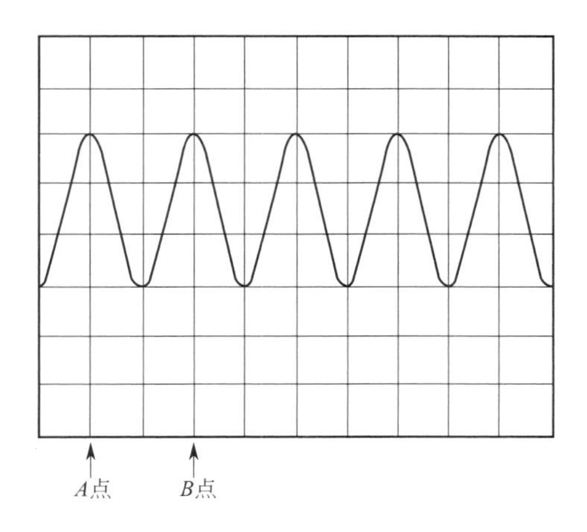


图 1.4.6　周期与频率测量波形

DIV 开关的读数要乘以 1/10）。

**11. 常见故障分析及解决方法**

常见故障分析及解决方法。见表 1.4.6。

**表 1.4.6　常见故障分析及解决方法**

| 故障现象 | 可能的原因 | 解决方法 |
|---|---|---|
| 直流电压不正常 | ①整流电路有问题<br>②稳压块或调整管有问题<br>③推动或取样电路有问题 | ①换损坏的二极管<br>②换稳压块或调整管<br>③换推动电路三极管或取样电路电阻 |
| 无高压或高压不正常 | ①振荡电路有问题<br>②高压整流电路有问题<br>③电位器的调节范围有变化 | ①换振荡管或变换器<br>②换高压二极管或电容<br>③重新调节电位器 |
| 垂直方向光迹偏离 | ①直流平衡未调好<br>②Y 前置有问题<br>③Y 后置有问题<br>④电子开关与门电路有问题 | ①重新调节直流平衡<br>②查 Y 前置电路部分的有关元器件<br>③重点检查 Y 后置的末级放大管<br>④换门电路的有关元器件 |
| 不扫描 | ①锯齿波形成电路有问题<br>②水平放大电路有问题 | ①检查锯齿波形成电路有问题的三极管、集成块等有关元器件<br>②检查水平放大电路中的有关放大管 |
| 同步困难 | ①使用不当<br>②触发放大电路有问题 | ①按产品使用手册的说明操作<br>②检查触发放大电路的有关元器件 |

## 1.4.3　VD1710-2B 双路跟踪直流稳压电源的使用说明

**1. VD1710-2B 稳压电源是实验室通用电源**

该电源Ⅰ、Ⅱ二路具有恒压、恒流功能（CV/CC）且这两种模式可随负载变化而进行自动转换。具有串联主从工作功能，Ⅰ路为主路，Ⅱ路为从路，在跟踪状态下，从路的输出电压随主路的变化而变化，这对于需要对称且可调双极性电源的场合特别适用。Ⅰ、Ⅱ二路每一路均可输出 0～32V、0～2A 直流电源。串联工作或串联跟踪工作时可输出 0～64V、0～2A 或0～±32V、0～2A 的单极性或双极性电源。每一路输出均有一块高品质磁电表或数字电表指示输出参数，使用方便，能有效防止误操作造成仪器损坏。

Ⅲ路为固定 5V、0～2A 直流电源，供 TTL 电路实验，单板机、单片机电源，安全可靠。

**2. VD1710-2B 稳压电源性能指标**

VD1710-2B 稳压电源的特点是稳压、稳流自动转换，采用电流限制保护方式，其性能指标如表 1.4.7 所示。

**表 1.4.7　VD1710-2B 稳压电源性能指标及指标参数**

| 性能指标 | 指标参数 | 性能指标 | 指标参数 |
|---|---|---|---|
| Ⅰ、Ⅱ路输出电压 | 0～32V | Ⅰ、Ⅱ路输出电流 | 0～2A |
| Ⅲ路输出电压 | 5V | Ⅲ路输出电流 | 2A |
| 负载效应 | CV：≤$1\times10^{-4}$+2mV | 纹波及噪声 | CV：≤1mV(rms) |
|  | CC：≤20mA |  | CC：≤1mA(rms) |
| 输出调节分辨率 | CV：20mV(典型值) | 相互效应 | CV：$5\times10^{-5}$+1mV |
|  | CC：50mA(典型值) |  | CC：＜0.5mA |

**3. 面板说明**

面板说明见图 1.4.7。

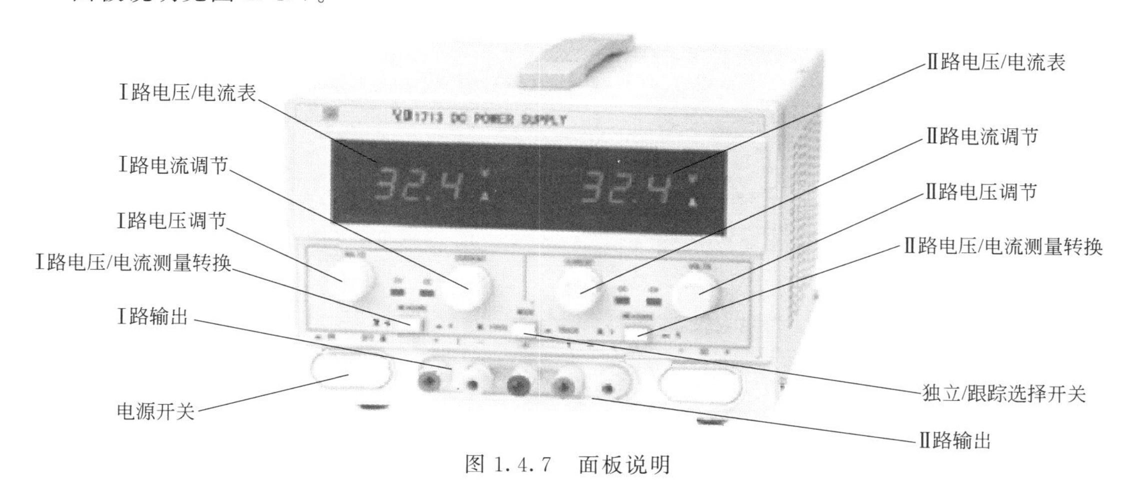


图 1.4.7　面板说明

电压表：指示输出电压。

电流表：指示输出电流。

电压调节：调整恒压输出值。

电流调节：调整恒流输出值。

跟踪工作：串联跟踪工作按钮。

独立：非跟踪工作。

接地端：机壳接地接线柱。

Ⅲ路输出：固定 5V 输出。

**4. 使用方法**

(1) 面板上根据功能色块分布，Ⅰ区内的按键为Ⅰ路仪表指示功能选择，按入时，指示该路输出电流，按出时指示该路输出电压，Ⅱ路和Ⅰ路相同。

(2) 中间按键是跟踪/独立选择开关按入时，在Ⅰ路输出负端至Ⅱ路输出正端加一短接线，开启电源后，整机即工作在主—从跟踪状态。

(3) 恒定电压的调节在输出端开路时调节，恒定电流的调节在输出端短路时调节设定。

(4) 本仪器电源输入为三线，机壳接地，以保证安全及减小输出纹波。

(5) Ⅰ、Ⅱ两路输出为悬浮式，用户可根据自己的使用情况将输出接入自己系统的地电位。

串联工作或串联主从跟踪工作时，两路的四个输出端子原则上只允许有一个端子与机壳地直联，Ⅲ路输出为固定+5V。

## 1.4.4　训练使用设备及器件

(1) VD252 型示波器。

(2) VD2173 型交流毫伏表。

(3) VD1710-2B 型直流稳压电源。

(4) XHF05B 型函数发生器。

## 1.4.5 训练内容

（1）正弦波形的测量，完成表 1.4.8。

**表 1.4.8 正弦波形的测量**

| 正弦信号 | 频率/Hz | | 1k | 150 | 30k | 800k |
| --- | --- | --- | --- | --- | --- | --- |
| | 有效值/V | | 5 | 0.1 | 3 | 1 |
| VD252 测量 | VOLTS/DIV | 挡级 | | | | |
| | | 微调 | | | | |
| | | 格数($V_{P-P}$) | | | | |
| | TIMES/DIV | 挡级 | | | | |
| | | 微调 | | | | |
| | | 格数(1 周) | | | | |
| | 计算 | $V_{P-P}$/V | | | | |
| | | 频率/Hz | | | | |

（2）用直流稳压电源输出一个 7.5V 的电压，并按表 1.4.9 进行测量。

**表 1.4.9 直流电压的测量**

| AC GND DC | TIME/DIV | VOLTS/DIV | 微调 | Y 轴格数 | 实测值/V |
| --- | --- | --- | --- | --- | --- |
| | 任意 | | | | |

## 1.4.6 项目报告

记录、整理结果，并对结果进行分析。

# 模块 2
# 电工基础训练

## 项目 2.1 认识实验

### 2.1.1 训练目标

（1）熟悉实验台上各类电源及各类测量仪表的布局和使用方法。

（2）学会交、直流电压的测量。

### 2.1.2 原理说明

装置主要由电源仪器控制屏、实验桌、实验挂箱等组成。

**1. TKDG-01 电源仪器控制屏**

控制屏采用铁质双层亚光密纹喷塑结构，铝质面板。提供八路 AC220V 电源插座和一路 AC380V 电源插座。其中实验台的左侧一路 AC380V 电源插座，右侧面四路 AC220V 电源插座。为实验提供交流电源、直流电源、恒流源、受控源、信号源及各种测试仪表等。具体功能如下。

1）主控功能板

（1）三相 0～450V 及单相 0～250V 连续可调交流电源。配备一台三相同轴联动自耦调压器，规格为 1.5kV・A/0～450V，克服了三只单相调压器采用链条结构或齿轮结构组成的许多缺点。可调交流电源输出处设有过流保护技术，相间、线间过电流及直接短路均能自动保护，克服了调换保险丝带来的麻烦。配有三只指针式交流电压表，通过切换开关可分别指示三相电网电压和三相调压输出电压。

（2）提供两路低压稳压直流 0.0～30V/1A 连续可调电源，配有数字式电压表指示输出电压，电压稳定度≤0.3%，电流稳定度≤0.3%，设有短路软截止保护和自动恢复功能。

（3）提供一路 0～200mA 连续可调恒流源，分 2mA、20mA、200mA 三挡，负载稳定度≤$5\times10^{-4}$，额定变化率≤$5\times10^{-4}$，配有数字式直流毫安表指示输出电流，具有输出开路、短路保护功能。

（4）设有照明 220V/30W 日光灯一盏，供实验照明用；还设有 220V/30W 的日光灯灯管一支，将灯管的四个头引出供实验用。

（5）实验管理器。

① 平常作为时钟使用，开机即显示当前时间，时钟精度每年 2s 误差。

② 具有设定实验时间、定时报警、切断电源等功能。

③ 可以自动记录与区分由于接线或操作错误所造成的漏电告警、仪表超量程告警等

（能自动指示与判别由何种源引发，无误动作）。

2）仪表、受控源功能板

（1）交流数字电压表1只，采用新型高性能RMS真有效值转换器，配以高速MPU单元设计而成，通过键控、数显窗口实现人机对话功能控制模式。具有自动与手动量程，测量范围0～500V，手动量程为10V、100V、500V。测量精度为0.5级。具有数据存储与查询功能。

（2）交流数字电流表1只，采用新型高性能RMS真有效值转换器，配以高速MPU单元设计而成，通过键控、数显窗口实现人机对话功能控制模式。具有自动与手动量程，测量范围0～5A，手动量程为100mA、1A、5A。测量精度为0.5级。具有数据存储与查询功能。

（3）直流数字电压表1只，采用ICL公司高性能AD转换器配以高速MPU单元设计而成，通过键控、数显窗口实现人机对话功能控制模式。具有自动与手动量程，测量范围0～200V。手动量程为2V、20V、200V。测量精度为0.5级。具有数据存储与查询功能，具有超量程报警、指示等功能。

（4）直流数字毫安表1只，采用ICL公司高性能AD转换器配以高速MPU单元设计而成，通过键控、数显窗口实现人机对话功能控制模式。具有自动与手动量程，测量范围0～2000mA。手动量程为20mA、200mA、2000mA。测量精度为0.5级。具有数据存储与查询功能。具有超量程报警、指示等功能。

（5）智能功率、功率因数表。由24位专用DSP、16位高精度AD转换器和高速MPU单元设计而成，通过键控、数显窗口实现人机对话功能控制模式。软件上采用RTOS设计思路，同时配有PC监控软件来加强分析能力。能测量电路的功率、功率因数。功率测量精度为1.0级，功率因数测量范围0.3～1.0，电压电流量程为450V和5A，能自动判别负载性质（感性显示“L”，容性显示“C”，纯电阻不显示），并可存储测量数据，供随时查阅。

**2. 实验组件挂箱**

（1）TKDG-03电路基础实验箱。提供基尔霍夫定律（可设置三个典型故障点），叠加原理（可设置三个典型故障点），戴维南定理，诺顿定理，二端口网络，互易定理，$R$、$L$、$C$串联谐振电路（$L$用空心电感），$R$、$C$串并联选频电路及一阶、二阶动态电路等实验。各实验器件齐全，实验单元隔离分明，实验线路完整清晰，验证性实验与设计性实验相结合。

（2）TKDG-04交流电路实验箱。提供单相、三相负载电路、日光灯、变压器、互感器及电度表等实验。负载为三个完全独立的灯组，可连接成Y或△两种三相负载线路，每个灯组均设有三个并联的白炽灯锣口灯座（每组设有三个开关控制三个负载并联支路的通断），可插60W以下的白炽灯九只，各灯组设有电流插座；日光灯实验器件有30W整流器、电容器（2.2μF/500V、4.7μF/500V）、启辉器及短接按钮；铁芯变压器一只（50V·A、36V/220V），原、副边均设有保险丝及电流插座；互感线圈一组，实验时挂上，两个空心线圈L1、L2装在滑动架上，可调节两个线圈间的距离，并可将小线圈放到大线圈内，配有大、小铁棒各一根及非导磁铝棒一根；电度表一只，规格为220V、3/6A，实验时挂上，其电源线、负载线均已接在电度表接线架的接线柱上，实验方便；铁芯变压器一只（50V·A、36V/220V），原副边均设有保险丝及电流插座便于电流的测试，可进行变压器原、副绕组同名端判断及变压器用等实验。

（3）TKDG-05元件箱。提供实验所需的各种元件，如电阻、二极管、发光管、稳压管、电位器及12V指示灯等，还提供十进制可调电阻箱，阻值为0～99999.9Ω/2W。

（4）TKDG-10受控源（四路）、回转器、负阻抗变换器。提供流控电压源CCVS、压控电流源 VCCS、压控电压源 VCVS、流控电流源 CCCS、回转器及负阻抗变换器等实验模块。四组受控源、回转器、负阻抗变换器均采用标准网络符号。

（5）实验连接线。根据不同实验项目的特点，配备两种不同的实验连接线，强电部分采用高可靠护套结构手枪插连接线（不存在任何触电的可能），里面采用无氧铜抽丝而成头发丝般细的多股线，达到超软目的，外包丁腈聚氯乙烯绝缘层，具有柔软、耐压高、强度大、防硬化、韧性好等优点，插头采用实芯铜质件外套铍轻铜弹片，接触安全可靠；弱电部分采用弹性铍轻铜裸露结构连接线，两种导线都只能配合相应内孔的插座，不能混插，大大提高了实验的安全及合理性。

如图 2.1.1 所示为 TKDG-1 电工技术实验台外观。

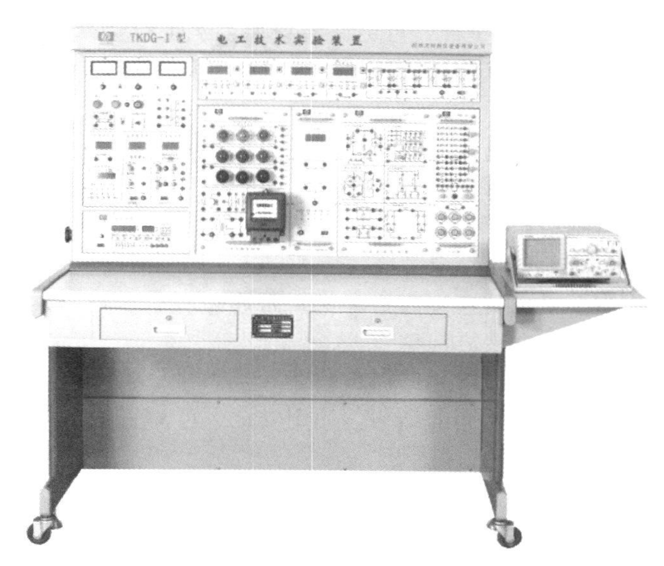


图 2.1.1　TKDG-1 电工技术实验台

## 2.1.3　训练使用设备及器件

TKDG-1 型电工技术实验装置。

## 2.1.4　训练内容

（1）打开三相电源开关，用交流电压表分别测量电源线电压和相电压，记入表 2.1.1。

**表 2.1.1　测量数据表 1**

| 被测量 | 相电压 | | | 线电压 | | |
|---|---|---|---|---|---|---|
| | $U_{U1N1}$ | $U_{V1N1}$ | $U_{W1N1}$ | $U_{U1V1}$ | $U_{V1W1}$ | $U_{W1U1}$ |
| 电压表读数/V | | | | | | |

（2）测量三相可调交流电源输出电压的调节范围，记入表 2.1.2。

**表 2.1.2　测量数据表 2**

| 被测量 | $U_{UN}$ | $U_{VN}$ | $U_{WN}$ | $U_{UV}$ | $U_{VW}$ | $U_{WU}$ |
|---|---|---|---|---|---|---|
| 最大值/V | | | | | | |
| 最小值/V | | | | | | |

(3) 打开电压源，用直流电压表测量其输出电压，记入表2.1.3。

表2.1.3 测量数据表3

| 电压源输出 | 1V以下 | 1～10V | 10V以上 |
| --- | --- | --- | --- |
| 电压表读数/V | | | |

## 2.1.5 注意事项

(1) 三相四线制（或三相五线制）电源输入，总电源由三相钥匙开关控制。

(2) 控制屏电源由接触器通过启、停按钮进行控制。

(3) 三相交流电源0～450V连续可调，单相交流电源0～250V连续可调，设有三相同轴联动自耦调压器（1.5kV·A）一台，可更好地满足教学实验要求。

(4) 屏上装有电压型漏电保护装置，控制屏内或强电输出。若有漏电现象，即告警并切断总电源，确保实验进程安全。

(5) 屏上装有一套电流型漏电保护器，控制屏若有漏电现象，漏电流超过一定值，即切断电源。

(6) 屏上三相调压器副边设有一套过流保护装置。调压器输出短路或所带负载过大，电流超过设定值，系统即告警并切断总电源。

(7) 测量仪表精度高，采用精密镜面指针式（带超量程告警）、数字化、智能化及人机对话模式，符合现代测量仪表发展方向。

(8) 各种电源及各种仪表均有可靠的保护功能。

(9) 实验连接线及插座采用不同的结构，使用安全、可靠、防触电。

## 2.1.6 项目报告

(1) 列表记录测量数据。

(2) 分析测量结果，总结应用场合。

(3) 其他（包括项目的心得、体会及意见等）。

# 项目2.2 电路元件伏安特性的测绘

## 2.2.1 训练目标

(1) 学会识别常用电路元件的方法。

(2) 掌握线性电阻、非线性电阻元件伏安特性的测绘。

(3) 掌握实验台上直流电工仪表和设备的使用方法。

## 2.2.2 原理说明

任何一个二端元件的特性可用该元件上的端电压$U$与通过该元件的电流$I$之间的函数关系$I=f(U)$来表示，即用$I$-$U$平面上的一条曲线来表征，这条曲线称为该元件的伏安特性曲线。

(1) 线性电阻器的伏安特性曲线是一条通过坐标原点的直线，如图2.2.1中a曲线所示，该直线的斜率等于该电阻器的电阻值。

（2）一般的白炽灯在工作时灯丝处于高温状态，其灯丝电阻随着温度的升高而增大，通过白炽灯的电流越大，其温度越高，阻值也越大，一般灯泡的“冷电阻”与“热电阻”的阻值可相差几倍至十几倍，所以它的伏安特性如图2.2.1中b曲线所示。

（3）一般的半导体二极管是一个非线性电阻元件，其伏安特性如图2.2.1中c曲线所示。

正向压降很小（一般的锗管约为0.2～0.3V，硅管约为0.5～0.7V），正向电流随正向压降的升高而急骤上升，而反向电压从零一直增加到十多至几十伏时，其反向电流增加很小，粗略地可视为零。可见，二极管具有单向导电性，但反向电压加得过高，超过管子的极限值，则会导致管子击穿损坏。

（4）稳压二极管是一种特殊的半导体二极管，其正向特性与普通二极管类似，但其反向特性较特别，如图2.2.1中d曲线所示。在反向电压开始增加时，其反向电流几乎为零，但当电压增加到某一数值时（称为管子的稳压值，有各种不同稳压值的稳压管）电流将突然增加，以后它的端电压将基本维持恒定，当外加的反向电压继续升高时其端电压仅有少量增加。

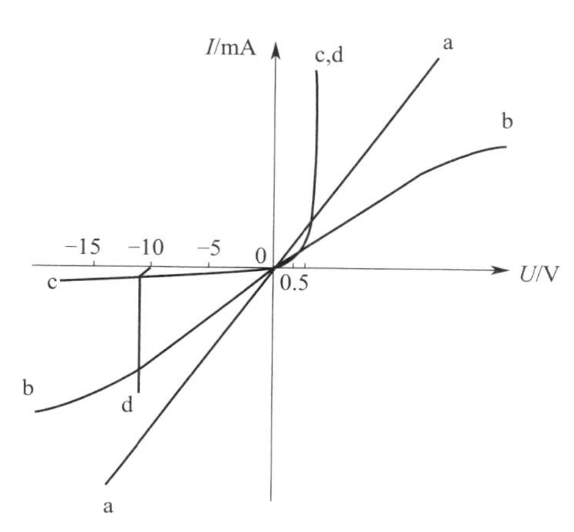

图2.2.1 电路元件的伏安特性

注意：流过二极管或稳压二极管的电流不能超过管子的极限值，否则管子会被烧坏。

## 2.2.3 训练使用设备及器件

（1）可调直流稳压电源。

（2）直流数字毫安表。

（3）直流数字电压表。

（4）二极管IN4007。

（5）灯泡12V，0.1A。

（6）线性电阻器200Ω，1kΩ/8W。

## 2.2.4 训练内容

### 1. 测定线性电阻器的伏安特性

按图2.2.2接线，调节稳压电源的输出电压$U$，从0V开始缓慢地增加，一直到10V，记下相应的电压表和电流表的读数$U_R$、$I$，填入表2.2.1中。

表2.2.1 $U_R/I$数值

| $U_R$/V | 0 | 2 | 4 | 6 | 8 | 10 |
|---|---|---|---|---|---|---|
| $I$/mA | | | | | | |

### 2. 测定非线性白炽灯泡的伏安特性

将图2.2.2中的$R$换成一只12V、0.1A的灯泡，重复步骤1。$U_L$为灯泡的端电压，将$U_L$和$I$的数值填入表2.2.2中。

表 2.2.2 $U_L/I$ 数值

| $U_L$/V | 0.1 | 0.5 | 1 | 2 | 3 | 4 | 5 |
|---|---|---|---|---|---|---|---|
| $I$/mA | | | | | | | |

**3. 测定半导体二极管的伏安特性**

按图 2.2.3 接线，$R$ 为限流电阻器。测二极管的正向特性时，其正向电流不得超过 35mA，二极管 VD 的正向施压 $U_{D+}$ 可在 0～0.75V 之间取值。在 0.5～0.75V 之间应多取几个测量点。测反向特性时，只需将图 2.2.3 中的二极管 VD 反接，且其反向施压 $U_{D-}$ 可达 30V。

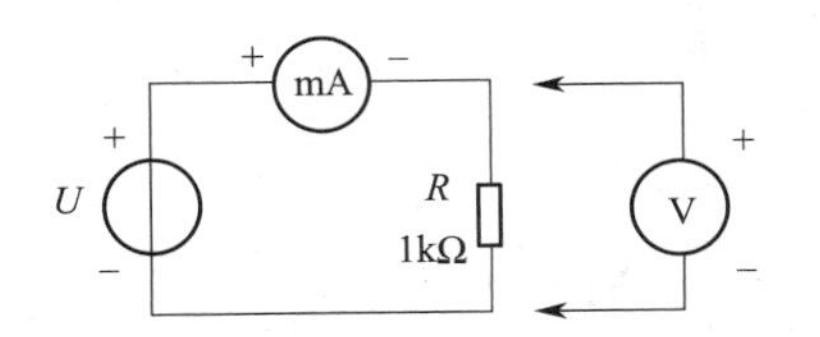


图 2.2.2 电阻伏安特性测试电路

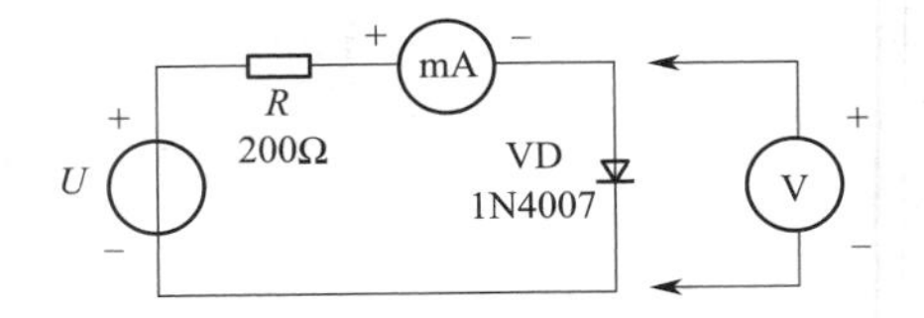


图 2.2.3 二极管的伏安特性测试电路

试将正向特性测量数据填入表 2.2.3 中，将反向特性测量数据填入表 2.2.4 中。

表 2.2.3 二极管正向特性测量数据

| $U_{D+}$/V | 0.10 | 0.30 | 0.50 | 0.55 | 0.60 | 0.65 | 0.70 | 0.75 |
|---|---|---|---|---|---|---|---|---|
| $I$/mA | | | | | | | | |

表 2.2.4 二极管反向特性测量数据

| $U_{D-}$/V | 0 | −5 | −10 | −15 | −20 | −25 | −30 |
|---|---|---|---|---|---|---|---|
| $I$/mA | | | | | | | |

**4. 测定稳压二极管的伏安特性**

（1）正向特性测量：将图中的二极管换成稳压二极管 2CW51，重复实验内容 3 中的正向测量。$U_{Z+}$ 为 2CW51 的正向施压，将 $U_{Z+}$ 和 $I$ 的数值填入表 2.2.5 中。

表 2.2.5 正向特性测量数据 $U_{Z+}$ 和 $I$ 的关系

| $U_{Z+}$/V | | | | | | | | |
|---|---|---|---|---|---|---|---|---|
| $I$/mA | | | | | | | | |

（2）反向特性测量：将图 2-4 中的 $R$ 换成 1kΩ，2CW51 反接，测量 2CW51 的反向特性。稳压电源的输出电压 $U_O$ 从 0～20V，测量 2CW51 二端的电压 $U_{Z-}$ 及电流 $I$，由 $U_{Z-}$ 可看出其稳压特性，将 $U_{Z-}$ 和 $I$ 的数值填入表 2.2.6 中。

表 2.2.6 反向特性测量数据 $U_{Z-}$ 和 $I$ 的关系

| $U_O$/V | | | | | | | | |
|---|---|---|---|---|---|---|---|---|
| $U_{Z-}$/V | | | | | | | | |
| $I$/mA | | | | | | | | |

## 2.2.5 注意事项

（1）测二极管正向特性时，稳压电源输出应由小至大逐渐增加，应时刻注意电流表读数不得超过 35mA。

（2）如果要测定 2AP9 的伏安特性，则正向特性的电压值应取 0，0.10，0.13，0.15，

0.17，0.19，0.21，0.24，0.30（V），反向特性的电压值取 0，2，4，……，10（V）。

（3）进行不同实验时，应先估算电压和电流值，合理选择仪表的量程，勿使仪表超量程，仪表的极性也不可接错。

### 2.2.6　预习要求

（1）线性电阻与非线性电阻的概念是什么？电阻器与二极管的伏安特性有何区别？

（2）比较三者的伏安特性曲线，得出什么结论？从伏安特性曲线看欧姆定律，它对哪些元件成立，哪些元件不成立？

（3）稳压二极管与普通二极管有何区别，其用途如何？

（4）在图 2.2.3 中，设 $U=2\text{V}$，$U_{\text{D+}}=0.7\text{V}$，则电流表读数为多少？

### 2.2.7　项目报告

（1）根据各测量数据，分别在方格纸上绘制出光滑的伏安特性曲线。（其中二极管和稳压管的正、反向特性均要求画在同一张图中，正、反向电压可取为不同的比例尺）

（2）根据测量结果，总结、归纳被测各元件的特性。

（3）分析必要的误差分析。

（4）心得体会及其他。

## 项目 2.3　基尔霍夫定律的验证

### 2.3.1　训练目的

（1）验证基尔霍夫定律的正确性，加深对基尔霍夫定律的理解。

（2）学会用电流插头、插座测量各支路电流。

### 2.3.2　原理说明

（1）基尔霍夫定律是电路的基本定律。测量某电路的各支路电流及每个元件两端的电压，应能分别满足基尔霍夫电流定律（KCL）和电压定律（KVL）。即对电路中的任一个节点而言，应有 $\sum I=0$；对任何一个闭合回路而言，应有 $\sum U=0$。

（2）运用上述定律时必须注意各支路或闭合回路中电流的正方向，此方向可预先任意设定。

（3）利用 TKDG-03 实验挂箱上的“基尔霍夫定律/叠加原理”实验电路板，按图 2.3.1 接线。

### 2.3.3　训练使用设备及器件

（1）直流可调稳压电源。

（2）直流毫安表。

（3）直流电压表。

（4）元件箱。

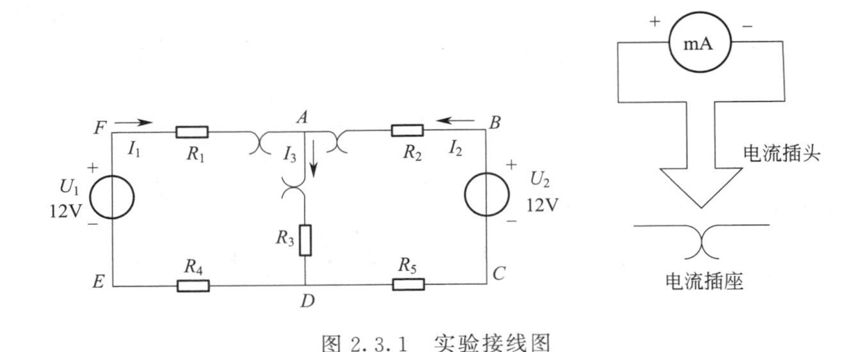


图 2.3.1　实验接线图

## 2.3.4　训练内容

（1）测量前先任意设定三条支路和三个闭合回路的电流正方向。图 2.3.1 中的 $I_1$、$I_2$、$I_3$的方向已设定。三个闭合回路的电流正方向可设为 *ADEFA*、*BADCB* 和 *FBCEF*。

（2）分别将两路直流稳压源接入电路，令 $U_1=12\text{V}$，$U_2=12\text{V}$。

（3）熟悉电流插头的结构，将电流插头的两端接至数字毫安表的“+、−”两端。

（4）将电流插头分别插入三条支路的三个电流插座中，读出并记录电流值，数据填入表 2.3.1 中。

（5）用直流数字电压表分别测量两路电源及电阻元件上的电压值，数据填入表 2.3.2 中。

**表 2.3.1　电流数据**

| 被测量 | $I_1$/mA | $I_2$/mA | $I_3$/mA |
|---|---|---|---|
| 计算值 | | | |
| 测量值 | | | |
| 相对误差 | | | |

**表 2.3.2　电压数据**

| 被测量 | $U_1$/V | $U_2$/V | $U_{AB}$/V | $U_{CD}$/V | $U_{AD}$/V | $U_{DE}$/V | $U_{FA}$/V |
|---|---|---|---|---|---|---|---|
| 计算值 | | | | | | | |
| 测量值 | | | | | | | |
| 相对误差 | | | | | | | |

## 2.3.5　注意事项

（1）本实验电路板系多个实验通用，本次实验中不使用电流插头。DG05 上的 K3 应拨向 330Ω 侧，三个故障按键均不得按下。

（2）所有需要测量的电压值，均以电压表测量的读数为准。$U_1$、$U_2$ 也需测量，不应取电源本身的显示值。

（3）防止稳压电源两个输出端碰线短路。

（4）用指针式电压表或电流表测量电压或电流时，如果仪表指针反偏，则必须调换仪表极性，重新测量。此时指针正偏，但读得电压或电流值必须冠以负号。若用数显电压表或电流表测量，则可直接读出电压或电流值。但应注意：所读得的电压或电流值的正确正、负号应根据设定的电流参考方向来判断。

### 2.3.6 预习思考题

（1）根据图2.3.1的电路参数，计算出待测的电流 $I_1$、$I_2$、$I_3$ 和各电阻上的电压值，记入表中，以便实验测量时，可正确地选定毫安表和电压表的量程。

（2）测量中，若用指针式万用表直流电压挡测各电阻两端电压，在什么情况下可能出现指针反偏，应如何处理？在记录数据时应注意什么？若用直流数字电压表进行测量时，则会有什么显示呢？

### 2.3.7 项目报告

（1）根据测量数据，选定节点 $A$，验证KCL的正确性。

（2）根据测量数据，选定实验电路中的任一个闭合回路，验证KVL的正确性。

（3）将支路和闭合回路的电流方向重新设定，重复1、2两项验证。

（4）误差原因分析。

（5）心得体会及其他。

## 项目2.4 叠加原理的验证

### 2.4.1 训练目标

验证线性电路叠加原理的正确性，加深对线性电路叠加性的认识和理解。

### 2.4.2 原理说明

（1）叠加原理指出：在有多个独立源共同作用下的线性电路中，任一支路中的电流或其两端的电压，可以看成是由每一个独立源单独作用时在该元件上所产生的电流或电压的代数和。

（2）在计算某个电源单独作用产生的支路电流时，应将其他电源中的恒流源短路（即令电动势 $E=0$），用短路线替代之；恒流源开路（即令 $I_S=0$），用开路替代之。

### 2.4.3 训练使用设备及器件

（1）直流可调稳压电源。

（2）直流数字电压表。

（3）直流数字毫安表。

（4）叠加原理实验电路板。

### 2.4.4 项目内容

实验电路如图2.3.1所示，用TKDG-03挂箱的“基尔霍夫定律/叠加原理”电路板。

（1）将两路稳压源的输出分别调节为12V和6V，接入 $U_1$ 和 $U_2$ 处。开关 $K_3$ 投向 $R_5$ 侧。

（2）令 $U_1$ 电源单独作用（将开关 $K_1$ 投向 $U_1$ 侧，开关 $K_2$ 投向短路侧）。用直流数字电压表和直流数字毫安表（接电流插头）测量各支路电流及各电阻元件两端的电压，记录在

表 2.4.1。

表 2.4.1 电压电流数据

| 实验内容＼测量项目 | $U_1$/V | $U_2$/V | $I_1$/mA | $I_2$/mA | $I_3$/mA | $U_{AB}$/V | $U_{CD}$/V | $U_{AD}$/V | $U_{DE}$/V | $U_{FA}$/V |
|---|---|---|---|---|---|---|---|---|---|---|
| $U_1$单独作用 | | | | | | | | | | |
| $U_2$单独作用 | | | | | | | | | | |
| $U_1$、$U_2$共同作用 | | | | | | | | | | |

（3）令 $U_2$ 电源单独作用（将开关 $K_1$ 投向短路侧，开关 $K_2$ 投向 $U_2$ 侧），重复实验步骤 2 的测量，记录在表 2.4.1。

（4）令 $U_1$ 和 $U_2$ 共同作用（开关 $K_1$ 和 $K_2$ 分别投向 $U_1$ 和 $U_2$ 侧），重复上述的测量，并记录在表 2.4.1 中。

### 2.4.5 注意事项

（1）用电流插头测量各支路电流时，或者用电压表测量电压降时，应注意仪表的极性，正确判断测得值的＋、－号后，记入数据表格。

（2）注意仪表量程的及时更换。

### 2.4.6 预习思考题

（1）在叠加原理实验中，要令 $U_1$、$U_2$ 分别单独作用，应如何操作？可否直接将不作用的电源（$U_1$ 或 $U_2$）短接置零？

（2）测量电路中，若有一个电阻器改为二极管，试问叠加原理的叠加性还成立吗？为什么？

### 2.4.7 项目报告

（1）根据测量数据表格，进行分析、比较，归纳、总结项目结论，即验证线性电路的叠加性与齐次性。

（2）各电阻器所消耗的功率能否用叠加原理计算得出？试用上述测量数据，进行计算并作结论。

（3）心得体会及其他。

## 项目 2.5 戴维南定理和诺顿定理的验证：有源二端网络等效参数的测定

### 2.5.1 训练目标

（1）验证戴维南定理和诺顿定理的正确性，加深对该定理的理解。

（2）掌握测量有源二端网络等效参数的一般方法。

### 2.5.2 原理说明

任何一个线性含源网络，如果仅研究其中一条支路的电压和电流，则可将电路的其余部分看作是一个有源二端网络（或称为含源一端口网络）。

戴维南定理指出：任何一个线性有源网络，总可以用一个电压源与一个电阻的串联来等效代替，此电压源的电动势$U_S$等于这个有源二端网络的开路电压$U_{OC}$，其等效内阻$R_0$等于该网络中所有独立源均置零（理想电压源视为短接，理想电流源视为开路）时的等效电阻。

诺顿定理指出：任何一个线性有源网络，总可以用一个电流源与一个电阻的并联组合来等效代替，此电流源的电流$I_S$等于这个有源二端网络的短路电流$I_{SC}$，其等效内阻$R_0$定义同戴维南定理。

$U_{OC}(U_S)$和$R_0$或者$I_{SC}(I_S)$和$R_0$称为有源二端网络的等效参数。有源二端网络等效参数的测量方法如下。

（1）开路电压、短路电流法测$R_0$。在有源二端网络输出端开路时，用电压表直接测其输出端的开路电压$U_{OC}$，然后再将其输出端短路，用电流表测其短路电流$I_{SC}$，则等效内阻为$R_0=\dfrac{U_{OC}}{I_{SC}}$。

如果二端网络的内阻很小，若将其输出端口短路则易损坏其内部元件，因此不宜用此法。

（2）伏安法测$R_0$。用电压表、电流表测出有源二端网络的外特性曲线，如图 2.5.1 所示。

根据外特性曲线求出斜率 $\tan\varphi$，则内阻

$$R_0=\tan\varphi=\frac{\Delta U}{\Delta I}=\frac{U_{OC}}{I_{SC}} \tag{2.5.1}$$

也可以先测量开路电压$U_{OC}$，再测量电流为额定值$I_N$时的输出端电压值$U_N$，则内阻为

$$R_0=\frac{U_{OC}-U_N}{I_N} \tag{2.5.2}$$

（3）半电压法测$R_0$。如图 2.5.2 所示，当负载电压为被测网络开路电压的一半时，负载电阻（由电阻箱的读数确定）即为被测有源二端网络的等效内阻值。

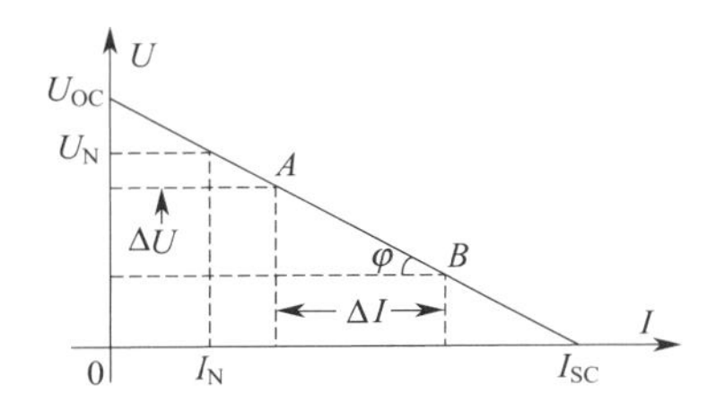


图 2.5.1　U-I 关系图

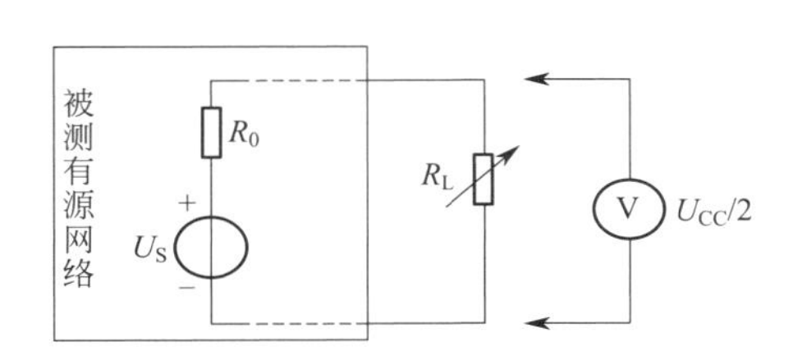


图 2.5.2　半电压法电路图

（4）零示法测$U_{OC}$。在测量具有高内阻有源二端网络的开路电压时，用电压表直接测量会造成较大的误差。为了消除电压表内阻的影响，往往采用零示测量法，如图 2.5.3 所示。

零示法测量原理是用一低内阻的稳压电源与被测有源二端网络进行比较，当稳压电源的输出电压与有源二端网络的开路电压相等时，电压表的读数将为“0”。然后将电路断开，测量此时稳压电源的输出电压，即为被测有源二端网络的开路电压。

图 2.5.4 为戴维南/诺顿定理实验电路板。

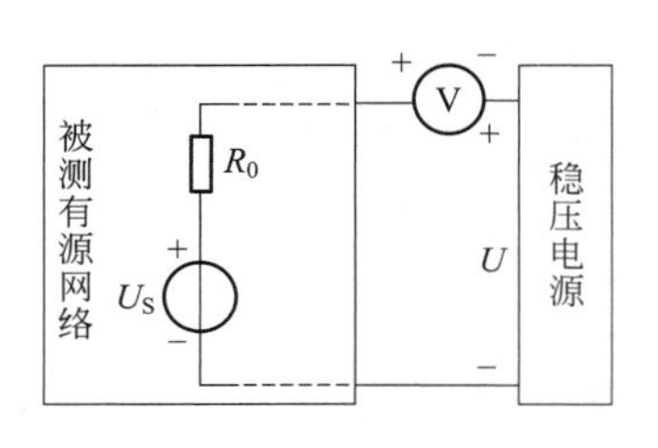


图 2.5.3 零示法电路图

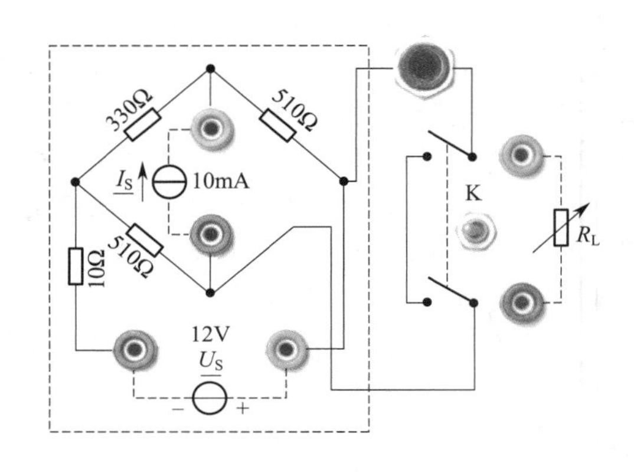


图 2.5.4 戴维南/诺顿定理实验电路板

## 2.5.3 训练使用设备及器件

（1）可调直流稳压电源。

（2）可调直流恒流源。

（3）直流数字电压表。

（4）直流数字毫安表。

（5）可调电阻箱。

（6）电位器 1kΩ/2W。

（7）戴维南定理实验电路板。

## 2.5.4 训练内容

被测有源二端网络如图 2.2.5(a) 所示。

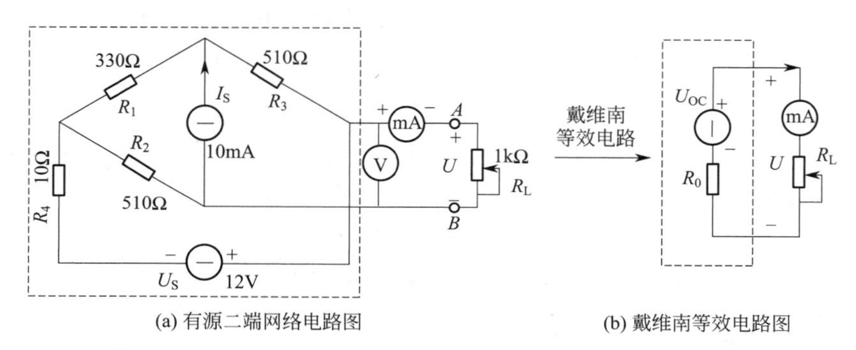


(a) 有源二端网络电路图　　(b) 戴维南等效电路图

图 2.5.5 实验电路图

（1）用开路电压、短路电流法测定戴维南等效。电路的 $U_{OC}$、$R_0$ 和诺顿等效电路的 $I_{SC}$、$R_0$。按图 2.5.5(a) 接入稳压电源 $U_S=12V$ 和恒流源 $I_S=10mA$，不接入 $R_L$。测出 $U_{OC}$ 和 $I_{SC}$，并计算出 $R_0$（测 $U_{OC}$ 时，不接入 mA 表）。将相关数值填入表 2.5.1 中。

**表 2.5.1 测量数据表 Ⅰ**

| $U_{OC}$/V | $I_{SC}$/mA | $R_0=U_{OC}/I_{SC}$/Ω |
| --- | --- | --- |
| | | |

（2）负载测量。按图 2.5.5(a) 接入 $R_L$。改变 $R_L$ 阻值，测量有源二端网络的外特性曲

线并将数据填入表 2.5.2 中。

**表 2.5.2　测量数据表 Ⅱ**

| $U$/V | | | | | | | | | |
|---|---|---|---|---|---|---|---|---|---|
| $I$/mA | | | | | | | | | |

（3）验证戴维南定理。从电阻箱上取得按步骤（1）所得的等效电阻 $R_0$ 之值，然后令其与直流稳压电源（调到步骤（1）时所测得的开路电压 $U_{OC}$ 之值）相串联，如图 2.5.5(b) 所示，仿照步骤（2）测其外特性，对戴维南定理进行验证并将相关数据填入表 2.5.3 中。

**表 2.5.3　测量数据表 Ⅲ**

| $U$/V | | | | | | | | | |
|---|---|---|---|---|---|---|---|---|---|
| $I$/mA | | | | | | | | | |

（4）验证诺顿定理。从电阻箱上取得按步骤（1）所得的等效电阻 $R_0$ 之值，然后令其与直流恒流源（调到步骤（1）时所测得的短路电流 $I_{SC}$ 之值）相并联，如图 2.5.6 所示，仿照步骤（2）测其外特性，对诺顿定理进行验证并将相关数据填入表 2.5.4 中。

**表 2.5.4　测量数据表 Ⅳ**

| $U$/V | | | | | | | | | |
|---|---|---|---|---|---|---|---|---|---|
| $I$/mA | | | | | | | | | |

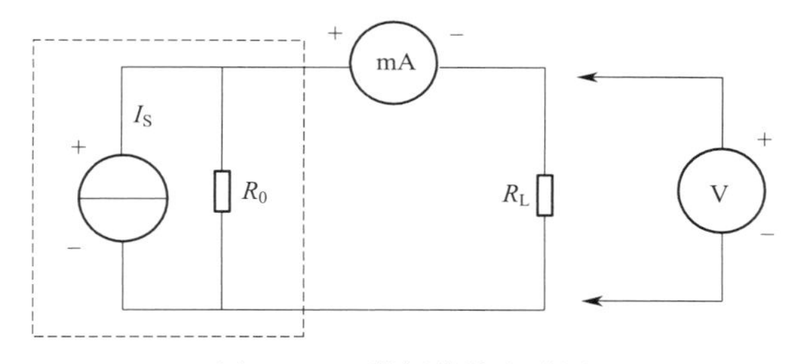


图 2.5.6　诺顿等效电路图

（5）有源二端网络等效电阻（又称入端电阻）的直接测量法。如图 2.5.5(a) 所示，将被测有源网络内的所有独立源置零（去断电流源 $I_S$ 和电压源 $U_S$，并在原电压源所接的两点用一根短路导线相连），然后用伏安法或者直接用万用表的欧姆挡去测定负载 $R_L$ 开路时 A、B 两点间的电阻，此即为被测网络的等效内阻 $R_0$，或称网络的入端电阻 $R_i$。

（6）用半电压法和零示法测量被测网络的等效内阻 $R_0$ 及其开路电压 $U_{OC}$。线路及数据表格自拟。

## 2.5.5　注意事项

（1）测量时应注意电流表量程的更换。

（2）2.5.4 节步骤（5）中，电压源置零时不可将稳压源短接。

（3）用万用表直接测 $R_0$ 时，网络内的独立源必须先置零，以免损坏万用表。其次，欧姆挡必须经调零后再进行测量。

（4）用零示法测量 $U_{OC}$ 时，应先将稳压电源的输出调至接近于 $U_{OC}$，再按图 2.5.3

测量。

（5）改接线路时，要关断电源。

### 2.5.6 预习思考题

（1）在求戴维南或诺顿等效电路时，作短路试验，测 $I_{SC}$ 的条件是什么？在本实验中可否直接作负载短路实验？请实验前对线路 2.5.5(a) 预先作好计算，以便调整实验线路及测量时可准确地选取电表的量程。

（2）说明测有源二端网络开路电压及等效内阻的几种方法，并比较其优缺点。

### 2.5.7 项目报告

（1）根据 2.5.4 节步骤（2）、（3）、（4），分别绘出曲线，验证戴维南定理和诺顿定理的正确性，并分析产生误差的原因。

（2）根据 2.5.4 节步骤（1）、（5）、（6）的几种方法测得的 $U_{OC}$ 和 $R_0$ 与预习时电路计算的结果作比较，你能得出什么结论。

（3）归纳、总结实验结果。

（4）心得体会及其他。

## 项目 2.6 R、L、C 元件阻抗特性的测定

### 2.6.1 训练目标

（1）验证电阻、感抗、容抗与频率的关系，测定 $R \sim f$、$X_L \sim f$ 及 $X_C \sim f$ 特性曲线。

（2）学会使用交流电流表、电压表及单相调压器。

（3）加深理解 R、L、C 元件端电压与电流间的相位关系。

### 2.6.2 原理说明

（1）电阻器、电容器和电感线圈是工程上经常使用的基本元件。在工作频率不高的条件下，电阻器、电容器可视为理想电阻和理想电容。一般电感线圈存在较大电阻，不可忽略，故可用一理想电感和理想电阻的串联作为其电路模型。

（2）正弦交流信号激励下的元件值或阻抗值，可以用交流电压表、交流电流表分别测量出元件两端的电压 $U$、流过该元件的电流 $I$，然后通过计算得到所求的各元件值或阻抗值。以上方法前提是用以测量 50Hz 交流电路参数。

（3）纯电阻元件 $R=\dfrac{U}{I}$（见图 2.6.1），电压与电流同相位，$U=I\angle 0°$。

（4）纯电感元件 $X_L=\dfrac{U}{I}=2\pi fL$（见图 2.6.2），电压超前电流 90°，$U=I\angle 90°$。

（5）纯电容元件 $X_C=\dfrac{U}{I}=\dfrac{1}{2\pi fC}$（见图 2.6.3），电压滞后电流 90°，$U=I\angle -90°$。

（6）为了将 220V 交流电压变为所需的 50V 给定电压，实验中应使用单相调压器。

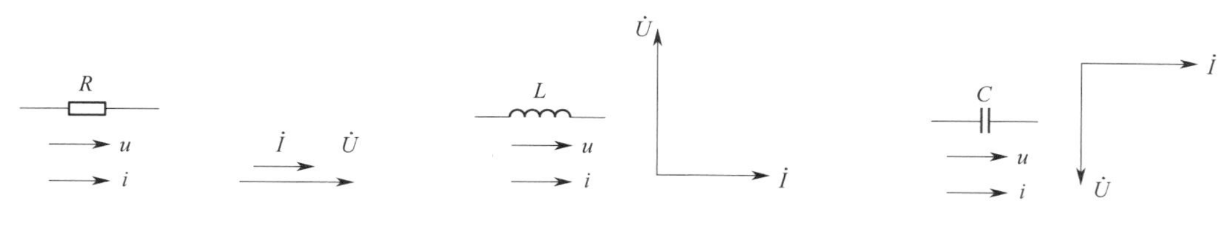


图 2.6.1　纯电阻元件　　图 2.6.2　纯电感元件　　图 2.6.3　纯电容元件

## 2.6.3　训练使用设备及器件

（1）交流电压表。

（2）交流电流表。

（3）镇流器（电感线圈），与 30W 日光灯配用。

（4）电容器：1μF，4.7μF/500V。

## 2.6.4　训练内容

### 1. 电阻与电容并联电路

按图 2.6.4 接线，调压器从零开始逐步增至给定值 50V，分别用交流电流表测出各支路的电流，记入表 2.6.1 中。

**表 2.6.1　数据测量表 Ⅰ**

| 电容值 | $I$/mA | $I_C$/mA | $I_R$/mA |
|---|---|---|---|
| 1μF | | | |
| 2.2μF | | | |
| 4.7μF | | | |

### 2. 电阻与电感线圈并联电路

按图 2.6.5 接线，调压器从零开始逐步增至给定值 50V，分别用交流电流表测出总电流和各电压，记入表 2.6.2 中。

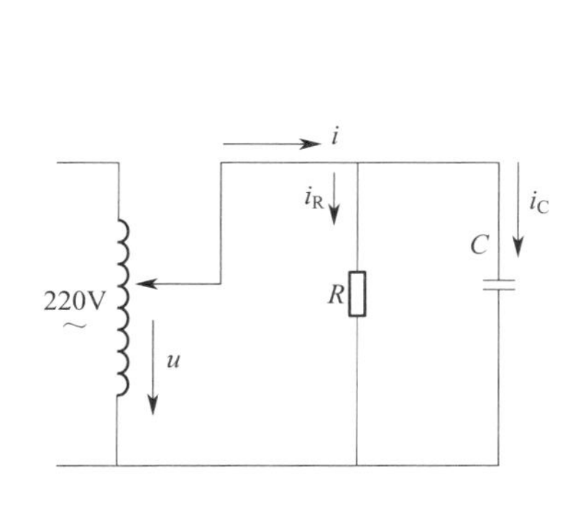


图 2.6.4　电阻与电容并联电路

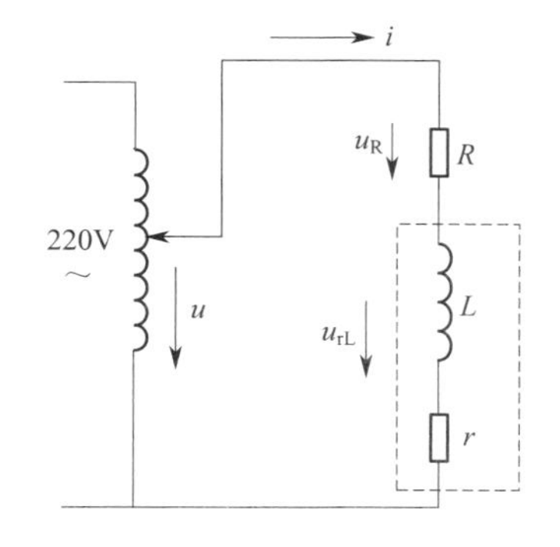


图 2.6.5　电阻与电感线圈并联电路

**表 2.6.2　测量数据表 Ⅱ**

| 给定值/V | $U_R$/V | $U_{rL}$/V | $I$/mA |
|---|---|---|---|
| 50 | | | |

### 2.6.5 预习知识

（1）用交流电压表测量交流电时它所显示的数值是有效值。

（2）用普通的交流电压表测量非正弦交流电，由于电压表都是按正弦波的有效值来刻度的，测量非正弦波得到的值，就没有什么意义。

### 2.6.6 项目报告

（1）电阻与电容并联电路。按实验所得数据作电流向量图，并计算元件参数 $R$ 和 $C$。

（2）电阻与电感线圈串联电路。按测量所得数据作电压向量图，写出 $U_R$、$U_L$、$U_r$与 $U$ 的正确关系，并在电压向量图上标出。

## 项目 2.7 用三表法测量电感参数

### 2.7.1 训练目标

（1）学会用交流电压表、交流电流表和功率表测量元件的交流等效参数的方法。

（2）掌握电感线圈 $L$ 和 $r$ 的多种间接测量方法。

### 2.7.2 原理说明

**1. 三表法**

正弦交流信号激励下的元件值或阻抗值，可以用交流电压表、交流电流表及功率表分别测量出元件两端的电压 $U$、流过该元件的电流 $I$ 和它所消耗的功率 $P$，然后通过计算得到所求的各值，这种方法称为三表法，是用以测量 50Hz 交流电路参数的基本方法。

**2. 电阻器、电容器参数的测量电路**

电阻器、电容器和电感线圈是交流电路中常用的元件。在低频时，如滑线电阻，其导线中的电感及匝间的分布电容可以忽略，看成纯电阻；电容的引线电感及介质损耗均可忽略，可以看作纯电容。

**3. 电感线圈参数的测定**

在低频时，电感线圈的匝间分布电容可以忽略，它的等效参数由电感线圈的导线电阻和电感 $L$ 组成。通过图 2.7.1 电路可测得电压 $U$、电流 $I$ 及功率 $P$ 后，经下列公式计算，可获取相应的电感线圈的参数。

$$|Z_L|=\frac{U}{I}$$

$$P=UI\cos\varphi=I|Z_L|I\cos\varphi_L=I^2R_L$$

$$\cos\varphi_L=\frac{P}{UI}$$

$$R_L=\frac{P}{I^2}=|Z_L|\cos\varphi_L$$

$$X_L=\sqrt{|Z_L|^2-R_L^2}=|Z_L|\sin\varphi_L$$

$$L=\frac{X_L}{\omega}=\frac{X_L}{2\pi f}$$

**4. 三电压表法测定电感线圈的参数**

将电感线圈与一个可变电阻器串联，其测量电路如图 2.7.2 所示。选取适当的电阻值，测出电压 $U$、$U_1$、$U_2$ 以及电流 $I$ 的值。

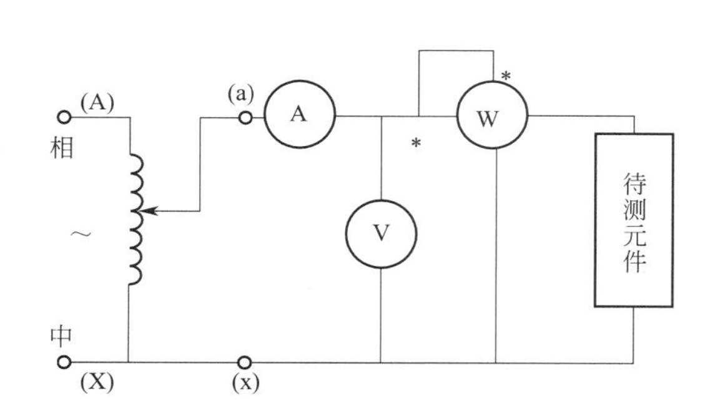


图 2.7.1　三表法测电感线圈参数电路图

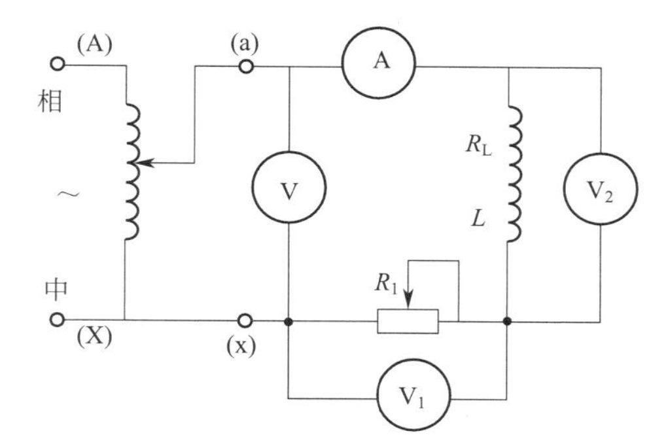


图 2.7.2　三电压表法测定电感线圈参数的电路图

$$U^2=(U_1+U_2\cos\varphi_L)^2+(U_2\sin\varphi_L)^2$$

$$\cos\varphi_L=\frac{U^2-U_1^2-U_2^2}{2U_1U_2}$$

$$|Z_L|=\frac{U_2}{I}$$

$$R_L=|Z_L|\cos\varphi_L=\frac{U_2}{I}\cos\varphi_L$$

$$L=\frac{X_L}{2\pi f}=\frac{1}{2\pi f}\sqrt{|Z_L|^2-R_L^2}$$

**5. 用谐振法测定上述电感线圈的 *L* 和 *r***

选定标准电阻 $R$、标准电容 $C$、信号源和电子管或晶体管毫伏表。保持信号源的电压不变，调节其频率，测得 $U_R$ 的最大值。此时的频率为谐振频率 $f$。

**6. 功率表的使用**

功率表的接线必须遵守“发电机端”原则：功率表标有“*”号的电流端必须接电源，而另一端必须接负载，电流线圈与负载串联；标有“*”号的电压端与电流端钮中标有“*”号的相连，另一端则跨接到负载的另一端，电压线圈与负载并联。

## 2.7.3　项目报告

（1）以直流、交流法测得数据为标准数据计算其他四种方法的误差。

（2）通过以上练习，设想在今后的生产实践中，如有一个未知参数的电感线圈要测量，你将采用哪种方法？是否还有其他方法，如有，请写出来。

（3）用直流、交流方法测电感线圈参数时，直流电接入电感线圈时电流表为什么要接在前面？交流电接入时，图上把电流表接在后面，根据你的测量项目应该放在前面还是后面？为什么？

# 项目 2.8 日光灯电路及功率因数的提高

## 2.8.1 训练目标

（1）研究正弦稳态交流电路中电压、电流相量之间的关系。

（2）掌握日光灯线路的接线。

（3）理解改善电路功率因数的意义并掌握其方法。

## 2.8.2 原理说明

（1）在单相正弦交流电路中，用交流电流表测得各支路的电流值，用交流电压表测得回路各元件两端的电压值，它们之间的关系满足相量形式的基尔霍夫定律，即 $\sum I=0$ 和 $\sum U=0$。

（2）日光灯线路如图 2.8.1 所示，图中 L 是镇流器，S 是启辉器，$C$ 是补偿电容器，用以改善电路的功率因数（$\cos\varphi$ 值）。

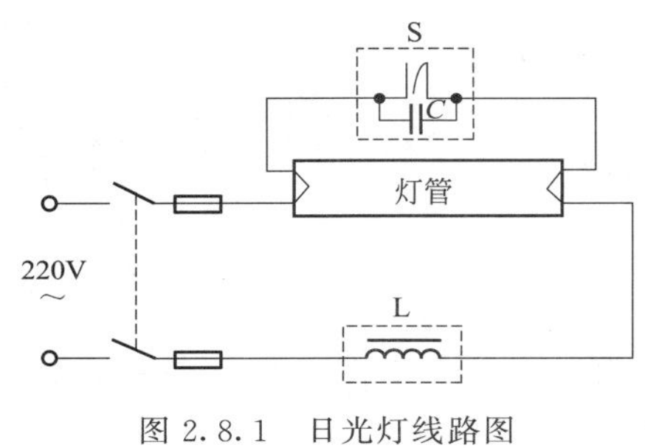


图 2.8.1　日光灯线路图

（3）日光灯管。日光灯管内充满了低压氩气或氩氖混合气体及水银蒸气，而在玻璃荧光管的内侧表面，则涂上一层磷质荧光漆，在灯管的两端设有由钨制成的灯丝线圈。

当灯丝有电流通过时，使灯管内灯丝发射电子，还可使管内温度升高，水银蒸发。这时，若在灯管的两端加上足够的电压，就会使管内氩气电离，从而使灯管由氩气放电过渡到水银蒸气放电。放电时发出不可见的紫外光线照射在管壁内的荧光粉上面，使灯管发出各种颜色的可见光线。如图 2.8.2 所示为日光灯管实物图。

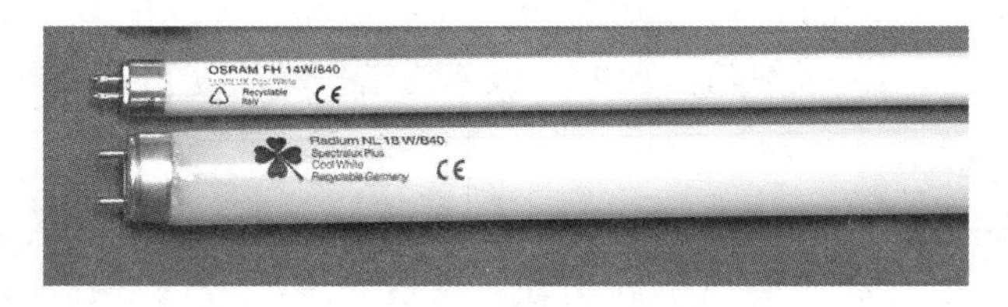


图 2.8.2　日光灯管实物图

（4）镇流器。镇流器是与日光灯管相串联的一个元件，实际上是绕在硅钢片铁芯上的电感线圈，其感抗值很大。镇流器的作用是：①限制灯管的电流；②产生足够的自感电动势，使灯管容易放电起燃。镇流器一般有两个出头，但有些镇流器为了在电压不足时容易起燃，就多绕了一个线圈，因此也有四个出头的镇流器。如图 2.8.3 所示为镇流器实物图。

(5) 启辉器。启辉器是一个小型的辉光管，在小玻璃管内充有氖气，并装有两个电极。其中一个电极是用线胀系数不同的两种金属组成（通常称双金属片），冷态时两电极分离，受热时双金属片会因受热而变弯曲，使两电极自动闭合。如图 2.8.4 所示为启辉器实物图。

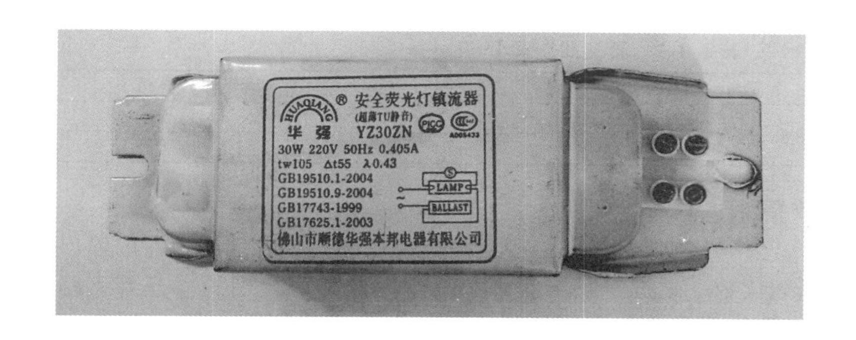


图 2.8.3　镇流器实物图

图 2.8.4　启辉器实物图

如图 2.8.1 所示日光灯电路，由灯管、启辉器和镇流器三部分组成。灯管两端有灯丝，内管壁上涂有荧光粉，灯管内还充有稀薄的水银蒸气。启辉器由充有惰性气体的小玻璃泡及内部的静金属片和动金属片组成。镇流器可以看成是一个大的电感线圈。接通交流电后，220V 的电压首先使启动器里的惰性气体放电发出辉光，从而使动金属片弯曲变形与静金属片接通，接通后惰性气体停止放电不再发出辉光，动金属片复位。此时镇流器产生一高压与 220V 交流电压同时加在灯管两端使水银蒸气导电，发出紫外线，涂在管壁上的荧光粉发出柔和的光。

## 2.8.3　训练使用设备及器件

(1) 交流电压表。

(2) 交流电流表。

(3) 功率表。

(4) 自耦调压器。

(5) 镇流器、启辉器，与 30W 灯管配用。

(6) 日光灯灯管，30W。

(7) 电容器：1μF、2.2μF、4.7μF/500V。

## 2.8.4　训练内容

### 1. 日光灯线路接线与测量

按图 2.8.5 接线。经指导教师检查后接通实验台电源，调节自耦调压器的输出，将电压调至 220V，测量功率 $P$，电流 $I$，电压 $U$、$U_L$、$U_A$ 等值，验证电压、电流相量关系。数据记入表 2.8.1 中。

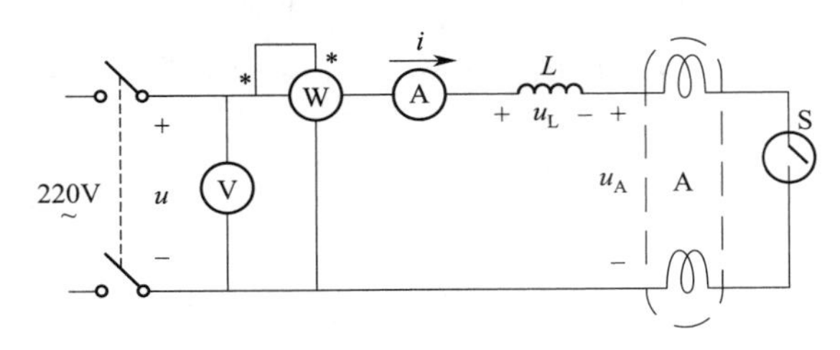


图 2.8.5 日光灯线路图

**表 2.8.1 测量数据表Ⅰ**

| 测量数值 | | | | | 计算值 |
|---|---|---|---|---|---|
| $P$/W | $I$/A | $U$/V | $U_L$/V | $U_A$/V | $\cos\varphi$ |
| | | | | | |

**2. 并联电路功率因数的改善**

按图 2.8.6 组成实验线路。经指导教师检查后，接通操作台电源，将自耦调压器的输出调至 220V，记录功率表、电压表读数。通过一只电流表和三个电流插座分别测得三条支路的电流，改变电容值，进行三次重复测量。数据记入表 2.8.2 中。

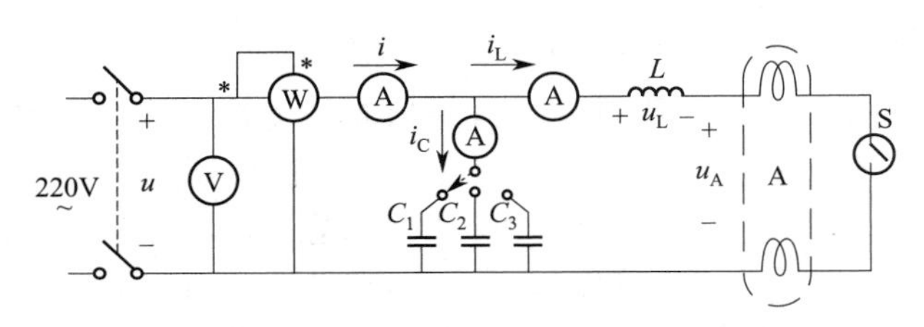


图 2.8.6 并联电容后的日光灯电路

**表 2.8.2 测量数据表Ⅱ**

| 电容值 | 测 量 数 值 | | | | | | | 计算值 |
|---|---|---|---|---|---|---|---|---|
| /μF | $P$/W | $U$/V | $U_L$/V | $U_A$/V | $I$/A | $I_L$/A | $I_C$/A | $\cos\varphi$ |
| 1 | | | | | | | | |
| 2.2 | | | | | | | | |
| 4.7 | | | | | | | | |

## 2.8.5 注意事项

（1）本项目用交流市电 220V，务必注意用电和人身安全。

（2）功率表要正确接入电路。

（3）线路接线正确，日光灯不能启辉时，应检查启辉器及其接触是否良好。

## 2.8.6 预习思考题

（1）参阅课外资料，了解日光灯的启辉原理。

（2）在日常生活中，当日光灯上缺少了启辉器时，人们常用一根导线将启辉器的两端短接一下，然后迅速断开，使日光灯点亮；或用一只启辉器去点亮多只同类型的日光灯，这是为什么？

（3）为了改善电路的功率因数，常在感性负载上并联电容器，此时增加了一条电流支路，试问电路的总电流是增大还是减小，此时感性元件上的电流和功率是否改变？

（4）提高线路功率因数为什么只采用并联电容器法，而不用串联法？所并的电容器是否越大越好？

### 2.8.7 项目报告

（1）完成数据表格中的计算，进行必要的误差分析。

（2）根据测量数据，分别绘出电压、电流相量图，验证相量形式的基尔霍夫定律。

（3）讨论改善电路功率因数的意义和方法。

（4）装接日光灯线路的心得体会及其他。

## 项目 2.9 三相交流电路电压、电流的测量

### 2.9.1 训练目标

（1）掌握三相负载作星形连接、三角形连接的方法，验证这两种接法下线、相电压及线、相电流之间的关系。

（2）充分理解三相四线供电系统中中线的作用。

### 2.9.2 原理说明

**1. 三相负载的星形和三角形连接**

三相负载可接成星形（又称“Y”连接）或三角形（又称“△”连接）。

当三相对称负载作星形连接时，线电压 $U_L$ 是相电压 $U_p$ 的 $\sqrt{3}$ 倍。线电流 $I_L$ 等于相电流 $I_p$，即 $U_L=\sqrt{3}U_p$，$I_L=I_p$。在这种情况下，流过中性线的电流 $I_0=0$，所以可以省去中性线。由三相三线制电源供电，无中性线的星形连接称为 Y 连接。

当对称三相负载作△形连接时，有 $I_L=\sqrt{3}I_p$，$U_L=U_p$。

**2. 三相负载的三相四线制连接**

不对称三相负载作星形连接时，必须采用三相四线制接法，即 $Y_0$ 连接。而且中性线必须牢固连接，以保证三相不对称负载的每相电压维持对称不变。

倘若中性线断开，会导致三相负载电压的不对称，致使负载轻的那一相的相电压过高，使负载遭受损坏。负载重的一相相电压又过低，使负载不能正常工作。尤其是对于三相照明负载，无条件地一律采用 $Y_0$ 连接。

**3. 不对称负载的三角形连接**

当不对称负载作△连接时，$I_L\neq\sqrt{3}I_p$，但只要电源的线电压 $U_L$ 对称，加在三相负载上的电压仍是对称的，对各相负载工作没有影响。

### 2.9.3 训练使用设备及器件

（1）交流电压表。

(2) 交流电流表。

(3) 三相自耦调压器。

(4) 三相灯组负载：220V，25W 白炽灯。

(5) 电流插座。

## 2.9.4 训练内容

**1. 三相负载星形连接**（三相四线制供电）

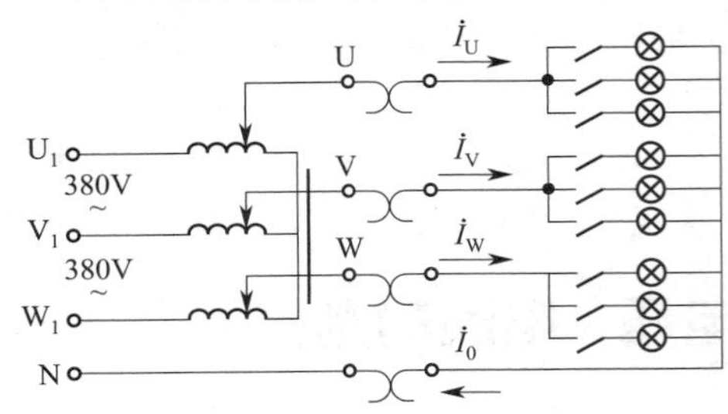


图 2.9.1 三相负载星形连接实验电路

按图 2.9.1 线路组接测量电路。即三相灯组负载经三相自耦调压器接通三相对称电源。将三相调压器的旋柄置于输出为 0V 的位置（即逆时针旋到底）。经指导教师检查合格后，方可开启实验台电源，然后调节调压器的输出，使输出的三相线电压为 220V，并按下述内容完成各项实验，分别测量三相负载的线电压、相电压、线电流、相电流、中线电流、电源与负载中点间的电压。将所测得的数据记入表 2.9.1 中，并观察各相灯组亮暗的变化程度，特别要注意观察中线的作用。

**表 2.9.1 测量数据表Ⅰ**

| 测量数据 / 实验内容（负载情况） | 开灯盏数 | | | 线电流/A | | | 线电压/V | | | 相电压/V | | | 中性线电流 $I_0$ /A | 中性点电压 $U_{N0}$ /V |
|---|---|---|---|---|---|---|---|---|---|---|---|---|---|---|
| | U相 | V相 | W相 | $I_U$ | $I_V$ | $I_W$ | $U_{UV}$ | $U_{VW}$ | $U_{WU}$ | $U_U$ | $U_V$ | $U_W$ | | |
| $Y_0$连接平衡负载 | 3 | 3 | 3 | | | | | | | | | | | |
| Y 连接平衡负载 | 3 | 3 | 3 | | | | | | | | | | | |
| $Y_0$连接不平衡负载 | 1 | 2 | 3 | | | | | | | | | | | |
| Y 连接不平衡负载 | 1 | 2 | 3 | | | | | | | | | | | |
| $Y_0$连接 V 相断开 | 1 | | 3 | | | | | | | | | | | |
| Y 连接 V 相断开 | 1 | | 3 | | | | | | | | | | | |
| Y 连接 V 相短路 | 1 | | 3 | | | | | | | | | | | |

**2. 负载三角形连接**（三相三线制供电）

按图 2.9.2 改接线路，经指导教师检查合格后接通三相电源，并调节调压器，使其输出线电压为 220V，并按表 2.9.2 的内容进行测试。

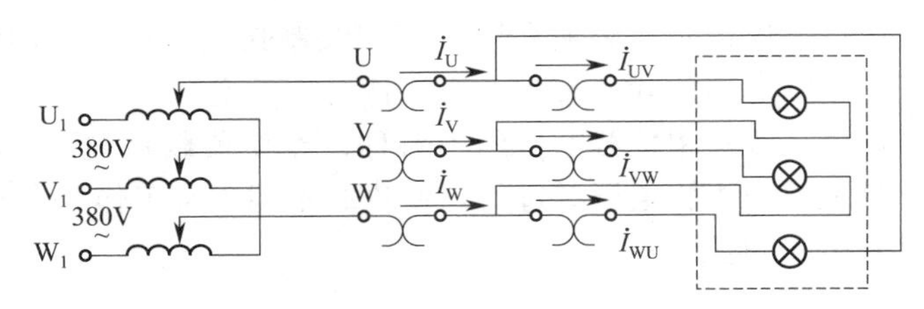


图 2.9.2 负载三角形连接实验电路

**表 2.9.2 测量数据表Ⅱ**

| 测量数据 / 负载情况 | 开灯盏数 | | | 线电压＝相电压/V | | | 线电流/A | | | 相电流/A | | |
|---|---|---|---|---|---|---|---|---|---|---|---|---|
| | U-V 相 | V-W 相 | W-U 相 | $U_{UV}$ | $U_{VW}$ | $U_{WU}$ | $I_U$ | $I_V$ | $I_W$ | $I_{UV}$ | $I_{VW}$ | $I_{WU}$ |
| 三相平衡 | 3 | 3 | 3 | | | | | | | | | |
| 三相不平衡 | 1 | 2 | 3 | | | | | | | | | |

### 2.9.5　注意事项

（1）本项目采用三相交流市电，线电压为 380V，应穿绝缘鞋进实验室。操作时要注意人身安全，不可触及导电部件，防止意外事故发生。

（2）每次接线完毕，同组同学应自查一遍，然后由指导教师检查后，方可接通电源，必须严格遵守先断电、再接线、后通电；先断电、后拆线的实验操作原则。

（3）星形负载作短路实验时，必须首先断开中线，以免发生短路事故。

（4）为避免烧坏灯泡，电源控制屏内设有过压保护装置。当任一相电压＞245～250V 时，即声光报警并跳闸。因此，在做 Y 接不平衡负载或缺相测量时，所加线电压应以最高相电压＜220V 为宜。

### 2.9.6　预习思考题

（1）三相负载根据什么条件作星形或三角形连接？

（2）复习三相交流电路有关内容，试分析三相星形连接不对称负载在无中线情况下，当某相负载开路或短路时会出现什么情况？如果接上中线，情况又如何？

（3）本次项目中为什么要通过三相调压器将 380V 的市电线电压降为 220V 的线电压使用？

### 2.9.7　项目报告

（1）用测得的数据验证对称三相电路中的$\sqrt{3}$关系。

（2）用测量数据和观察到的现象，总结三相四线供电系统中中线的作用。

（3）不对称三角形连接的负载，能否正常工作？本项目是否能证明这一点？

（4）根据不对称负载三角形连接时的相电流值作相量图，并求出线电流值，然后与测得的线电流作比较，分析之。

（5）心得体会及其他。

## 项目 2.10　三相电路功率的测量

### 2.10.1　训练目标

（1）掌握用一瓦特表法、二瓦特表法测量三相电路有功功率与无功功率的方法。

（2）进一步熟练掌握功率表的接线和使用方法。

### 2.10.2　原理说明

（1）对于三相四线制供电的三相星形连接的负载（即 $Y_0$ 接法），可用一只功率表测量各相的有功功率 $P_U$、$P_V$、$P_W$，则三相负载的总有功功率 $\Sigma P = P_U + P_V + P_W$。这就是一瓦特表法，如图 2.10.1 所示。若三相负载是对称的，则只需测量一相的功率，再乘以 3 即得三相总的有功功率。

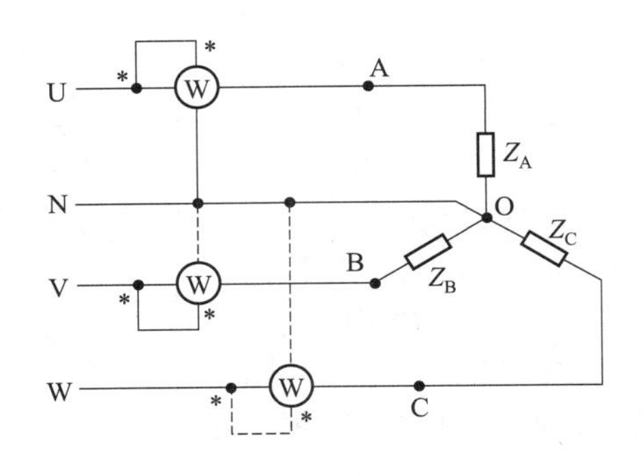


图 2.10.1 一瓦特表法

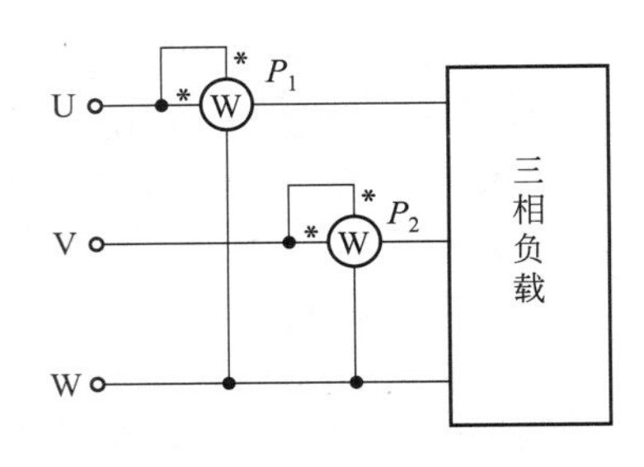


图 2.10.2 二瓦特表法

（2）三相三线制供电系统中，不论三相负载是否对称，也不论负载是Y接还是△接，都可用二瓦特表法测量三相负载的总有功功率。测量线路如图 2.10.2 所示。若负载为感性或容性，且当相位差 $\varphi>60°$时，线路中的一只功率表指针将反偏（数字式功率表将出现负读数），这时应将功率表电流线圈的两个端子调换（不能调换电压线圈端子），其读数应记为负值。而三相总功率$\sum P=P_1+P_2$（$P_1$、$P_2$ 本身不含任何意义）。

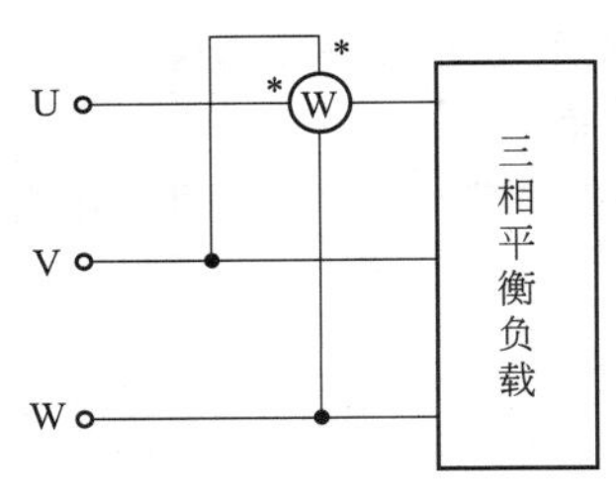


图 2.10.3 一瓦特表法测得三相负载的总无功功率

除图 2.10.2 的 $I_U$、$U_{UW}$ 与 $I_V$、$U_{VW}$ 接法外，还有 $I_V$、$U_{VU}$与 $I_W$、$U_{WU}$以及 $I_U$、$U_{UV}$与 $I_W$、$U_{WV}$两种接法。

（3）对于三相三线制供电的三相对称负载，可用一瓦特表法测得三相负载的总无功功率 $Q$，测试原理线路如图 2.10.3 所示。

图 2.10.3 所示功率表读数的$\sqrt{3}$倍，即为对称三相电路总的无功功率。除了此图给出的一种连接法（$I_U$、$U_{VW}$）外，还有另外两种连接法，即接成（$I_V$、$U_{UW}$）或（$I_W$、$U_{UV}$）。

## 2.10.3 训练使用设备及器件

（1）交流电压表。

（2）交流电流表。

（3）单相功率表。

（4）三相自耦调压器。

（5）三相灯组负载：220V，25W，白炽灯。

（6）三相电容负载：1μF，2.2μF，4.7μF/ 500V。

## 2.10.4 训练内容

### 1. 用一瓦特表法测定三相对称 $Y_0$接以及不对称 $Y_0$接负载的总功率 $\Sigma P$

按图 2.10.4 线路接线。线路中的电流表和电压表用以监视该相的电流和电压，不要超过功率表电压和电流的量程。

经指导教师检查后，接通三相电源，调节调压器输出，使输出线电压为 220V，按表 2.10.1 的要求进行测量及计算。

**表 2.10.1　测量数据表Ⅰ**

| 负载情况 | 开灯盏数 | | | 测量数据 | | | 计算值 |
|---|---|---|---|---|---|---|---|
| | U 相 | V 相 | W 相 | $P_U$/W | $P_V$/W | $P_W$/W | $\Sigma P$/W |
| $Y_0$接对称负载 | 3 | 3 | 3 | | | | |
| $Y_0$接不对称负载 | 1 | 2 | 3 | | | | |

首先将三只表按图 2.10.4 接入 V 相进行测量，然后分别将三只表换接到 U 相和 W 相，再进行测量。

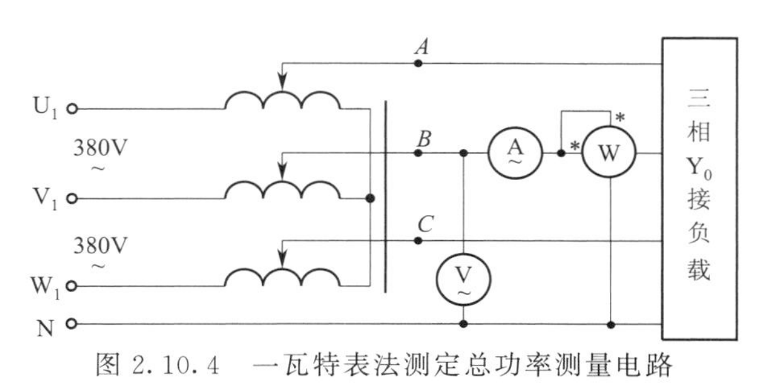


图 2.10.4　一瓦特表法测定总功率测量电路

**2. 用二瓦特表法测定三相负载的总功率**

(1) 按图 2.10.5 接线，将三相灯组负载接成 Y 形接法。

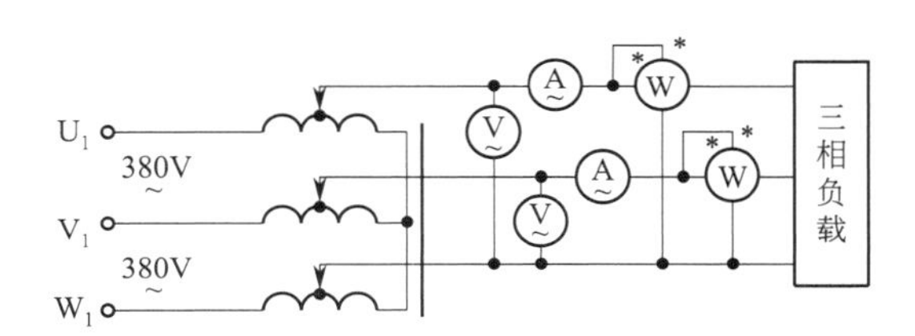


图 2.10.5　二瓦特表法测定三相负载的总功率测量电路

经指导教师检查后，接通三相电源，调节调压器的输出线电压为 220V，按表 2.10.2 的内容进行测量。

(2) 将三相灯组负载改成△形接法，重复 (1) 的测量步骤，数据记入表 2.10.2 中。

**表 2.10.2　测量数据表Ⅱ**

| 负载情况 | 开灯盏数 | | | 测量数据 | | 计算值 |
|---|---|---|---|---|---|---|
| | $U_1$相 | $V_1$相 | $W_1$相 | $P_1$/W | $P_2$/W | $\Sigma P$/W |
| Y 接平衡负载 | 3 | 3 | 3 | | | |
| Y 接不平衡负载 | 1 | 2 | 3 | | | |
| △接不平衡负载 | 1 | 2 | 3 | | | |
| △接平衡负载 | 3 | 3 | 3 | | | |

③ 将两只瓦特表依次按另外两种接法接入线路，重复 (1)、(2) 的测量 (表格自拟)。

**3. 用一瓦特表法测定三相对称星形负载的无功功率**

按图 2.10.6 所示的电路接线。

(1) 每相负载由白炽灯和电容器并联而成，并由开关控制其接入。检查接线无误后，接通三相电源，将调压器的输出线电压调到 220V，读取三表的读数，并计算无功功率 $\Sigma Q$，记入表 2.10.3。

(2) 分别按 $I_V$、$U_{WU}$和 $I_W$、$U_{UV}$接法，重复 (1) 的测量，并比较各自的 $\Sigma Q$ 值。

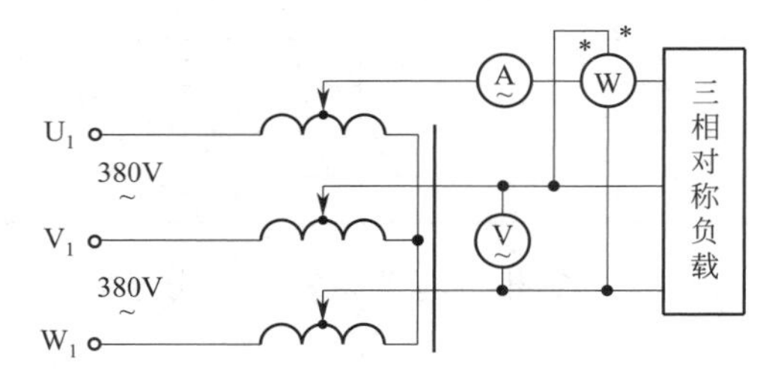


图 2.10.6 一瓦特表法测定三相对称星形负载的无功功率测量电路

**表 2.10.3 测量数据表Ⅲ**

| 接法 | 负载情况 | 测量值 | | | 计算值 |
|---|---|---|---|---|---|
| | | $U/V$ | $I/A$ | $Q/V\cdot A$ | $\Sigma Q=\sqrt{3}Q$ |
| $I_U$，$U_{VW}$ | (1) 三相对称灯组(每相开 3 盏) | | | | |
| | (2) 三相对称电容器(每相 4.7μF) | | | | |
| | (3) (1)、(2)的并联负载 | | | | |
| $I_V$，$U_{WU}$ | (1) 三相对称灯组(每相开 3 盏) | | | | |
| | (2) 三相对称电容器(每相 4.7μF) | | | | |
| | (3) (1)、(2)的并联负载 | | | | |
| $I_W$，$U_{UV}$ | (1) 三相对称灯组(每相开 3 盏) | | | | |
| | (2) 三相对称电容器(每相 4.7μF) | | | | |
| | (3) (1)、(2)的并联负载 | | | | |

## 2.10.5 注意事项

每次测量完毕，均需将三相调压器旋柄调回零位。每次改变接线，均需断开三相电源，以确保人身安全。

## 2.10.6 预习思考题

(1) 复习二瓦特表法测量三相电路有功功率的原理。
(2) 复习一瓦特表法测量三相对称负载无功功率的原理。
(3) 测量功率时为什么在线路中通常都接有电流表和电压表?

## 2.10.7 项目报告

(1) 完成数据表格中的各项测量和计算任务。比较一瓦特表和二瓦特表法的测量结果。
(2) 总结、分析三相电路功率测量的方法与结果。
(3) 心得体会及其他。

# 项目 2.11 单相电度表的校验

## 2.11.1 训练目标

(1) 掌握电度表的接线方法。
(2) 学会电度表的校验方法。

## 2.11.2 原理说明

（1）电度表是一种感应式仪表，是根据交变磁场在金属中产生感应电流，从而产生转矩的基本原理而工作的仪表，主要用于测量交流电路中的电能。它的指示器能随着电能的不断增大（也就是随着时间的延续）而连续地转动，从而能随时反应出电能积累的总数值。因此，它的指示器是一个“积算机构”，是将转动部分通过齿轮传动机构折换为被测电能的数值，由数字及刻度直接指示出来。

它的驱动元件是由电压铁芯线圈和电流铁芯线圈在空间上、下排列，中间隔以铝制的圆盘。驱动两个铁芯线圈的交流电，建立起合成的特殊分布的交变磁场，并穿过铝盘，在铝盘上产生出感应电流。该电流与磁场的相互作用结果产生转动力矩驱使铝盘转动。铝盘上方装有一个永久磁铁，其作用是对转动的铝盘产生制动力矩，使铝盘转速与负载功率成正比。因此，在某一段测量时间内，负载所消耗的电能 $W$ 就与铝盘的转数 $n$ 成正比。即 $N=\frac{n}{W}$，比例系数 $N$ 称为电度表常数，常在电度表上标明，其单位是转/1 千瓦小时。

（2）电度表的灵敏度是指在额定电压、额定频率及 $\cos\phi=1$ 的条件下，从零开始调节负载电流，测出铝盘开始转动的最小电流值 $I_{\min}$，则仪表的灵敏度表示为 $S=\frac{I_{\min}}{I_{N}}\times 100\%$，式中的 $I_{N}$ 为电度表的额定电流。$I_{\min}$ 通常较小，约为 $I_{N}$ 的 0.5%。

（3）电度表的潜动是指负载电流等于零时，电度表仍出现缓慢转动的现象。按照规定，无负载电流时，在电度表的电压线圈上施加其额定电压的 110%（达 242V）时，观察其铝盘的转动是否超过一圈。凡超过一圈者，判为潜动不合格。

## 2.11.3 训练使用设备及器件

（1）可调三相交流电源。

（2）电度表。

（3）单相功率表。

（4）交流数字电压表。

（5）交流电流表。

（6）灯泡。

（7）秒表。

## 2.11.4 训练内容

记录被校验电度表的数据：额定电流 $I_{N}=$______，额定电压 $U_{N}=$______，电度表常数 $N=$__________，准确度为________。

**1. 用功率表、秒表法校验电度表的准确度**

按图 2.11.1 接线。电度表的接线与功率表相同，其电流线圈与负载串联，电压线圈与负载并联。

线路经指导教师检查无误后，接通电源。将调压器的输出电压调到 220V，按表 2.11.1 的要求接通灯组负载，用秒表定时记录电度表转盘的转数及记录各仪表的读数。

为了准确地计时及计圈数，可将电度表转盘上的一小段着色标记刚出现（或刚结束）时作为秒表计时的开始，并同时读出电度表的起始读数。此外，为了能记录整数转数，可先预

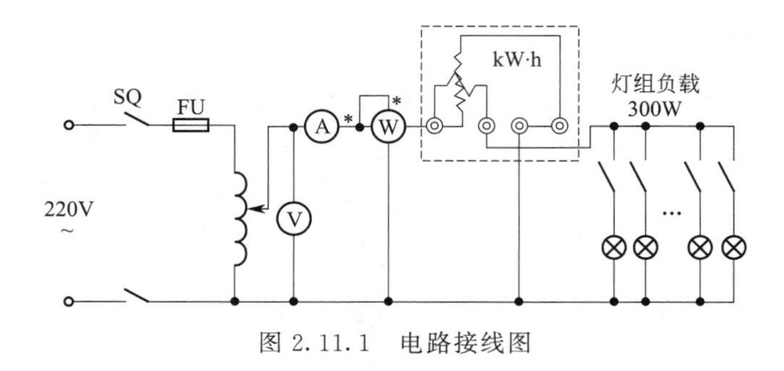


图 2.11.1　电路接线图

定好转数，待电度表转盘刚转完此转数时，作为秒表测定时间的终点，并同时读出电度表的终止读数。所有数据记录之。

建议 $n$ 取 24 圈，则 300W 负载时，需时 2min 左右。

**表 2.11.1　测量数据表**

| 负载情况/W | 测量值 | | | | | | | | 计算值 | | |
|---|---|---|---|---|---|---|---|---|---|---|---|
| | $U$/V | $I$/A | $P$/W | 电表读数/kW·h | | | 时间/s | 转数 $n$ | 计算电能 $W$/kW·h | △$W$/$W$ /% | 电度表常数 $N$ |
| | | | | 起 | 止 | $W$ | | | | | |
| 9×15 | | | | | | | | | | | |
| 6×15 | | | | | | | | | | | |

为了准确和熟悉起见，可重复多做几次。

**2. 电度表灵敏度的测试**

电度表灵敏度的测试要用到专用的变阻器，一般都不具备。此处可将图 2.11.1 中的灯组负载改成三组灯组相串联，并全部用 220V、15W 灯泡。再在电度表与灯组负载之间串接 8W、30～10kΩ 的电阻（取自 DG09 挂箱上的 8W，10kΩ、20kΩ 电阻）。每组先开通一只灯泡。接通 220V 后看电度表转盘是否开始转动。然后逐只增加灯泡或者减少电阻，直到转盘开始转动。记下使转盘刚开始转动的最小电流值，计算电度表的灵敏度。

做此实验前应使电度表转盘的着色标记处于可看见的位置。由于负载很小，转盘的转动很缓慢，必须耐心观察。

**3. 检查电度表的潜动是否合格**

断开电度表的电流线圈回路，调节调压器的输出电压为额定电压的 110%（即 242V），仔细观察电度表的转盘有否转动。一般允许有缓慢的转动。若转动不超过一圈即停止，则该电度表的潜动为合格，反之则不合格。

实验前应使电度表转盘的着色标记处于可看见的位置。由于“潜动”非常缓慢，要观察正常的电度表“潜动”是否超过一圈，需要 1h 以上。

## 2.11.5　注意事项

（1）实验台配有一只电度表，实验时，只要将电度表挂在 TKDG-04 挂箱上的相应位置，并用螺母紧固即可。接线时要卸下护板。实验完毕，拆除线路后，要装回护板。

（2）记录时，同组同学要密切配合。秒表定时、读取转数和电度表读数步调要一致，以确保测量的准确性。

（3）实验中用到 220V 强电，操作时应注意安全。凡需改动接线，必须切断电源，接好线后，检查无误后才能通电。

### 2.11.6 预习思考题

（1）查找有关资料，了解电度表的结构、原理及其检定方法。
（2）电度表接线有哪些错误接法？它们会造成什么后果？

### 2.11.7 项目报告

（1）对被校电度表的各项技术指标作出评价。
（2）对校表工作的体会。

# 模块 3

# 模拟电子技术基础训练

## 项目 3.1 阻容元件识别与检测

### 3.1.1 训练目标

（1）了解常用电阻器的类型、外观、阻值标识及检测方法。
（2）了解电容器的标识及检测方法。

### 3.1.2 原理说明

**1. 常用电阻的识别与检测**

1）电阻器和电位器

电阻器简称电阻，是电子电路中应用最多的元件之一，在电路中用于分压、分流、滤波（与电容器组合）、耦合、阻抗匹配、负载等。国际单位为欧姆，简称欧（Ω），在实际的电路中，常用的单位还有千欧（kΩ）和兆欧（MΩ）。三者的换算关系为

1kΩ= 1000Ω；1MΩ=1000 kΩ

电位器是由一个电阻体和一个转动或滑动系统组成的。在家用电器和其他电子设备电路中，电位器用来分压、分流和用来作为变阻器。在晶体管收音机、CD 唱机、电视机等电子设备中电位器用于调节音量、音调、亮度、对比度、色饱和度等。它作为分压器时，是一个四端电子元件；它作为变阻器时，是一个两端电子元件。电阻器和电位器的图形符号如图 3.1.1 所示。

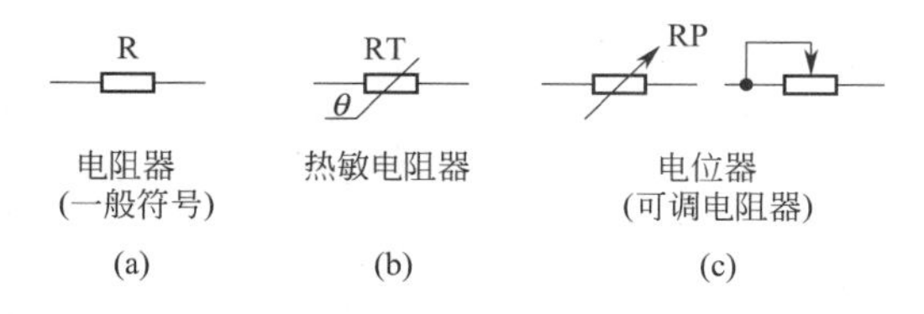


图 3.1.1 电阻器和电位器的图形符号

2）电阻器和电位器的型号命名

国产电阻器、电位器的型号一般由下列五部分组成。

根据国家标准 GB 2470—81 的规定，电阻器的型号由以下几部分构成。

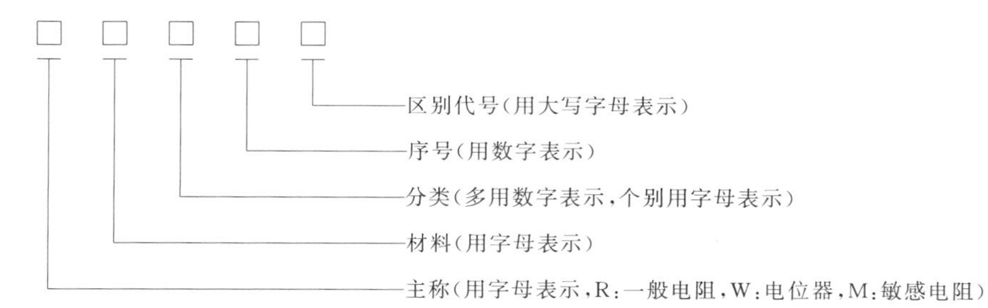


第一部分：主称，用字母表示，R 表示电阻器，W 表示电位器。

第二部分：导电材料，用字母表示，具体含义见表 3.1.1。

**表 3.1.1　电阻器和电位器及其材料字母表示**

| 类别 | 名称 | 符号 | 字母顺序 |
|---|---|---|---|
| 主称 | 电阻器 | R | 第一字母 |
| | 电位器 | W | |
| 材料 | 碳膜 | T | 第二字母 |
| | 金属膜 | J | |
| | 氧化膜 | Y | |
| | 合成碳膜 | H | |
| | 有机实心 | S | |
| | 无机实心 | N | |
| | 沉积膜 | C | |
| | 玻璃釉 | I | |
| | 线绕 | X | |

第三部分：一般用数字表示分类，个别类型用字母表示，见表 3.1.2。

**表 3.1.2　电阻器和电位器的代号**

| 数字代号 | 意义 | | 字母代号 | 意义 | |
|---|---|---|---|---|---|
| | 电阻器 | 电位器 | | 电阻器 | 电位器 |
| 1 | 普通 | 普通 | G | 高功率 | 高功率 |
| 2 | 普通 | 普通 | T | 可调 | — |
| 3 | 超高频 | — | W | — | 微调 |
| 4 | 高阻 | — | D | — | 多圈 |
| 5 | 高温 | — | X | 小型 | 小型 |
| 6 | — | — | J | 精密 | 精密 |
| 7 | 精密 | 精密 | L | 测量用 | — |
| 8 | 高压 | 特殊函数 | Y | 被釉 | — |
| 9 | 特殊 | 特殊 | C | 防潮 | — |

第四部分：序号，用数字表示。

第五部分：区别代号，用字母表示。区别代号是当电阻器（电位器）的主称、材料特征相同，而尺寸、性能指标有差别时，在序号后用 A、B、C、D 等字母予以区别。

例如，RJ71 型精密金属膜电阻器和 WSW1A 型微调有机实心电位器：

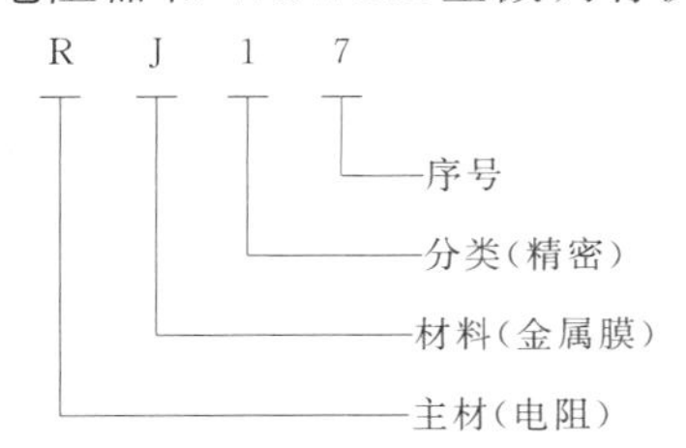

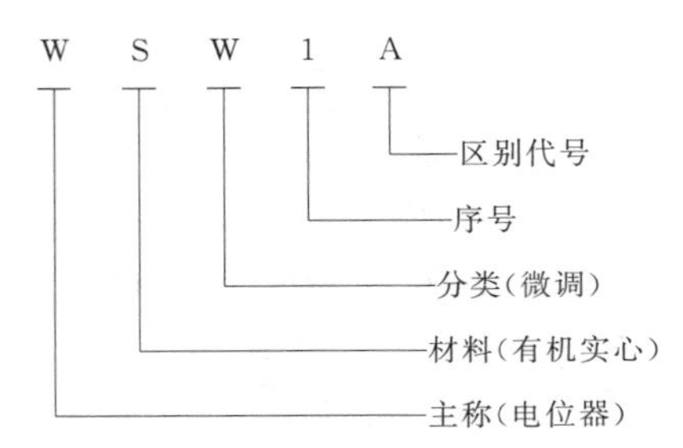


又如，MF41旁热式热敏电阻器：

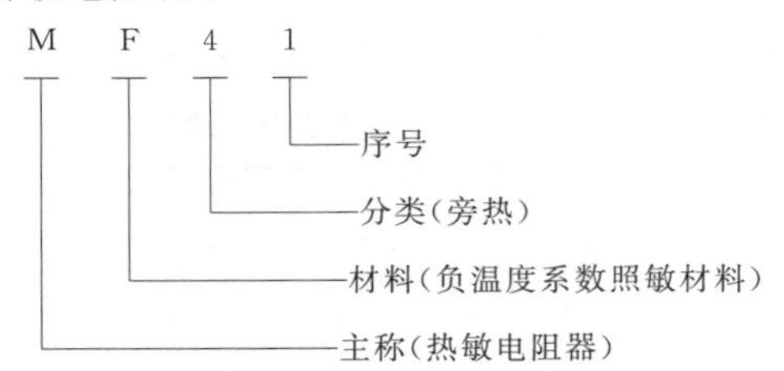


3）电阻器和电位器的分类

（1）电阻器的分类。电阻器的种类很多，通常有固定电阻器、可变电阻器和敏感电阻器。按电阻器结构形状和材料不同，可分为线绕电阻器和非线绕电阻器。线绕电阻器有通用线绕电阻器、精密线绕电阻器、功率型线绕电阻器等，非线绕电阻器有碳膜电阻器、金属膜电阻器、金属氧化膜电阻器、合成碳膜电阻器、棒状电阻器、管状电阻器、纽扣状电阻器、金属玻璃铀电阻器、有机合成实心电阻器、无机合成实心电阻器等。如图3.1.2所示。

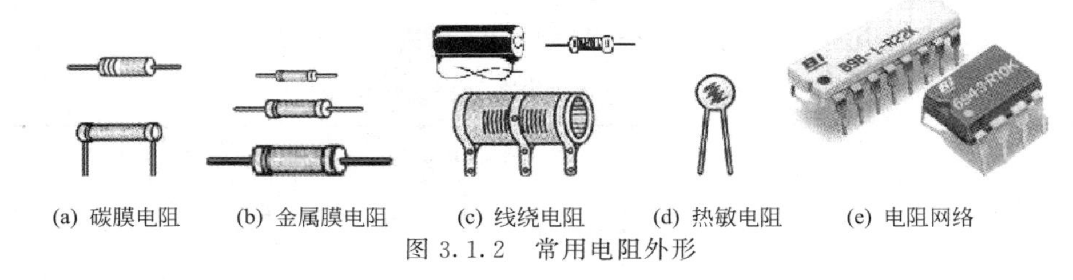

(a) 碳膜电阻　(b) 金属膜电阻　(c) 线绕电阻　(d) 热敏电阻　(e) 电阻网络

图3.1.2　常用电阻外形

（2）电位器的分类。电位器的种类较多，按所用的电位材料分为碳膜电位器、碳质实心电位器、金属膜电位器、玻璃釉电位器、线绕电位器等。如图3.1.3所示。

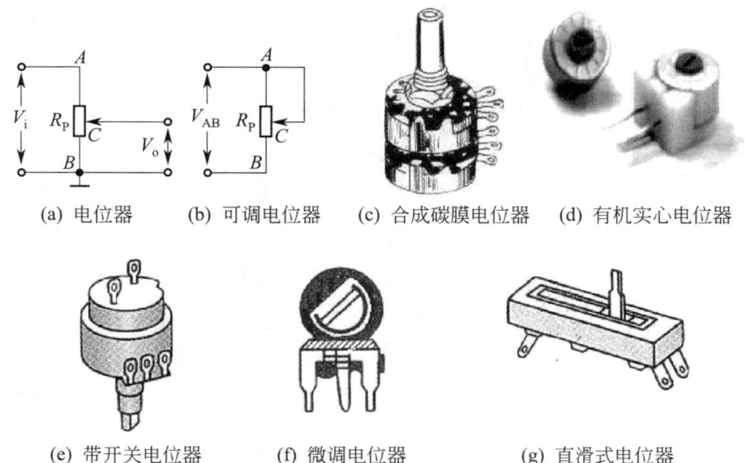


(a) 电位器　(b) 可调电位器　(c) 合成碳膜电位器　(d) 有机实心电位器

(e) 带开关电位器　(f) 微调电位器　(g) 直滑式电位器

图3.1.3　电位器的图形符号及外形

4）电阻器和电位器的主要参数

（1）电阻器的主要参数

① 标称阻值与允许误差。标识在电阻器上的阻值为标称阻值。但电阻的实际值往往与标称阻值有一定差距，即误差。两者之间的偏差允许范围为允许偏差，它标志着电阻器的阻值精度。

按规定，电阻器的标称阻值应符合阻值系列所列数值。常用电阻器标称阻值系列见表 3.1.3。电阻器的精度等级见表 3.1.4。

**表 3.1.3　电阻器标称阻值**

| 允许误差 | 标称阻值/×$10^n$Ω(n 为整数) |
|---|---|
| ±5%($E_{24}$系列) | 1.1　1.2　1.3　1.5　1.6　1.8　2.0　2.2　2.4　2.7　3.0<br>3.3　3.6 3.9　4.3　4.7　5.1　5.6　6.0　6.8　7.5　8.2　9.1 |
| ±10%($E_{12}$系列) | 1.0　1.2　1.5　1.8　2.2　2.7　3.3　3.9　4.7　5.6　6.8　8.2 |
| ±20%($E_6$系列) | 1.0　1.5　2.2　3.3　4.7　6.8 |

**表 3.1.4　电阻器的精度等级**

| 精度等级 | 005 | 01 | 02 | Ⅰ | Ⅱ | Ⅲ |
|---|---|---|---|---|---|---|
| 允许误差 | ±0.5% | ±1% | ±2% | ±5% | ±10% | ±20% |

电阻的阻值和误差有以下两种表示方法。

直接标识法：将参数直接标识在电阻器外表面上。

色标法：在圆柱形元件（主要是电阻）体上印制色环、在球形元件（电容、电感）和异形器件（如三极管）体上印制色点，表示它们的主要参数及特点，称为色码（color code）标注法，简称色标法，如图 3.1.4 所示。今天，色标法已经得到了广泛的应用。色环最早用于标注电阻，其标志方法也最为成熟统一。

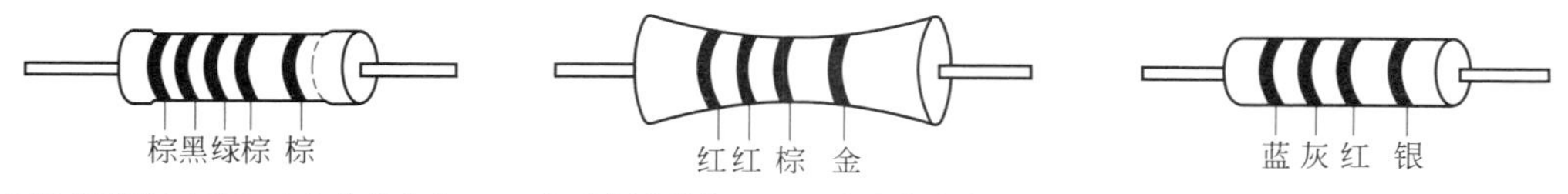


电阻:阻值为1.05kΩ 允许偏差为±1%　电感:标称值为220μH 允许偏差为±5%　电容:标称值为6800pF 允许偏差为±10%

(a)　(b)　(c)

图 3.1.4　电阻、电感、电容的色标法

用背景颜色区别种类——用浅色（淡绿色、淡蓝色、浅棕色）表示碳膜电阻，用红色表示金属膜或金属氧化膜电阻，深绿色表示线绕电阻。

用色码（色环、色带或色点）表示数值及允许偏差，国际统一的色码识别规定如表 3.1.5 所示。

**表 3.1.5　色码识别定义**

| 颜色 | 有效数字 | 倍率(乘数) | 允许偏差/% |
|---|---|---|---|
| 黑 | 0 | $10^0$ | — |
| 棕 | 1 | $10^1$ | ±1 |
| 红 | 2 | $10^2$ | ±2 |
| 橙 | 3 | $10^3$ | — |
| 黄 | 4 | $10^4$ | — |
| 绿 | 5 | $10^5$ | ±0.5 |
| 蓝 | 6 | $10^6$ | ±0.25 |
| 紫 | 7 | $10^7$ | ±0.1 |

续表

| 颜色 | 有效数字 | 倍率（乘数） | 允许偏差/% |
|---|---|---|---|
| 灰 | 8 | $10^8$ | — |
| 白 | 9 | $10^9$ | −20～+50 |
| 金 | — | $10^{-1}$ | ±5 |
| 银 | — | $10^{-2}$ | ±10 |
| 无色 | — | — | ±20 |

普通电阻阻值和允许偏差大多用四个色环表示。第一、二环表示有效数字，第三环表示倍率（乘数），第四环与前三环距离较大（约为前几环间距的 1.5 倍），表示允许偏差。例如，红、红、红、银四环表示的阻值为 $22\times10^2=2200(\Omega)$，允许偏差为±10%；又如，绿、蓝、金、金四环表示的阻值为 $56\times10^{-1}=5.6(\Omega)$，允许偏差为±5%。如图 3.1.5 所示。

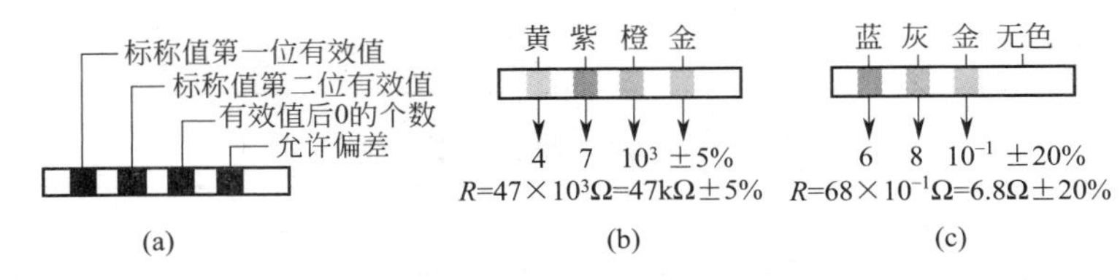


图 3.1.5　四环电阻色标法

精密电阻采用五个色环标志，前三环表示有效数字，第四环表示倍率，与前四环距离较大的第五环表示允许偏差。例如，棕、黑、绿、棕、棕五环表示阻值为 $105\times10^1=1050\Omega=1.05\text{k}\Omega$，允许偏差为±1%；又如，棕、紫、绿、银、绿五环表示阻值为 $175\times10^{-2}=1.75\Omega$，允许偏差为±0.5%。如图 3.1.6 所示。

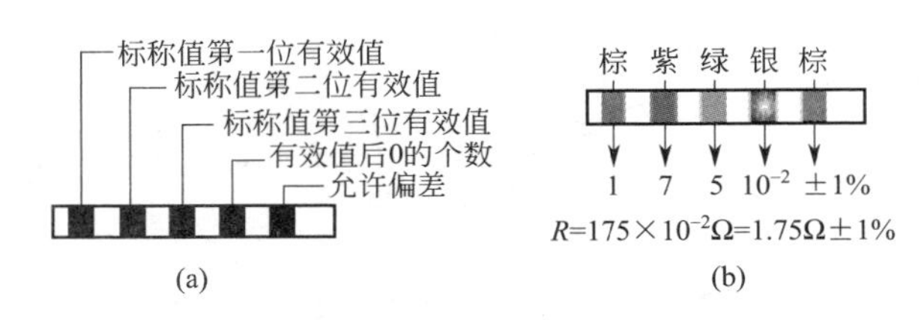


图 3.1.6　五环电阻色标法

② 电阻器的额定功率。额定功率是指电阻器在交流或者直流电路中，在正常工作情况下，电阻器长期连续工作所允许承受的最大功率。对于同一类电阻器，额定功率的大小取决于它的几何尺寸和表面面积。电阻器的额定功率系列见表 3.1.6。

**表 3.1.6　电阻器的额定功率系列**

| 种类 | 额定功率系列/W |
|---|---|
| 线绕电阻器 | 0.05　0.125　0.25　0.5　1　2　4　8　10　16　25　40　50　75　100　150　250　500 |
| 非线绕电阻器 | 0.05　0.125　0.25　0.5　1　2　5　10　25　50　100 |
| 线绕电位器 | 0.25　0.5　1　1.6　2　3　5　10　16　25　40　63　100 |
| 非线绕电位器 | 0.025　0.05　0.1　0.25　0.5　1　2　3 |

(2) 电位器的参数　电位器与电阻器有相同的参数外，还有以下特定的几个参数。

① 最大阻值和最小阻值。电位器的标称阻值是指该电位器的最大阻值，最小阻值又称零位阻值。由于触点存在接触电阻，因此最小阻值不可能为零。

② 阻值变化特性。它是指阻值随活动触点的旋转角度或滑动行程的变化而变化。常用的有直线式、对数式和反对数式，分别用 X、Z、D 表示。

5）电阻器和电位器的检测

（1）电阻器的检测　使用电阻器时，首先要知道它是否完好，可用以下几种常用的检测方法。

① 用万用表检测固定电阻器。用机械式万用表测量前，需对其调零，选择要使用的挡位，将红、黑两根表笔短接，调节调零螺母使表头指针阻值为零，然后用表笔接被测固定电阻器的两个引出端，此时表头指针偏转的指示值，即为被测电阻器的阻值。如果表针不摆动，则可将万用表换到阻值较大挡位，并重新调零后再次测量。如果指针仍不摆动，可能该电阻器内部断路，应进行故障检查。如果指针摆动到指示为零，可将万用表置于阻值较小挡位（每次换挡均须调零后才能检测）。

注意：在路检测时，一定要切断机器的电源，否则测量不准，而且容易损坏万用表；在脱开检测时人体手指不要同时碰到万用表的两支表棒，或不要碰到被测固定电阻器的两根引脚，以免影响测量结果。如图 3.1.7 所示。

② 晶体管特性图示仪测量固定电阻器。如果认为用万用表测量电阻器的阻值精度不够准确，则可以用晶体管特性图示仪来测量，测量方法类似测量普通二极管的方法，但要注意在被测电阻器所允许的最大功耗内进行测量。

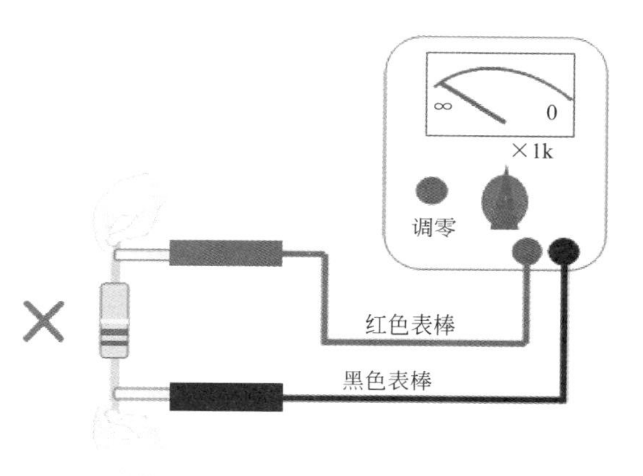


图 3.1.7　错误的测量方法

③ 用万用表测量热敏电阻器。在测量热敏电阻器之前先测量一下室温下的电阻值，检测阻值是否正常。

测量热敏电阻值时，可通过人体对其加热（如用手拿住），使其温度升高，观察阻值变化。如果体温不足以使其阻值产生较大变化，则可用发热元件（如灯泡、电烙铁等）进行加热。当温度升高时，其阻值增大，则该热敏电阻是正温度系数的热敏电阻；若其阻值降低，则是负温度系数的热敏电阻。

（2）电位器的测量

① 电位器标称阻值的测量。首先，测量两端的两片焊片之间的阻值，也就是其标称阻值。看其是否与标注值相符合。

其次，检查电位器的开关接触是否良好。用万用表低阻值挡来测量，表笔接两焊片，调节开关通断，观察万用表阻值的变化。

最后，测量电位器的动触点的接触情况。测量端点为中间焊片和两端的任意一片焊片。测量时，缓缓旋转转轴，观察电位器的阻值是否在零及标称阻值之间连续变化。若万用表表针读数连续变化，则电位器动触点良好，否则该电位器动触点的接触不良，或电阻片的碳膜涂层不均匀，有严重污染。

② 同轴电位器的测量。同轴电位器的测量与通用电位器原理相似。性能良好的同轴电位器，标称阻值应相等或近似相等，在旋转轴柄时误差（组织误差）极小，且无阻值突变的情况。

**2. 常用电容的识别和检测**

电容器具有充放电能力，在无线电工程中占有非常重要的地位。在电路中它可用于调

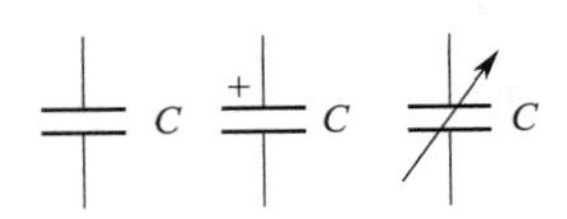

图 3.1.8 电容器的图形符号

谐、隔直流、滤波、交流旁路等。电容器用符号 C 表示，其图形符号如图 3.1.8 所示。电容的国际单位为法拉，简称法（F）。常用的有微法（μF）和皮法（pF）等。电容之间的换算关系为

1F=1000mF；1mF=1000μF；1μF=1000nF；1nF=1000pF

1）电容器的命名、分类及参数

（1）电容器的型号命名。根据标准 SJ-73 规定，国产电容器的型号由五部分组成。其中第三部分作为补充，说明电容器的某些特征；如无说明，则只需三部分组成，即两个字母一个数字。大多数电容器的型号都由三部分内容组成。

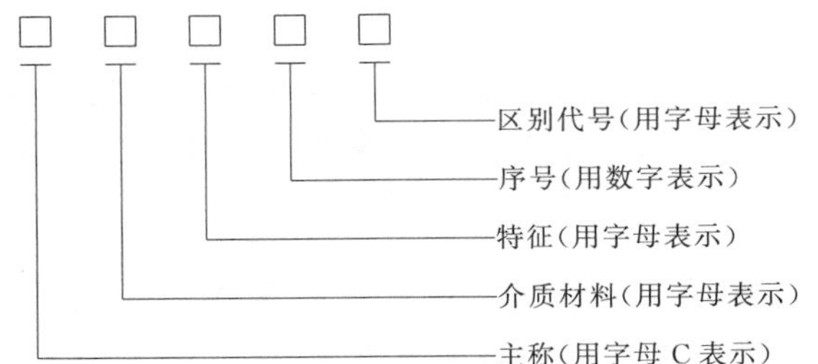


第一部分：主称，用字母表示（一般用 C 表示）。

第二部分：材料，用字母表示。具体含义见表 3.1.7。

**表 3.1.7 电容器材料、特征表示方法**

| 材料 | | 特征 | | | | |
|---|---|---|---|---|---|---|
| 符号 | 意义 | 符号 | 意义 | | | |
| | | | 瓷介电容器 | 云母电容器 | 有机电容器 | 电解电容器 |
| C | 瓷介 | 1 | 圆片 | 非密封 | 非密封 | 箔式 |
| Y | 云母 | 2 | 管形 | 非密封 | 非密封 | 箔式 |
| I | 玻璃釉 | 3 | 叠片 | 密封 | 密封 | 烧结粉液体 |
| O | 玻璃膜 | 4 | 独石 | 密封 | 密封 | 烧结粉固体 |
| B | 聚苯乙烯 | 5 | 穿心 | — | 穿心 | — |
| Z | 纸介 | 6 | — | 支柱 | — | — |
| J | 金属化纸介 | 7 | — | — | — | 无极性 |
| H | 混合介质 | 8 | 高压 | 高压 | 高压 | — |
| L | 涤纶 | 9 | — | — | 特殊 | 特殊 |
| F | 聚四氟乙烯 | G | 高功率 | — | — | — |
| D | 铝电解 | W | 微调 | 微调 | — | — |
| A | 钽电解 | X | — | — | — | 小型 |

第三部分：特征，用字母或数字表示，具体含义见表 3.1.7。

第四部分：序号，用数字表示。

第五部分：区别代号，用字母表示。区别代号是当电容器的主称、材料特征相同，而尺寸、性能指标有差别时，在序号后用字母或数字予以区别。

例如：CT1-0.022μF-63V 代表圆片低频瓷介电容器，电容量是 0.022μF，额定工作电压 63V。

（2）电容器的分类。电容器的种类很多，分类的方法也各有不同。根据介质材料不同电容器可分为：气体介质电容器（如空气电容器，真空电容器，充电式电容器）、液体介质电容器（油浸电容器）、无机固体介质电容器（纸介电容器、涤纶电容）、电解介质电容器（液式、干式）、复合介质电容器（纸膜混合电容器）。从结构上分为固定电容器、可变电容器和微调电容器。

陶瓷、云母、玻璃等材料可制成无机介质电容器。

① 瓷介电容器（型号：CC 或 CT）。瓷介电容器是一种制造容易、成本低廉、安装方

便、应用极为广泛的电容器。从耐压角度可分为低压小功率和高压大功率（通常额定工作电压高于 1kV）的两种，如图 3.1.9 所示。

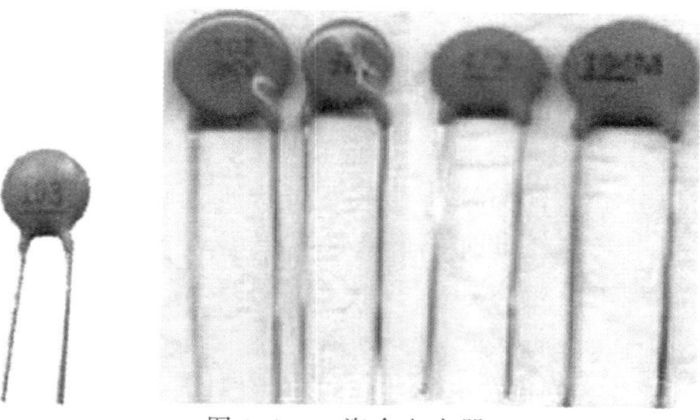

图 3.1.9 瓷介电容器

② 云母电容器（型号：CY）。云母电容器以云母为介质，用锡箔和云母片（或用喷涂银层的云母片）层叠后在胶木粉中压铸而成。云母电容器如图 3.1.10 所示。云母电容器的特点是由于云母材料优良的电气性能和力学性能，使云母电容器的自身电感和漏电损耗都很小，具有耐压范围宽、可靠性高、性能稳定、容量精度高等优点，被广泛用在一些具有特殊要求（如高温、高频、脉冲、高稳定性）的电路中。

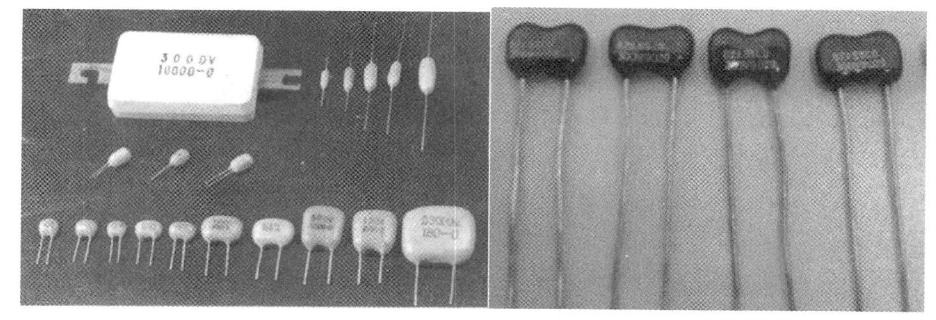

图 3.1.10 几种云母电容器

③ 玻璃电容器。玻璃电容器以玻璃为介质，目前常见的有玻璃独石和玻璃釉独石两种。其外形如图 3.1.11 所示。与云母和瓷介电容器相比，玻璃电容器的生产工艺简单，因而成本低廉。这种电容器具有良好的防潮性和抗振性，能在 200℃高温下长期稳定工作，是一种高稳定性、耐高温的电容器。其稳定性介于云母与瓷介电容器之间，一般体积却只有云母电容器的几十分之一，所以在高密度的 SMT 电路中广泛使用。

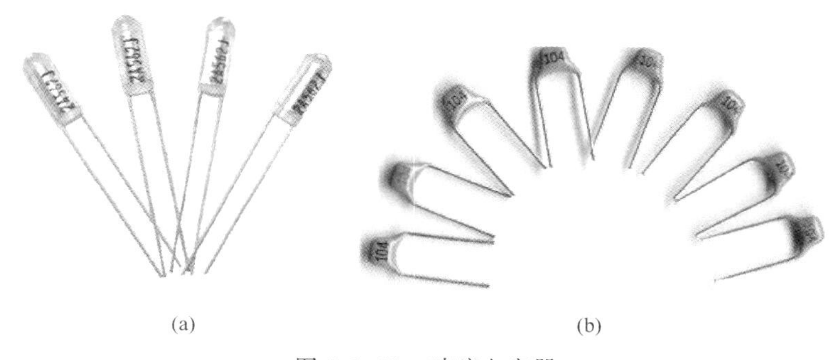

(a) (b)

图 3.1.11 玻璃电容器

④ 电解电容器。电解电容器以金属氧化膜作为介质，以金属和电解质作为电容的两极，金属为阳极，电解质为阴极，其外形结构如图 3.1.12 所示。使用电解电容器必须注意极性，由于介质单向极化的性质，它不能用于交流电路，极性不能接反，否则会影响介质的极化，使电容器漏液、容量下降，甚至发热、击穿、爆炸。

在要求大容量的场合（如滤波电路等），均选用电解电容器。电解电容器的损耗大，温度特性、频率特性、绝缘性能差，漏电流大（可达毫安级），长期存放可能因电解液干涸而老化。因此，除体积小以外，其任何性能均远不如其他类型的电容器。常见的电解电容器有铝电解、钽电解和铌电解电容器。此外，还有一些特殊性能的电解电容器，如激光储能型、闪光灯专用型、高频低感型电解电容器等，用于不同要求的电路。

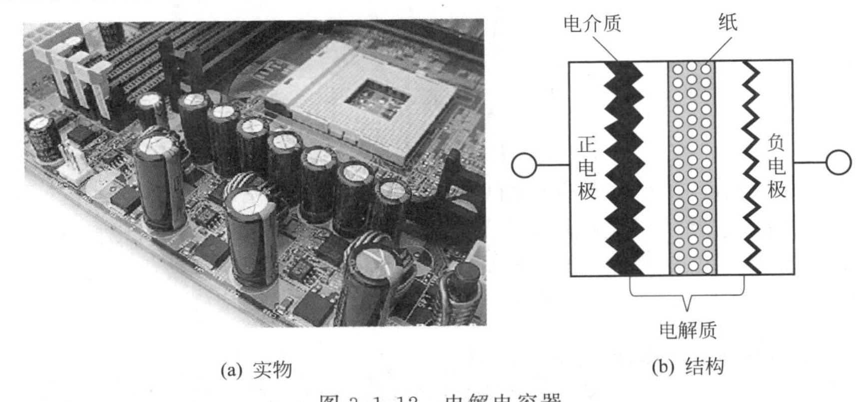


(a) 实物　　(b) 结构

图 3.1.12　电解电容器

⑤ 可变电容器（型号：CB）。可变电容器是由很多半圆形动片和定片组成的平行板式结构，动片和定片之间用介质（空气、云母或聚苯乙烯薄膜）隔开，动片组可绕轴相对于定片组旋转 0～180°，从而改变电容量的大小。可变电容器按结构可分为单联、双联和多联几种。图 3.1.13 是常见小型可变电容器的外形。双联可变电容器又分成两种，一种是两组最大容量相同的等容双联，另一种是两组最大容量不同的差容双联。目前最常见的小型密封薄膜介质可变电容器（CBM 型），采用聚苯乙烯薄膜作为片间介质。

图 3.1.13　小型可变电容器的外形

主要用在需要经常调整电容量的场合，如收音机的频率调谐电路。单联可变电容器的容量范围通常是 7/270pF 或 7/360pF；双联可变电容器的最大容量通常为 270pF。

⑥ 微调电容器（CCW 型）。在两块同轴的陶瓷片上分别镀有半圆形的银层，定片固定不动，旋转动片就可以改变两块银片的相对位置，从而在较小的范围内改变容量（几十皮法），如图 3.1.14 所示。一般在高频回路中用于不经常进行的频率微调。

图 3.1.14　微调电容器

（3）电容器的主要参数。电容器的参数很多，使用时，一般仅以电容器的容量和额定工作电压作为主要选择依据。标识在电容器的电容量称为标称容量。在实际生产中，电容器的电容量具有一定的分散性，无法做到和标称容量完全一致。电容器的标称容量与实际容量的允许最大偏差范围称为电容器的允许误差。电容器的精度等级见表 3.1.8。

**表 3.1.8　电容器的精度等级**

| 精度级别 | 00(01) | 0(02) | Ⅰ | Ⅱ | Ⅲ | Ⅳ | Ⅴ | Ⅵ |
|---|---|---|---|---|---|---|---|---|
| 允许偏差/% | ±1 | ±2 | ±5 | ±10 | ±20 | +20<br>−10 | +50<br>−20 | +100<br>−30 |

（4）电容器的规格标识有两种方法。

① 直接标识法：即用文字、数字或符号直接打印在电容器上的表示方法。它的规格一般为“型号-额定直流工作电压-标称容量-精度等级”。

例如：CJ3-400-0.01-Ⅱ，表示密封金属化纸介电容器，额定直流工作电压为 400V，电容量为 0.01μF，允许误差在±10%。

另外可用数字和字母结合标识，例如 100nF 用 100n 表示。

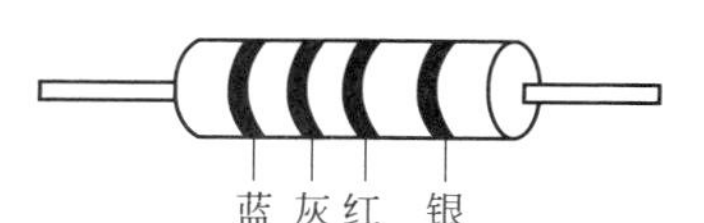


图 3.1.15　电容的色码表示法

还有用三位数字直接标识的，第一、二位数为容量的有效数字，第三位数为倍数，表示有效数字后面零的个数，单位为 pF。

② 色环表示法：用三到四个色环表示电容器的容量和误差，图 3.1.15 为电容的色码表示。各颜色所代表的意义见表 3.1.9。

**表 3.1.9　电容器的容量和允许误差色环表示法**

| 颜色 | 有效数字 | 乘数 | 允许误差 |
|---|---|---|---|
| 银 | — | $\times10^{-2}$ | ±10 |
| 金 | — | $\times10^{-1}$ | ±5 |
| 黑 | 0 | $\times10^{0}$ | — |
| 棕 | 1 | $\times10^{1}$ | ±1 |
| 红 | 2 | $\times10^{2}$ | ±2 |
| 橙 | 3 | $\times10^{3}$ | — |
| 黄 | 4 | $\times10^{4}$ | — |
| 绿 | 5 | $\times10^{5}$ | ±0.5 |
| 蓝 | 6 | $\times10^{6}$ | ±0.2 |
| 紫 | 7 | $\times10^{7}$ | ±0.1 |
| 灰 | 8 | $\times10^{8}$ | — |
| 白 | 9 | $\times10^{9}$ | +5～−20 |
| 无色 | — | — | ±20 |

2）电容器的检测

电容的测量，一般应借助于专门的测试仪器，通常用电桥。而用万用表仅能粗略地检查一下电解电容是否失效或漏电情况。其测量电路如图 3.1.16 所示。

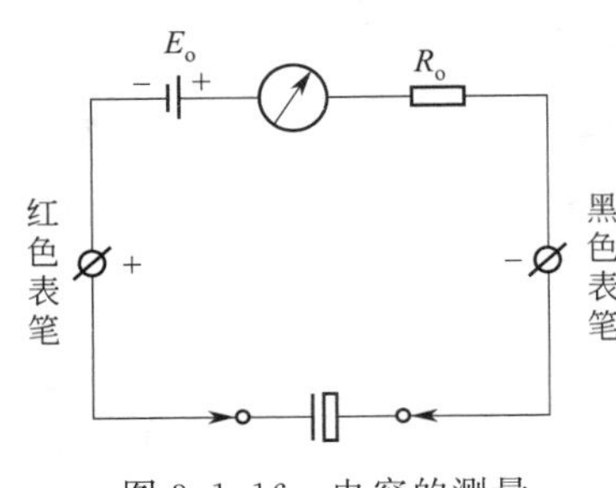

图 3.1.16 电容的测量

测量前应先将电解电容的两个引出线短接一下，使其上所充的电荷释放。然后将万用表置于 1k 挡，并将电解电容的正、负极分别与万用表的黑表笔、红表笔接触。在正常情况下，可以看到表头指针先是产生较大偏转（向零欧姆处），以后逐渐向起始零位（高阻值处）返回。这反映了电容器的充电过程，指针的偏转反映电容器充电电流的变化情况。

一般说来，表头指针偏转愈大，返回速度愈慢，则说明电容器的容量愈大，若指针返回到接近零位（高阻值），说明电容器漏电阻很大，指针所指示电阻值，即为该电容器的漏电阻。对于合格的电解电容器而言，该阻值通常在 500kΩ 以上。电解电容在失效时（电解液干涸，容量大幅度下降）表头指针就偏转很小，甚至不偏转。已被击穿的电容器，其阻值接近于零。

对于容量较小的电容器（云母、瓷质电容等），原则上也可以用上述方法进行检查，但由于电容量较小，表头指针偏转也很小，返回速度又很快，实际上难以对它们的电容量和性能进行鉴别，仅能检查它们是否短路或断路。这时应选用 $R\times10$k 挡测量。

## 3.1.3 训练使用设备及器件

（1）MF-47 型万用表。

（2）F17B 型数字万用表。

## 3.1.4 训练内容

（1）请体会电位器其阻值及性能特征，使用 MF-47 型万用表。

（2）按所给电阻完成表 3.1.10。

**表 3.1.10 电阻器的测量与识别**

| 序号 | 色圈颜色（按顺序） | 标称阻值（含误差） | MF-47 测量 | | F17B 测量 | |
|---|---|---|---|---|---|---|
| | | | 测量选挡 | 实测值 | 测量选挡 | 实测值 |
| 1 | | | | | | |
| 2 | | | | | | |
| 3 | | | | | | |
| 4 | | | | | | |

（3）用 F17B 测量所给电容的容量值，填入表 3.1.11。

**表 3.1.11 电容器的识别与测量**

| 序号 | 标注 | 标称容量 | F17B 测量 | |
|---|---|---|---|---|
| | | | 量程 | 实测值 |
| 1 | | | | |
| 2 | | | | |
| 3 | | | | |
| | | | | |

（4）用 MF-47 万用表的×10k 挡测量所给电容的漏电电阻，请自列表格填写。

### 3.1.5　项目报告

记录、整理结果，并对结果进行分析。

## 项目 3.2　二、三极管识别与检测

### 3.2.1　训练目标

（1）学会用万用表判断二极管、三极管的好坏。

（2）初步了解国内外二极管、三极管的命名方法。

### 3.2.2　原理说明

晶体管是由半导体材料制造的 PN 结构成的。它在电路中起整流、检波、开关、放大等作用。由于半导体材料的特殊性能，使晶体管在电子电路中得到了广泛的应用。晶体管也是集成电路基本单元之一。

#### 1. 晶体管的型号命名法

晶体管的型号由以下五个部分组成。

第一部分：电极数目，用阿拉伯数字表示（2——二极管，3——三极管）。

第二部分：材料和极性，用汉语拼音字母表示，具体含义见表 3.2.1。

第三部分：类型，用汉语拼音字母表示，字母含义见表 3.2.1。

第四部分：序号，用阿拉伯数字表示。

第五部分：规格，用汉语拼音字母表示。

注意：场效应管、半导体特殊元件，复合管的型号命名，只有第三、四、五部分。

表 3.2.1　用汉语拼音字母表示晶体管材料和极性及类型含义

| 第二部分 | | 第三部分 | | | |
|---|---|---|---|---|---|
| 符号 | 意义 | 符号 | 意义 | 符号 | 意义 |
| A | N 型，锗材料 | P | 普通管 | D | 低频小功率管 |
| B | P 型，锗材料 | V | 微波管 | A | 高频小功率管 |
| C | N 型，硅材料 | W | 稳压管 | T | 可控整流器 |
| D | P 型，硅材料 | C | 参量管 | Y | 体效应器件 |
| A | N 型，锗材料 | Z | 整流管 | B | 雪崩管 |
| B | P 型，锗材料 | L | 整流堆 | J | 阶跃恢复管 |
| C | N 型，硅材料 | S | 隧道管 | CS | 场效应器件 |
| D | P 型，硅材料 | N | 阻尼管 | BT | 半导体特殊器件 |
| E | 化合物材料 | U | 光电器件 | FH | 复合管 |
| | | K | 开关管 | IG | 激光器件 |
| | | G | 低频小功率管 | PIN | PIN 型管 |
| | | X | 高频小功率管 | FG | 发光管 |

#### 2. 晶体二极管的分类及参数

晶体二极管按其制造材料的不同，主要为硅管和锗管两大类。两者的性能区别在于：锗管的正向电压降小于硅管的（锗管的为 0.2V，硅管为 0.5～0.8V），锗管的反向漏电流大于硅管的（锗管的为几百毫安，硅管的为 1μA）；锗管的 PN 结可承受的温度比硅管的低（锗管的约为 100℃，硅管的约为 200℃）。

按其用途可分为：检波二极管、整流二极管、稳压二极管桥式整流组件、硅堆、开关二极管、发光二极管、光电二极管、变容二极管、隧道二极管等。如图 3.2.1 所示。

按其结构可分为点接触型二极管和面接触型二极管。

下面介绍部分二极管特性。

(1) 整流、检波二极管

① 检波用二极管：就原理而言，从输入信号中取出调制信号是检波。锗材料点接触型、工作频率可达 400MHz，正向压降小，结电容小，检波效率高，频率特性好，为 2AP 型。除用于检波外，还能够用于限幅、削波、调制、混频、开关等电路。也有为调频检波专用的特性一致性好的两只二极管组合件。

② 整流用二极管：就原理而言，从输入交流中得到输出的直流是整流。面结型，工作频率小于 3kHz，最高反向电压从 25V 至 3000V 分 A～X 共 22 挡。分类如下：硅半导体整流二极管 2CZ 型、硅桥式整流器 QL 型、用于电视机高压硅堆工作频率近 100kHz 的 2CLG 型。

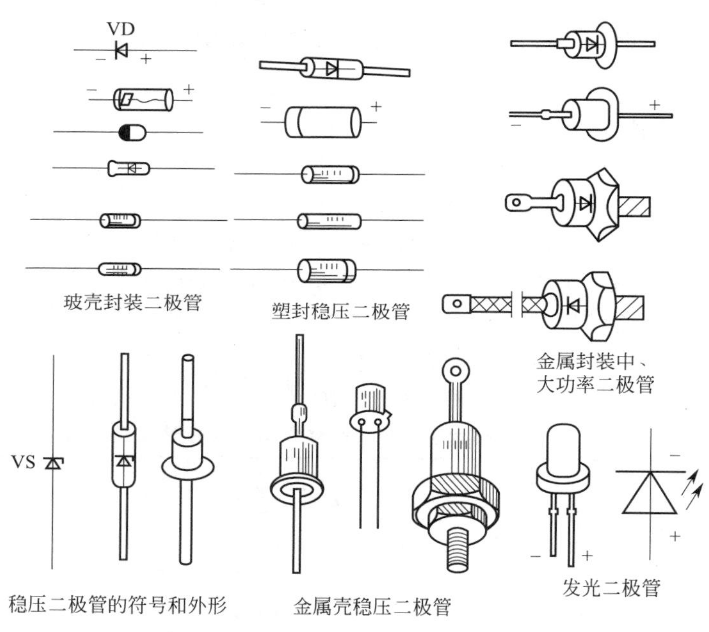


图 3.2.1　二极管的外形及代表符号

(2) 稳压二极管。稳压二极管在电子电路中起稳定电压的作用。二极管的 PN 结反向击穿后，其两端电压变化很小，基本维持一个恒定值，从而实现稳压功能。该二极管在反向击穿之前的导电特性与普通整流、检波二极管相似，在击穿电压下，只要限制其通过的电流，使它不超过其额定值，是可以安全地工作在反向击穿状态下的。硅材料制作，动态电阻 $R_Z$ 很小，一般为 2CW 型；将两个互补二极管反向串接以减少温度系数则为 2DW 型。

(3) 发光二极管。发光二极管（简称 LED）和普通二极管一样，内部结构为一个 PN 结，不同的是这种二极管正向导通就发光，即把电能转换成光能。它的外形及电路符号如图 3.2.2 所示。

发光二极管具有体积小、工作电压低、工作电流小、发光均匀稳定、响应速度快及寿命长等特点，故发光二极管已被广泛应用于收音机、音像设备及有关仪器中，经常作为电平指示灯使用。

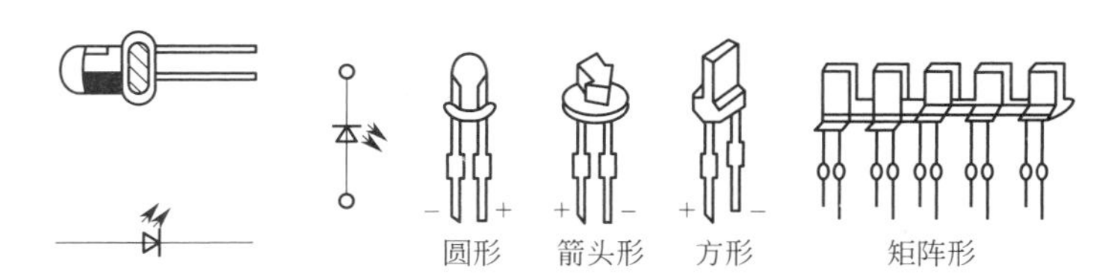


图 3.2.2 发光二极管外形及电路符号

### 3. 晶体二极管的测量

1）普通二极管的测量

普通二极管指整流二极管、检波二极管、开关二极管等。其中包括硅二极管和锗二极管。它们的测量方法大致相同（以用万用表测量为例）。

（1）小功率二极管的检测。用机械式万用表电阻挡测量小功率二极管时，将万用表置于 $R\times100$ 或 $R\times1\text{k}$ 挡。黑表笔接二极管的正极，红表笔接二极管的负极，然后交换表笔再测一次。如果两次测量值一次较大一次较小，则二极管正常。如果二极管正、反向阻值均很小，接近零，说明内部管子击穿；反之，如果正、反向阻值均极大，接近无穷大，说明该管子内部已断路。以上两种情况均说明二极管已损坏，不能使用。

如果不知道二极管的正负极性，可用上述方法进行判别。两次测量中，万用表上显示阻值较小的为二极管的正向电阻，黑表笔所接触的一端为二极管的正极，另一端为负极。如图 3.2.3 所示。

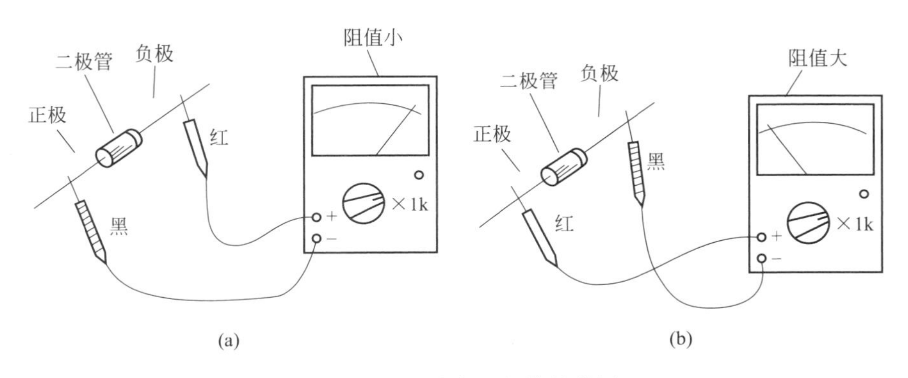


图 3.2.3 小功率二极管的检测

（2）中、大功率二极管的检测。中、大功率二极管的检测只需将万用表置于 $R\times1$ 或 $R\times10$ 挡，测量方法与测量小功率二极管相同。

2）稳压二极管的测量

（1）稳压二极管与普通二极管的鉴别。常用稳压二极管的外形与普通小功率整流二极管相似。当其标识清楚时，可根据型号及其代表符号进行鉴别。当无法从外观判断时，使用万用表也能很方便地鉴别出来。我们依然以机械式万用表为例，首先用前述的方法，把被测二极管的正、负极性判断出来。然后用万用表 $R\times10\text{k}$ 挡，黑表笔接二极管的负极，红表笔接二极管的正极，若电阻读数变得很小（与使用 $R\times1\text{k}$ 挡测出的值相比较），说明该管为稳压管；反之，若测出的电阻值仍很大说明该管为整流或检波二极管（10k 挡的内电压若用 15V 电池，对个别检波管，例如 2AP21 等已可能产生反向击穿）。因为用万用表的 $R\times1$、$R\times10$、$R\times100$ 挡时，内部电池电压为 1.5V，一般不会将二极管击穿，所以测出的反向电阻值比较大。而用万用表的 $R\times10\text{k}$ 挡时，内部电池的电压一般都在 9V 以上，可以将部分稳压管击穿，反向导通，使其电阻值大大减小，普通二极管的击穿电压一般较高、不易击穿。但是，对反向击穿电压值较大的稳压管，上述方法鉴别不出来。

(2) 三个引线的稳压管的鉴别。稳压二极管一般是两个引脚的。如 2DW7 (2DW232) 就是其中的一种，其外形和内部结构如图 3.2.4 所示。它是封装在一起的两个对接稳压管，以达到抵消两只稳压管的温度系数效果。为了提高它的稳定性，两只管子的性能是对称的，根据这一点可以方便地鉴别它们。具体方法如下。

先用万用表判断出两个二极管的极性，即图 3.2.4(b) 所示的电极 1、2、3 的位置。然后将万用表置于 $R\times10$ 或 $R\times100$ 挡，黑表笔接电极 3，红表笔依次接电极 1、2。若同时出现阻值约为几百欧姆比较对称的情况，则可基本断定该管为稳压管。

(3) 发光二极管的测量。

① 用万用表判断发光二极管。一般的发光二极管内部结构与一般二极管无异，因此测量方法与一般二极管类似。但发光二极管的正向电阻比普通二极管大（正向电阻小于 50kΩ)，所以测量时将万用表置于 $R\times1\text{k}$ 或 $R\times10\text{k}$ 挡。测量结果判断与一般二极管测量结果判断相同。

② 发光二极管工作电流的测量。发光二极管工作电流可用以下方法测出，测试电路如图 3.2.5 所示。

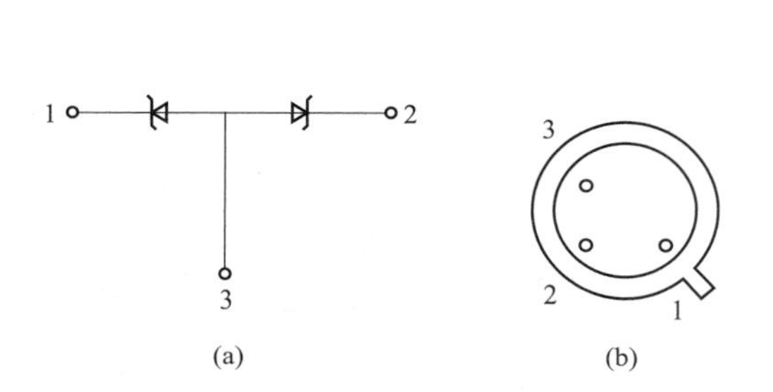


图 3.2.4　三个引线的稳压管其外形和内部结构

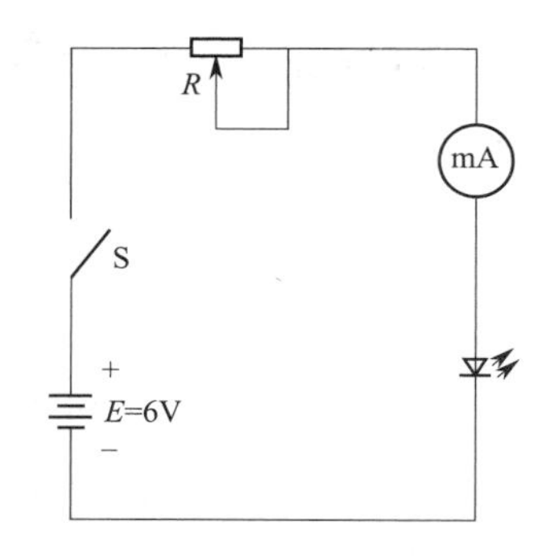


图 3.2.5　发光二极管工作电流的测量

测量时，先将限流电阻 $R$ 置于较高的位置，合上开关 S，然后慢慢将限流电阻阻值降低。当降到一定阻值时，发光二极管启辉，继续调低 $R$ 阻值，使发光二极管达到所需的正常亮度。读出电流表的电流值，即为发光二极管正常的工作电流值。

测量时应注意不能使发光二极管亮度太大（工作电流太大)，否则容易使发光二极管早衰，影响使用寿命。

**4. 晶体三极管的分类及参数**

1) 晶体三极管的分类

晶体三极管，简称三极管，按导电类型分为 NPN 三极管、PNP 三极管；按材料分为锗三极管、硅三极管；从结构上分为点接触型三极管和面接触型三极管；按工作频率分为高频率（>3MHz）和低频率（<3MHz)；按功率分为大功率管（>1W)、中功率管（0.5～1W）小功率（<0.5W)。

常用三极管的外形如图 3.2.6 所示。

2) 晶体三极管的主要参数

晶体三极管的参数分两类：一类是应用参数，表明晶体管在一般工作时的各种参数，主要包括电流放大系数、截止频率、极间反向电流、输入/输出电阻等；另一类是极限参数，表明晶体管的安全使用范围，主要包括击穿电压、集电极最大允许电流、集电极最大耗散功率等。

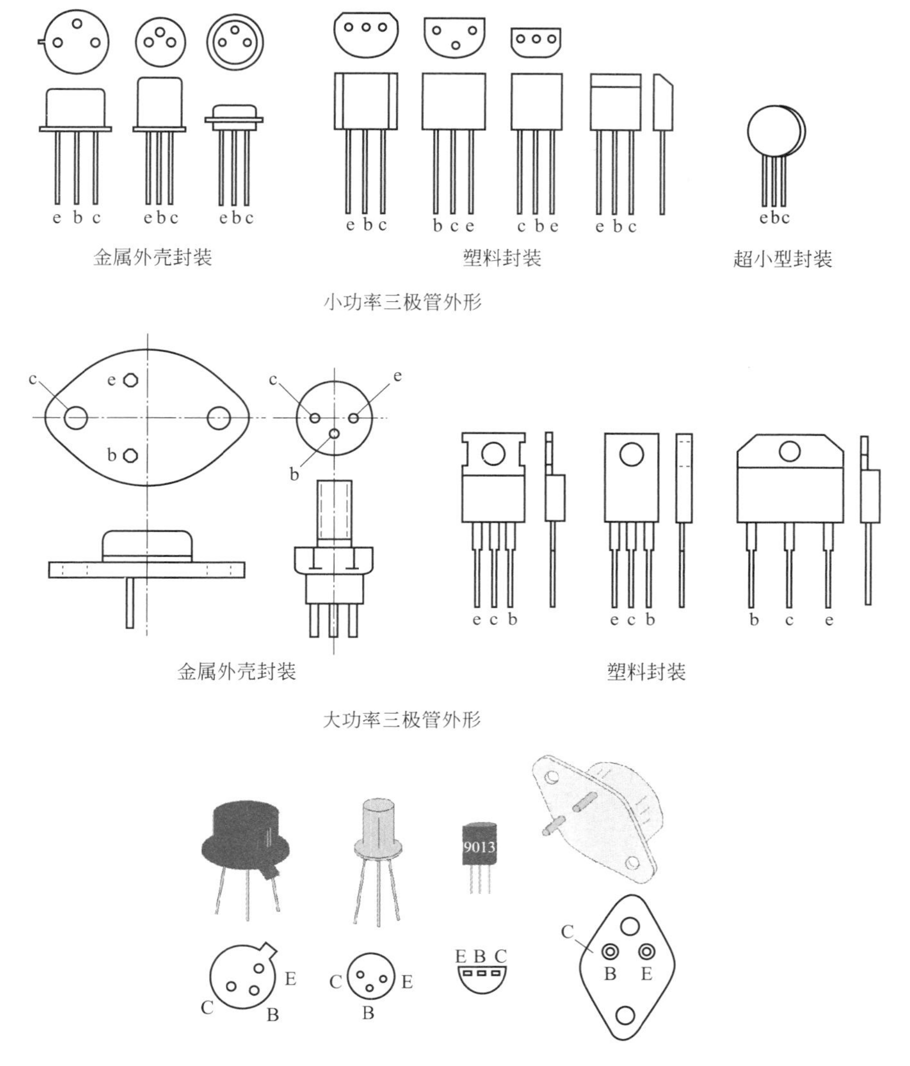


图 3.2.6　常用三极管的外形

**5. 晶体三极管的测量**

下面着重讲述常见的中、小型三极管的测量和判断（以万用表为例）。

可以把晶体三极管的结构看作是两个背靠背的 PN 结，对 NPN 型来说基极是两个 PN 结的公共阳极，对 PNP 型管来说基极是两个 PN 结的公共阴极，分别如图 3.2.7 所示。

（1）管型与基极的判别。将万用表拨在 $R\times100$ 或 $R\times1\text{k}$ 挡上。红表笔接触某一管脚，用黑表笔分别接另外两个管脚，这样就可得到三组（每组两次）的读数，当其中一组二次测量都是几百欧的低阻值时，若公共管脚是红表笔，所接触的是基极，且三极管的管型为 PNP 型；若公共管脚是黑表笔，所接触的也是基极，且三极管的管型为 NPN 型。

（2）发射极与集电极的判别。为使三极管具有电流放大作用，发射结需加正偏置，集电结加反偏置。如图 3.2.8 所示。

在判别出管型和基极 B 后，可用下列方法来判别集电极 C 和发射极 E。同时还可以大

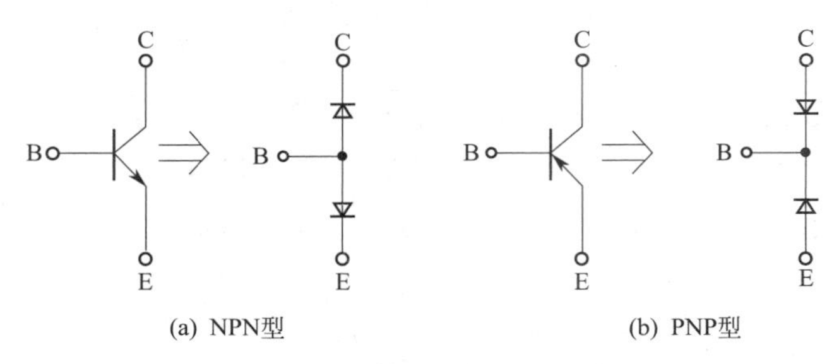

(a) NPN型　　(b) PNP型

图 3.2.7　晶体三极管结构示意图

致了解穿透电流 $I_{CEO}$ 和电流放大系数 $\beta$ 的大小。

将万用表拨在 $R\times1$k 挡上。用手将基极与另一管脚捏在一起（注意不要让电极直接相碰），为使测量现象明显，可将手指湿润一下，将红表笔接在与基极捏在一起的管脚上，黑表笔接另一管脚，注意观察万用表指针向右摆动的幅度。然后将两个管脚对调，重复上述测量步骤。比较两次测量中表针向右摆动的幅度，找出摆动幅度大的一次。对 PNP 型三极管，则将黑表笔接在与基极捏在一起的管脚上，重复上述实验，找出表针摆动幅度大的一次，对于 NPN 型，黑表笔接的是集电极，红表笔接的是发射极。对于 PNP 型，红表笔接的是集电极，黑表笔接的是发射极。

这种判别电极方法的原理是，利用万用表内部的电池，给三极管的集电极、发射极加通电压，使其具有放大能力，在这里要注意黑表笔连接的是万用表内部的电池的正极，红表笔连接的是万用表内部的电池的负极，如图 3.2.9 所示。用手捏其基极、集电极时，就等于通过手的电阻给三极管加一正向偏流，使其导通，此时表针向右摆动幅度就反映出其放大能力的大小，因此可正确判别出发射极、集电极来。同时还可大致了解穿透电流 $I_{CEO}$ 和电流放大系数 $\beta$ 的大小，如万用表上有 $h_{FE}$ 插孔，可利用 $h_{FE}$ 来测量电流放大系数 $\beta$。

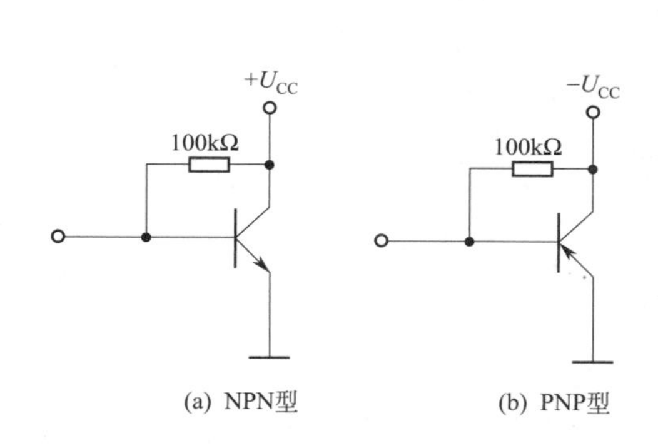

(a) NPN型　　(b) PNP型

图 3.2.8　晶体三极管的偏置情况

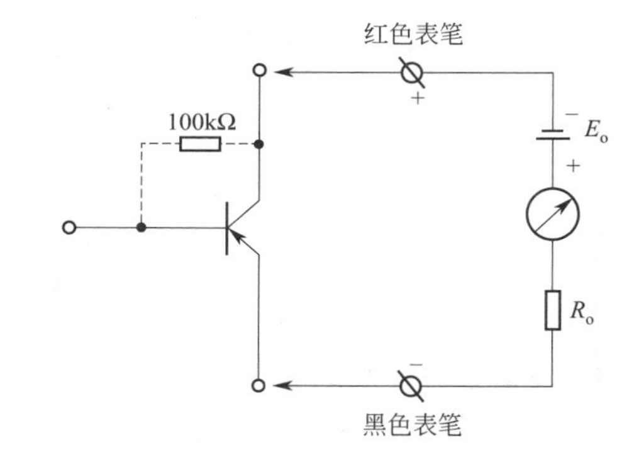

图 3.2.9　晶体三极管集电极 $C$、发射极 $E$ 的判别

## 3.2.3　训练使用设备及器件

（1）MF-47 型万用表。

（2）F17B 型数字万用表。

## 3.2.4　训练内容

（1）按表 3.2.2，用 MF-47 型万用表检测 PN 结的电阻。

表 3.2.2　PN 结电阻测量

| 型号 | 正向电阻/Ω | | | 反向电阻/Ω | 导通电压 |
|---|---|---|---|---|---|
| | ×10 挡 | ×100 挡 | ×1k 挡 | ×10k 挡 | |
| 2CZ52A | | | | | |
| IN4007 | | | | | |
| 2AP10 | | | | | |
| IN5408 | | | | | |

（2）用 MF-47 型万用表测定三极管的管型和电流放大系数。如表 3.2.3 所示，可先用万用表电阻挡确定三极管的管型和基极，在基极与响应插座对应的情况下，对调一下“C”和“E”的位置，便可从 $h_{FE}$ 的读数上明确“C”和“E”的管脚位置，并得到 $h_{FE}$。

表 3.2.3　三极管管型和管脚极性测量

| 型号 | 3DG6B | CS9012 | 2SC1815 | 2N5551 |
|---|---|---|---|---|
| 管型 | | | | |
| 管脚排列 | | | | |

## 3.2.5　项目报告

记录、整理结果，并对结果进行分析。

# 项目 3.3　晶体管共射极单管放大器

## 3.3.1　训练目标

（1）学会放大器静态工作点的调试方法，分析静态工作点对放大器性能的影响。

（2）掌握放大器电压放大倍数、输入电阻、输出电阻及最大不失真输出电压的测试方法。

（3）熟悉常用电子仪器及模拟电路实验设备的使用。

## 3.3.2　原理说明

图 3.3.1 为电阻分压式工作点稳定单管放大器实验电路图。它的偏置电路采用 $R_{B1}$ 和 $R_{B2}$ 组成的分压电路，并在发射极中接有电阻 $R_E$，以稳定放大器的静态工作点。当在放大器的输入端加入输入信号 $u_i$ 后，在放大器的输出端便可得到一个与 $u_i$ 相位相反、幅值被放大了的输出信号 $u_o$，从而实现了电压放大。

在图 3.3.1 所示电路中，当流过偏置电阻 $R_{B1}$ 和 $R_{B2}$ 的电流远大于晶体管 T 的基极电流 $I_B$ 时（一般 5～10 倍），则它的静态工作点可用下式估算

$$U_B \approx \frac{R_{B1}}{R_{B1}+R_{B2}} U_{CC} \tag{3.3.1}$$

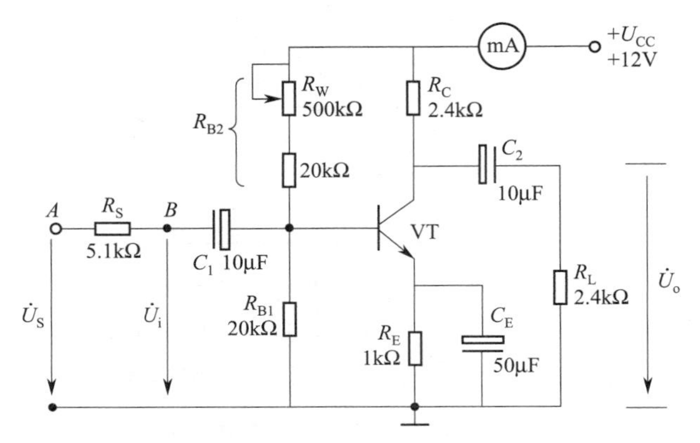


图 3.3.1　共射极单管放大器实验电路

$$I_E \approx \frac{U_B - U_{BE}}{R_E} \approx I_C \tag{3.3.2}$$

$$U_{CE} = U_{CC} - I_C(R_C + R_E) \tag{3.3.3}$$

电压放大倍数

$$A_V = -\beta \frac{R_C // R_L}{r_{be}} \tag{3.3.4}$$

输入电阻

$$R_i = R_{B1} // R_{B2} // r_{be} \tag{3.3.5}$$

输出电阻

$$R_o \approx R_C \tag{3.3.6}$$

由于电子器件性能的分散性比较大，因此在设计和制作晶体管放大电路时，离不开测量和调试技术。在设计前应测量所用元器件的参数，为电路设计提供必要的依据，在完成设计和装配以后，还必须测量和调试放大器的静态工作点和各项性能指标。一个优质放大器，必定是理论设计与实验调整相结合的产物。因此，除了学习放大器的理论知识和设计方法外，还必须掌握必要的测量和调试技术。

放大器的测量和调试一般包括：放大器静态工作点的测量与调试，消除干扰与自激振荡及放大器各项动态参数的测量与调试等。

**1. 放大器静态工作点的测量与调试**

1）静态工作点的测量

测量放大器的静态工作点，应在输入信号 $u_i=0$ 的情况下进行，即将放大器输入端与地端短接，然后选用量程合适的直流毫安表和直流电压表，分别测量晶体管的集电极电流 $I_C$ 以及各电极对地的电位 $U_B$、$U_C$ 和 $U_E$。一般在测量中，为了避免断开集电极，所以采用测量电压 $U_E$ 或 $U_C$，然后算出 $I_C$ 的方法，例如，只要测出 $U_E$，即可用

$$I_C \approx I_E = \frac{U_E}{R_E}$$

算出 $I_C$（也可根据 $I_C = \dfrac{U_{CC} - U_C}{R_C}$，由 $U_C$ 确定 $I_C$）。

同时也能算出 $U_{BE} = U_B - U_E$，$U_{CE} = U_C - U_E$。

为了减小误差，提高测量精度，应选用内阻较高的直流电压表。

2）静态工作点的调试

放大器静态工作点的调试是指对管子集电极电流 $I_C$（或 $U_{CE}$）的调整与测试。

静态工作点是否合适，对放大器的性能和输出波形都有很大影响。如工作点偏高，放大器在加入交流信号以后易产生饱和失真，此时 $u_o$ 的负半周将被削底，如图 3.3.2(a) 所示；如工作点偏低则易产生截止失真，即 $u_o$ 的正半周被缩顶（一般截止失真不如饱和失真明显），如图 3.3.2(b) 所示。这些情况都不符合不失真放大的要求。所以在选定工作点以后还必须进行动态调试，即在放大器的输入端加入一定的输入电压 $u_i$，检查输出电压 $u_o$ 的大小和波形是否满足要求。如不满足，则应调节静态工作点的位置。

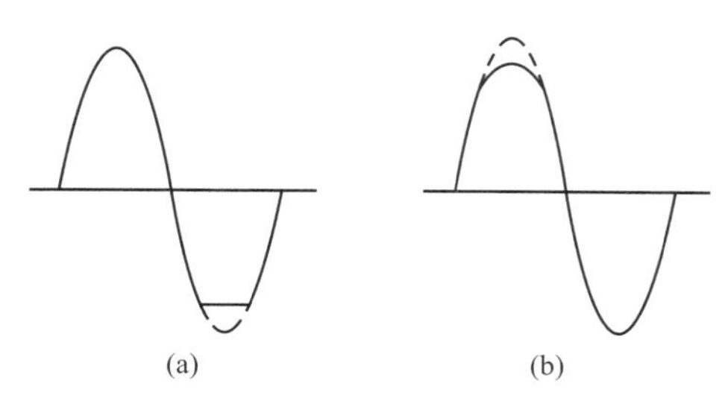


图 3.3.2 静态工作点对 $u_o$ 波形失真的影响

改变电路参数 $U_{CC}$、$R_C$、$R_B$（$R_{B1}$、$R_{B2}$）都会引起静态工作点的变化，如图 3.3.3 所示。但通常多采用调节偏置电阻 $R_{B2}$ 的方法来改变静态工作点，如减小 $R_{B2}$，则可使静态工作点提高等。

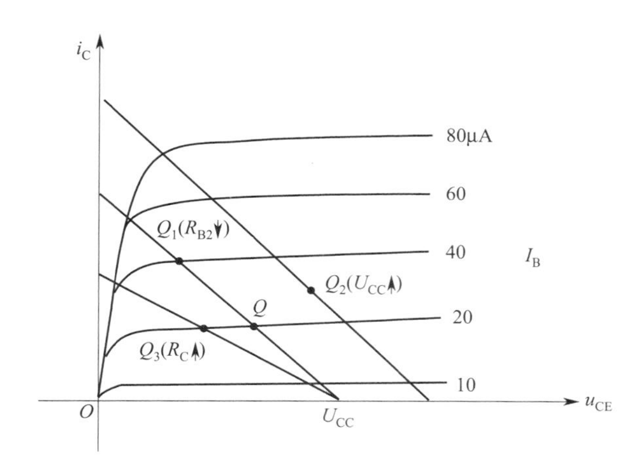


图 3.3.3 电路参数对静态工作点的影响

最后还要说明的是，上面所说的工作点“偏高”或“偏低”不是绝对的，应该是相对信号的幅度而言，如输入信号幅度很小，即使工作点较高或较低也不一定会出现失真。所以确切地说，产生波形失真是信号幅度与静态工作点设置配合不当所致。如需满足较大信号幅度的要求，静态工作点最好尽量靠近交流负载线的中点。

**2. 放大器动态指标测试**

放大器动态指标包括电压放大倍数、输入电阻、输出电阻、最大不失真输出电压（动态范围）和通频带等。

1）电压放大倍数 $A_V$ 的测量

调整放大器到合适的静态工作点，然后加入输入电压 $u_i$，在输出电压 $u_o$ 不失真的情况下，用交流毫伏表测出 $u_i$ 和 $u_o$ 的有效值 $U_i$ 和 $U_o$，则

$$A_V=\frac{U_o}{U_i} \tag{3.3.7}$$

2）输入电阻 $R_i$ 的测量

为了测量放大器的输入电阻，按图 3.3.4 所示电路在被测放大器的输入端与信号源之间串入一已知电阻 $R$，在放大器正常工作的情况下，用交流毫伏表测出 $U_s$ 和 $U_i$，则根据输入电阻的定义可得

$$R_i=\frac{U_i}{I_i}=\frac{U_i}{\frac{U_R}{R}}=\frac{U_i}{U_S-U_i}R \tag{3.3.8}$$

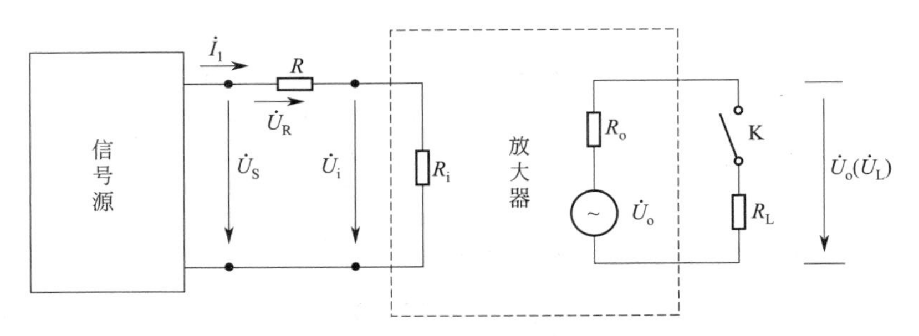


图 3.3.4　输入、输出电阻测量电路

测量时应注意下列几点。

（1）由于电阻 $R$ 两端没有电路公共接地点，所以测量 $R$ 两端电压 $U_R$ 时必须分别测出 $U_S$ 和 $U_i$，然后按 $U_R=U_s-U_i$ 求出 $U_R$ 值。

（2）电阻 $R$ 的值不宜取得过大或过小，以免产生较大的测量误差，通常取 $R$ 与 $R_i$ 为同一数量级为好，本实验可取 $R=1\sim2\text{k}\Omega$。

（3）输出电阻 $R_o$ 的测量。按图 3.3.4 电路，在放大器正常工作条件下，测出输出端不接负载 $R_L$ 的输出电压 $U_o$ 和接入负载后的输出电压 $U_L$，根据

$$U_L=\frac{R_L}{R_o+R_L}U_o \tag{3.3.9}$$

即可求出

$$R_o=\left(\frac{U_o}{U_L}-1\right)R_L \tag{3.3.10}$$

在测试中应注意，必须保持 $R_L$ 接入前后输入信号的大小不变。

（4）最大不失真输出电压 $U_{oP\text{-}P}$ 的测量（最大动态范围）。如上所述，为了得到最大动态范围，应将静态工作点调在交流负载线的中点。为此在放大器正常工作情况下，逐步增大输入信号的幅度，并同时调节 $R_W$（改变静态工作点），用示波器观察 $u_o$，当输出波形同时出现削底和缩顶现象（如图 3.3.5 所示）时，说明静态工作点已调在交流负载线的中点。然后反复调整输入信号，使波形输出幅度最大，且无明显失真时，用交流毫伏表测出 $U_o$（有效值），则动态范围等于 $2\sqrt{2}U_o$。或用示波器直接读出 $U_{oP\text{-}P}$ 来。

（5）放大器幅频特性的测量。放大器的幅频特性是指放大器的电压放大倍数 $A_U$ 与输入信号频率 $f$ 之间的关系曲线。单管阻容耦合放大电路的幅频特性曲线如图 3.3.6 所示，$A_{Um}$ 为中频电压放大倍数，通常规定电压放大倍数随频率变化下降到中频放大倍数的 $1/\sqrt{2}$ 倍，即 $0.707A_{Um}$ 所对应的频率分别称为下限频率 $f_L$ 和上限频率 $f_H$，则通频带 $f_{BW}=f_H-f_L$。

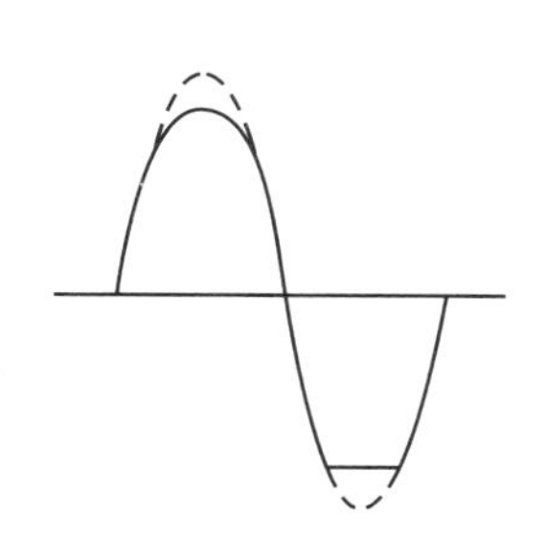

图 3.3.5　静态工作点正常，输入信号太大引起的失真

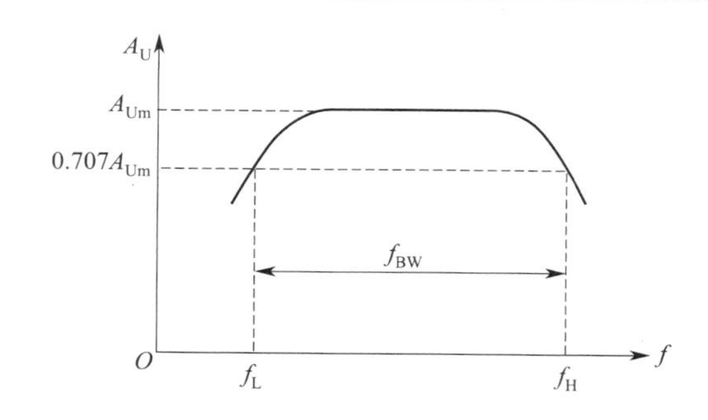


图 3.3.6　幅频特性曲线

放大器的幅率特性就是测量不同频率信号时的电压放大倍数 $A_U$。为此，可采用前述测 $A_U$ 的方法，每改变一个信号频率，测量其相应的电压放大倍数，测量时应注意取点要恰当，在低频段与高频段应多测几点，在中频段可以少测几点。此外，在改变频率时，要保持输入信号的幅度不变，且输出波形不得失真。

（6）干扰和自激振荡的消除。

## 3.3.3　训练使用设备及器件

（1）+12V 直流电源。

（2）函数信号发生器。

（3）双踪示波器。

（4）交流毫伏表。

（5）万用电表。

（6）晶体三极管 3DG6×1（$\beta=50\sim100$）或 9011×1（管脚排列如图 3.3.7 所示），电阻器、电容器若干。

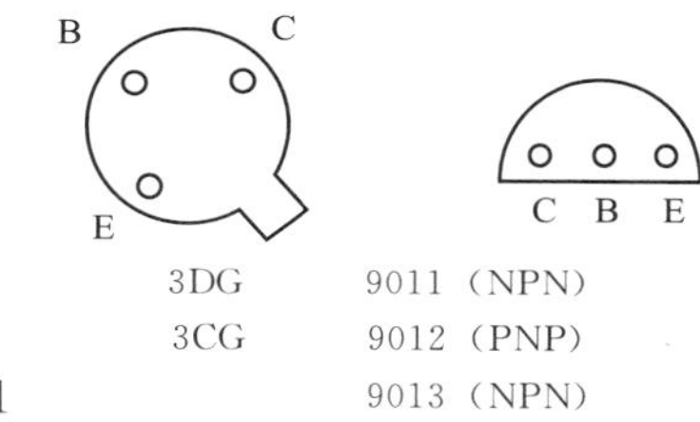


图 3.3.7　晶体三极管管脚排列

## 3.3.4　训练内容

训练电路如图 3.3.1 所示。各电子仪器在连接时，为防止干扰，各仪器的公共端（黑色夹子）必须连在一起，同时信号源、交流毫伏表和示波器的引线应采用专用电缆线或屏蔽线，如使用屏蔽线，则屏蔽线的外包金属网应接在公共接地端上。

### 1. 调试静态工作点

接通直流电源前，先将 $R_W$ 调至最大，函数信号发生器输出旋钮旋至零。接通+12V 电源、调节 $R_W$，使 $I_C=2.0\text{mA}$（即 $U_E=2.0\text{V}$），用直流电压表测量 $U_B$、$U_E$、$U_C$ 及用万用表测量 $R_{B2}$ 值。记入表 3.3.1。

**表 3.3.1　用直流电压表测量 $U_B$、$U_E$、$U_C$ 及用万用表测量 $R_{B2}$ 值**

| 测量值 | | | | 计算值 | | |
|---|---|---|---|---|---|---|
| $U_B$/V | $U_E$/V | $U_C$/V | $R_{B2}$/kΩ | $U_{BE}$/V | $U_{CE}$/V | $I_C$/mA |
| | | | | | | |

### 2. 测量电压放大倍数

在放大器输入端加入频率为 1kHz 的正弦信号 $u_i$，调节函数信号发生器的输出旋钮使放大器输入电压 $U_i\approx10\text{mV}$，同时用示波器观察放大器输出电压 $u_o$ 波形，在波形不失真的条件下用交流毫伏表测量表 3.2.2 所示三种情况下的 $U_o$ 值，并用双踪示波器观察 $u_o$ 和 $u_i$ 的相位关系，记入表 3.3.2。

**表 3.3.2 用交流毫伏表测量 $U_o$ 值**

| $R_C$/kΩ | $R_L$/kΩ | $U_o$/V | $A_V$ | 观察记录一组 $u_o$ 和 $u_i$ 波形 |
|---|---|---|---|---|
| 2.4 | ∞ | | | $u_i$ — $t$　$u_o$ — $t$ |
| 1.2 | ∞ | | | |
| 2.4 | 2.4 | | | |

### 3. 观察静态工作点对电压放大倍数的影响

置 $R_C=2.4\text{k}\Omega$，$R_L=\infty$，$U_i$ 适量，调节 $R_W$，用示波器监视输出电压波形，在 $u_o$ 不失真的条件下，测量数组 $I_C$ 和 $U_o$ 值，记入表 3.3.3。

**表 3.3.3 测量数组 $I_C$ 和 $U_o$ 值**

| $I_C$/mA | | | 2.0 | | |
|---|---|---|---|---|---|
| $U_o$/V | | | | | |
| $A_V$ | | | | | |

测量 $I_C$ 时，要先将信号源输出旋钮旋至零（即使 $U_i=0$）。

### 4. 观察静态工作点对输出波形失真的影响

置 $R_C=2.4\text{k}\Omega$，$R_L=2.4\text{k}\Omega$，$u_i=0$，调节 $R_W$ 使 $I_C=2.0\text{mA}$，测出 $U_{CE}$ 值，再逐步加大输入信号，使输出电压 $u_o$ 足够大但不失真。然后保持输入信号不变，分别增大和减小 $R_W$，使波形出现失真，绘出 $u_o$ 的波形，并测出失真情况下的 $I_C$ 和 $U_{CE}$ 值，记入表 3.3.4 中。每次测 $I_C$ 和 $U_{CE}$ 值时都要将信号源的输出旋钮旋至零。

**表 3.3.4 测出失真情况下的 $I_C$ 和 $U_{CE}$ 值**

| $I_C$/mA | $U_{CE}$/V | $u_o$ 波形 | 失真情况 | 管子工作状态 |
|---|---|---|---|---|
| | | $u_o$ — $t$ | | |
| 2.0 | | $u_o$ — $t$ | | |
| | | $u_o$ — $t$ | | |

### 5. 测量最大不失真输出电压

置 $R_C=2.4\text{k}\Omega$，$R_L=2.4\text{k}\Omega$，按照实验原理 2.(4) 中所述方法，同时调节输入信号的幅度和电位器 $R_W$，用示波器和交流毫伏表测量 $U_{oP\text{-}P}$ 及 $U_{om}$ 值，记入表 3.3.5。

**表 3.3.5 测量 $U_{oP\text{-}P}$ 及 $U_{om}$ 值**

| $I_C$/mA | $U_{im}$/mV | $U_{om}$/V | $U_{oP\text{-}P}$/V |
|---|---|---|---|
| | | | |

### 3.3.5　项目总结

（1）列表整理测量结果，并把实测的静态工作点、电压放大倍数、输入电阻、输出电阻之值与理论计算值比较（取一组数据进行比较），分析产生误差原因。

（2）总结 $R_C$、$R_L$ 及静态工作点对放大器电压放大倍数、输入电阻、输出电阻的影响。

（3）讨论静态工作点变化对放大器输出波形的影响。

（4）分析讨论在调试过程中出现的问题。

### 3.3.6　预习要求

（1）阅读教材中有关单管放大电路的内容并估算实验电路的性能指标。

假设：3DG6 的 $\beta=100$，$R_{B1}=20k\Omega$，$R_{B2}=60k\Omega$，$R_C=2.4k\Omega$，$R_L=2.4k\Omega$。估算放大器的静态工作点、电压放大倍数 $A_V$、输入电阻 $R_i$ 和输出电阻 $R_o$。

（2）自行查阅有关放大器干扰和自激振荡消除内容。

（3）能否用直流电压表直接测量晶体管的 $U_{BE}$？为什么项目中要采用测 $U_B$、$U_E$，再间接算出 $U_{BE}$ 的方法？

（4）怎样测量 $R_{B2}$ 阻值？

（5）当调节偏置电阻 $R_{B2}$，使放大器输出波形出现饱和或截止失真时，晶体管的管压降 $U_{CE}$ 怎样变化？

（6）改变静态工作点对放大器的输入电阻 $R_i$ 有否影响？改变外接电阻 $R_L$ 对输出电阻 $R_o$ 有否影响？

（7）在测试 $A_V$、$R_i$ 和 $R_o$ 时怎样选择输入信号的大小和频率？

为什么信号频率一般选 1kHz，而不选 100kHz 或更高？

（8）测试中，如果将函数信号发生器、交流毫伏表、示波器中任一仪器的两个测试端子接线换位（即各仪器的接地端不再连在一起），将会出现什么问题？

## 项目 3.4　射极跟随器

### 3.4.1　训练目标

（1）掌握射极跟随器的特性及测试方法。

（2）进一步学习放大器各项参数测试方法。

### 3.4.2　原理说明

射极跟随器的原理图如图 3.4.1 所示。它是一个电压串联负反馈放大电路，它具有输入电阻高，输出电阻低，电压放大倍数接近于 1，输出电压能够在较大范围内跟随输入电压作线性变化以及输入、输出信号同相等特点。

射极跟随器的输出取自发射极，故称其为射极输出器。

**1. 输入电阻 $R_i$**

如图 3.4.1 所示电路：

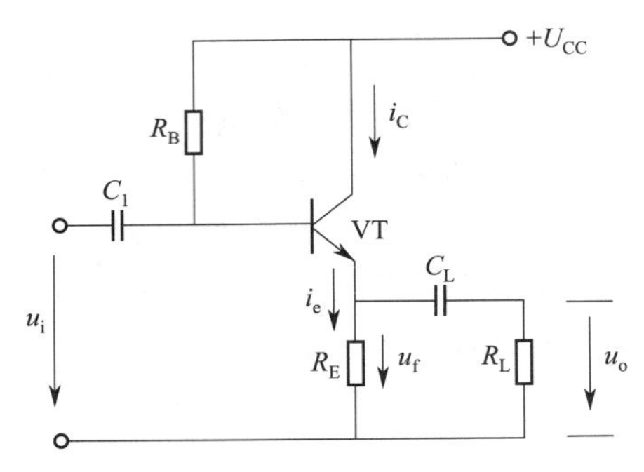


图 3.4.1 射极跟随器

$$R_i = r_{be} + (1+\beta)R_E \tag{3.4.1}$$

如考虑偏置电阻 $R_B$ 和负载 $R_L$ 的影响，则

$$R_i = R_B // [r_{be} + (1+\beta)(R_E // R_L)] \tag{3.4.2}$$

由式(3.4.2) 可知射极跟随器的输入电阻 $R_i$ 比共射极单管放大器的输入电阻 $R_i = R_B // r_{be}$ 要高得多，但由于偏置电阻 $R_B$ 的分流作用，输入电阻难以进一步提高。

输入电阻的测试方法同单管放大器，训练线路如图 3.4.2 所示。

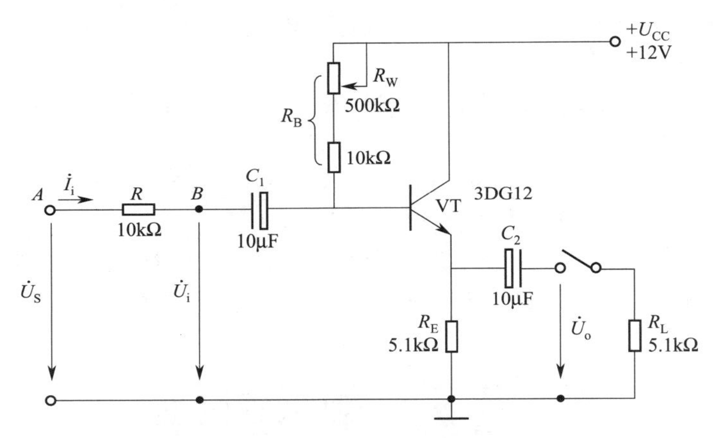


图 3.4.2 射极跟随器实验电路

$$R_i = \frac{U_i}{I_i} = \frac{U_i}{U_S - U_i} R \tag{3.4.3}$$

即只要测得 $A$、$B$ 两点的对地电位即可计算出 $R_i$。

**2. 输出电阻 $R_o$**

如图 3.4.1 所示电路

$$R_o = \frac{r_{be}}{\beta} // R_E \approx \frac{r_{be}}{\beta} \tag{3.4.4}$$

如考虑信号源内阻 $R_S$，则

$$R_o = \frac{r_{be} + (R_S // R_B)}{\beta} // R_E \approx \frac{r_{be} + (R_S // R_B)}{\beta} \tag{3.4.5}$$

由式(3.4.5) 可知射极跟随器的输出电阻 $R_o$ 比共射极单管放大器的输出电阻 $R_o \approx R_C$ 低得多。三极管的 $\beta$ 愈高，输出电阻愈小。

输出电阻 $R_o$ 的测试方法亦同单管放大器，即先测出空载输出电压 $U_o$，再测接入负载

$R_L$ 后的输出电压 $U_L$，根据

$$U_L=\frac{R_L}{R_o+R_L}U_o \tag{3.4.6}$$

即可求出 $R_o$

$$R_o=\left(\frac{U_o}{U_L}-1\right)R_L \tag{3.4.7}$$

**3. 电压放大倍数**

$$A_V=\frac{(1+\beta)(R_E//R_L)}{r_{be}+(1+\beta)(R_E//R_L)}\leqslant 1 \tag{3.4.8}$$

上式说明射极跟随器的电压放大倍数小于近于 1，且为正值。这是深度电压负反馈的结果。但它的射极电流仍比基流大（$1+\beta$）倍，所以它具有一定的电流和功率放大作用。

**4. 电压跟随范围**

电压跟随范围是指射极跟随器输出电压 $u_o$ 跟随输入电压 $u_i$ 作线性变化的区域。当 $u_i$ 超过一定范围时，$u_o$ 便不能跟随 $u_i$ 作线性变化，即 $u_o$ 波形产生了失真。为了使输出电压 $u_o$ 正、负半周对称，并充分利用电压跟随范围，静态工作点应选在交流负载线中点，测量时可直接用示波器读取 $u_o$ 的峰峰值，即电压跟随范围；或用交流毫伏表读取 $u_o$ 的有效值，则电压跟随范围：

$$U_{oP-P}=2\sqrt{2}U_o \tag{3.4.9}$$

## 3.4.3　训练使用设备及器件

（1）+12V 直流电源。
（2）函数信号发生器。
（3）双踪示波器。
（4）交流毫伏表。
（5）直流电压表。
（6）频率计。
（7）3DG12×1（$\beta$=50～100）或 9013、电阻器、电容器若干。

## 3.4.4　训练内容

按图 3.4.2 组接电路。

**1. 静态工作点的调整**

接通+12V 直流电源，在 $B$ 点加入 $f$=1kHz 正弦信号 $u_i$，输出端用示波器监视输出波形，反复调整 $R_W$ 及信号源的输出幅度，使在示波器的屏幕上得到一个最大不失真输出波形，然后置 $u_i$=0，用直流电压表测量晶体管各电极对地电位，将测得数据记入表 3.4.1。

表 3.4.1　测量数据表 Ⅰ

| $U_E$/V | $U_B$/V | $U_C$/V | $I_E$/mA |
| --- | --- | --- | --- |
| | | | |

在下面整个测试过程中应保持 $R_W$ 值不变（即保持静工作点 $I_E$ 不变）。

**2. 测量电压放大倍数 $A_v$**

接入负载 $R_L=1k\Omega$，在 $B$ 点加 $f=1kHz$ 正弦信号 $u_i$，调节输入信号幅度，用示波器观察输出波形 $u_o$，在输出最大不失真情况下，用交流毫伏表测 $U_i$、$U_L$ 值。记入表 3.4.2。

**表 3.4.2 测量数据表Ⅱ**

| $U_i$/V | $U_L$/V | $A_V$ |
|---|---|---|
| | | |

**3. 测量输出电阻 $R_o$**

接上负载 $R_L=1k\Omega$，在 $B$ 点加 $f=1kHz$ 正弦信号 $u_i$，用示波器监视输出波形，测空载输出电压 $U_o$，有负载时输出电压 $U_L$，记入表 3.4.3。

**表 3.4.3 测量数据表Ⅲ**

| $U_o$/V | $U_L$/V | $R_o$/kΩ |
|---|---|---|
| | | |

**4. 测量输入电阻 $R_i$**

在 $A$ 点加 $f=1kHz$ 的正弦信号 $u_S$，用示波器监视输出波形，用交流毫伏表分别测出 $A$、$B$ 点对地的电位 $U_s$、$U_i$，记入表 3.4.4。

**表 3.4.4 测量数据表Ⅳ**

| $U_s$/V | $U_i$/V | $R_i$/kΩ |
|---|---|---|
| | | |

### 3.4.5 预习要求

（1）复习射极跟随器的工作原理。

（2）根据图 3.4.2 的元件参数值估算静态工作点，并画出交、直流负载线。

### 3.4.6 项目报告

（1）整理测量数据，并画出曲线 $U_L=f(U_i)$ 及 $U_L=f(f)$ 曲线。

（2）分析射极跟随器的性能和特点。

## 项目 3.5 集成运算放大器的基本应用（Ⅰ）：模拟运算电路

### 3.5.1 训练目标

（1）研究由集成运算放大器组成的比例、加法、减法和积分等基本运算电路的功能。

（2）了解运算放大器在实际应用时应考虑的一些问题。

### 3.5.2 原理说明

集成运算放大器是一种具有高电压放大倍数的直接耦合多级放大电路。当外部接入不同的线性或非线性元器件组成输入和负反馈电路时，可以灵活地实现各种特定的函数关系。在线性应用方面，可组成比例、加法、减法、积分、微分、对数等模拟运算电路。

**1. 理想运算放大器特性**

在大多数情况下，将运放视为理想运放，就是将运放的各项技术指标理想化，满足下列条件的运算放大器称为理想运放。

开环电压增益　$A_{ud}=\infty$

输入阻抗　$r_i=\infty$

输出阻抗　$r_o=0$

带宽　$f_{BW}=\infty$

失调与漂移均为零等。

理想运放在线性应用时的两个重要特性：

(1) 输出电压 $U_o$ 与输入电压之间满足关系式：$U_o=A_{ud}(U_+-U_-)$

由于 $A_{ud}=\infty$，而 $U_o$ 为有限值，因此，$U_+-U_-\approx 0$。即 $U_+\approx U_-$，称为“虚短”。

(2) 由于 $r_i=\infty$，故流进运放两个输入端的电流可视为零，即 $I_{IB}=0$，称为“虚断”。这说明运放对其前级取用电流极小。

上述两个特性是分析理想运放应用电路的基本原则，可简化运放电路的计算。

**2. 基本运算电路**

1) 反相比例运算电路

电路如图 3.5.1 所示。对于理想运放，该电路的输出电压与输入电压之间的关系为

$$A_C=\frac{U_{oC}}{U_{iC}} \tag{3.5.1}$$

为了减小输入级偏置电流引起的运算误差，在同相输入端应接入平衡电阻 $R_2=R_1//R_F$。

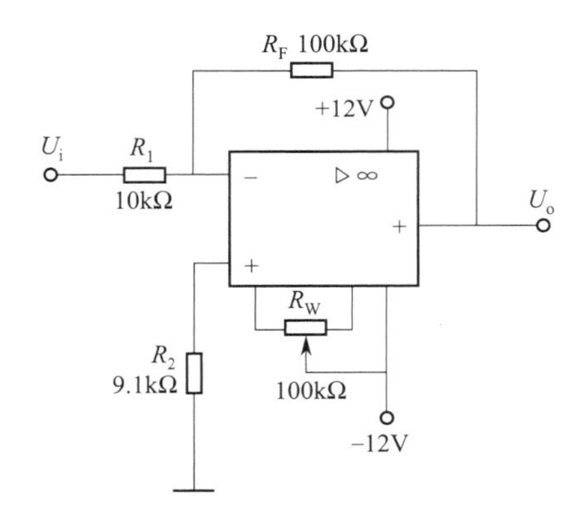


图 3.5.1　反相比例运算电路

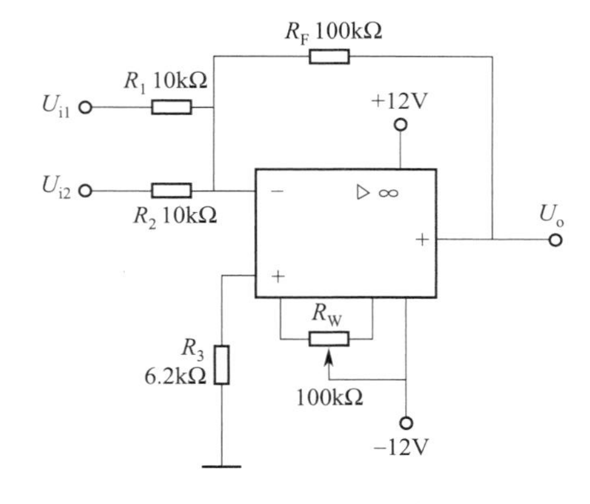


图 3.5.2　反相加法运算电路

2) 反相加法电路

电路如图 3.5.2 所示，输出电压与输入电压之间的关系为

$$U_o=-\left(\frac{R_F}{R_1}U_{i1}+\frac{R_F}{R_2}U_{i2}\right) \tag{3.5.2}$$

$$R_3=R_1//R_2//R_F \tag{3.5.3}$$

3) 同相比例运算电路

图 3.5.3(a) 是同相比例运算电路，它的输出电压与输入电压之间的关系为

$$U_o=\left(1+\frac{R_F}{R_1}\right)U_i \tag{3.5.4}$$

$$R_2 = R_1 // R_F \tag{3.5.5}$$

当 $R_1 \to \infty$ 时，$U_o = U_i$，即得到如图 3.5.3(b) 所示的电压跟随器。图中 $R_2 = R_F$，用以减小漂移和起保护作用。一般 $R_F$ 取 10kΩ，$R_F$ 太小起不到保护作用，太大则影响跟随性。

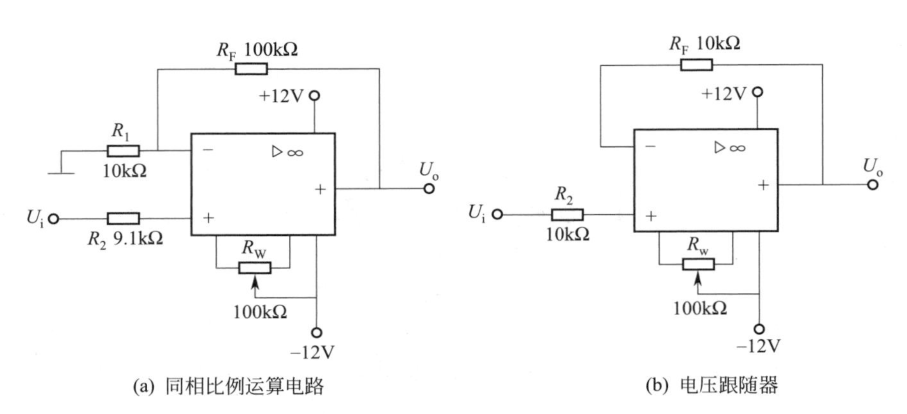

(a) 同相比例运算电路　　(b) 电压跟随器

图 3.5.3　同相比例运算电路

4）差动放大电路（减法器）

对于图 3.5.4 所示的减法运算电路，当 $R_1 = R_2$，$R_3 = R_F$ 时，有如下关系式

$$U_o = \frac{R_F}{R_1}(U_{i2} - U_{i1}) \tag{3.5.6}$$

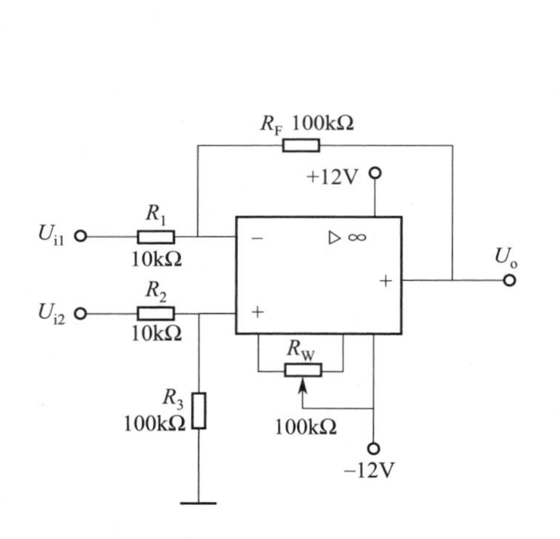

图 3.5.4　减法运算电路图

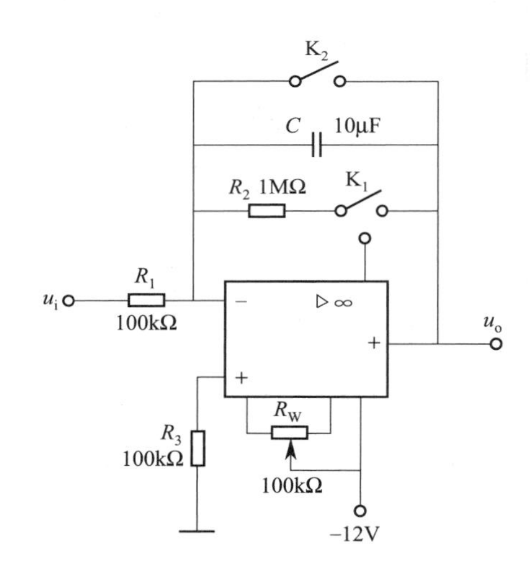

图 3.5.5　积分运算电路

5）积分运算电路

反相积分电路如图 3.5.5 所示。在理想化条件下，输出电压 $u_o$ 等于

$$u_o(t) = -\frac{1}{R_1 C}\int_0^t u_i \mathrm{d}t + u_c(t) \tag{3.5.7}$$

式中，$u_c(0)$ 是 $t=0$ 时刻电容 $C$ 两端的电压值，即初始值。

如果 $u_i(t)$ 是幅值为 $E$ 的阶跃电压，并设 $u_c(0)=0$，则

$$u_o(t) = -\frac{1}{R_1 C}\int_0^t E \mathrm{d}t = -\frac{E}{R_1 C}t \tag{3.5.8}$$

即输出电压 $u_o(t)$ 随时间增长而线性下降。显然 $RC$ 的数值越大，达到给定的 $U_o$ 值所需的时间就越长。积分输出电压所能达到的最大值受集成运放最大输出范围的限值。

在进行积分运算之前，首先应对运放调零。为了便于调节，将图中 $K_1$ 闭合，即通过电阻 $R_2$ 的负反馈作用帮助实现调零。但在完成调零后，应将 $K_1$ 打开，以免因 $R_2$ 的接入造成积分误差。$K_2$ 的设置一方面为积分电容放电提供通路，同时可实现积分电容初始电压 $u_c(0)=0$，另一方面可控制积分起始点，即在加入信号 $u_i$ 后，只要 $K_2$ 一打开，电容就将被恒流充电，电路也就开始进行积分运算。

## 3.5.3　训练使用设备及器件

（1）±12V 直流电源。

（2）函数信号发生器。

（3）交流毫伏表。

（4）直流电压表。

（5）集成运算放大器 μA741×1 电阻器、电容器若干。

## 3.5.4　训练内容

接线前要看清运放组件各管脚的位置（见图 3.5.6）；切忌正、负电源极性接反和输出端短路，否则将会损坏集成块。

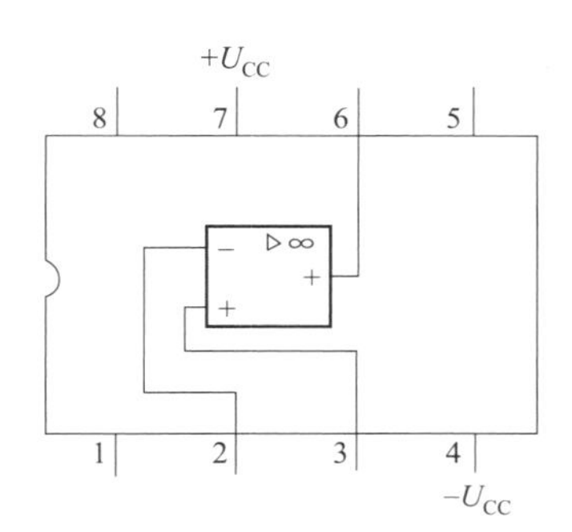


图 3.5.6　μA741 管脚图

### 1. 反相比例运算电路

（1）按图 3.5.1 连接实验电路，接通±12V 电源，输入端对地短路，进行调零和消振。

（2）输入 $f=100\text{Hz}$，$U_i=0.5\text{V}$ 的正弦交流信号，测量相应的 $U_o$，并用示波器观察 $u_o$ 和 $u_i$ 的相位关系，记入表 3.5.1。

表 3.5.1　反相比例运算电路测量数据

| $U_i$/V | $U_o$/V | $u_i$ 波形 | $u_o$ 波形 | $A_V$ | |
|---|---|---|---|---|---|
| | | | | 实测值 | 计算值 |
| | | t | t | | |

### 2. 同相比例运算电路

（1）按图 3.5.3(a) 连接测量电路。操作步骤同内容 1，将结果记入表 3.5.2。

（2）将图 3.5.3(a) 中的 $R_1$ 断开，得图 3.5.3(b) 电路重复内容 1。

表 3.5.2 同相比例运算电路测量数据

| $U_i$/V | $U_o$/V | $u_i$ 波形 | $u_o$ 波形 | $A_V$ | |
|---|---|---|---|---|---|
| | | | | 实测值 | 计算值 |
| | | t | t | | |

### 3. 反相加法运算电路

（1）按图 3.5.2 连接测量电路。调零和消振。

（2）输入信号采用直流信号，图 3.5.7 所示电路为简易直流信号源，由学生自行完成。测量时要注意选择合适的直流信号幅度以确保集成运放工作在线性区。用直流电压表测量输入电压 $U_{i1}$、$U_{i2}$ 及输出电压 $U_o$，记入表 3.5.3。

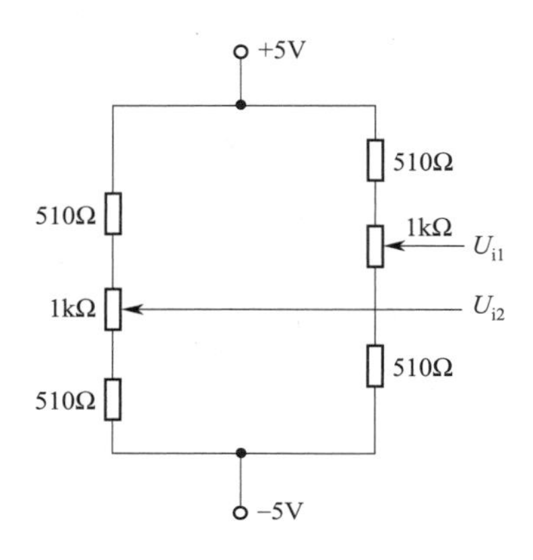


图 3.5.7 简易可调直流信号源

表 3.5.3 反相加法运算电路测量数据

| $U_{i1}$/V | | | | | |
|---|---|---|---|---|---|
| $U_{i2}$/V | | | | | |
| $U_o$/V | | | | | |

### 4. 减法运算电路

（1）按图 3.5.4 连接测量电路。调零和消振。

（2）采用直流输入信号，测量步骤同内容 3，记入表 3.5.4。

表 3.5.4 减法运算电路测量数据

| $U_{i1}$/V | | | | | |
|---|---|---|---|---|---|
| $U_{i2}$/V | | | | | |
| $U_o$/V | | | | | |

### 5. 积分运算电路

测量电路如图 3.5.5 所示。

（1）打开 $K_2$，闭合 $K_1$，对运放输出进行调零。

（2）调零完成后，再打开 $K_1$，闭合 $K_2$，使 $u_c(0)=0$。

（3）预先调好直流输入电压 $U_i=0.5V$，接入测量电路，再打开 $K_2$，然后用直流电压表测量输出电压 $U_o$，每隔 5s 读一次 $U_o$，记入表 3.5.5，直到 $U_o$ 不继续明显增大为止。

表 3.5.5　积分运算电路测量数据

| $t$/s | 0 | 5 | 10 | 15 | 20 | 25 | 30 |
|---|---|---|---|---|---|---|---|
| $U_o$/V | | | | | | | |

### 3.5.5　项目报告

（1）整理测量数据，画出波形图（注意波形间的相位关系）。

（2）将理论计算结果和实测数据相比较，分析产生误差的原因。

（3）分析讨论训练中出现的现象和问题。

### 3.5.6　预习要求

（1）复习集成运放线性应用部分内容，并根据实验电路参数计算各电路输出电压的理论值。

（2）在反相加法器中，如 $U_{i1}$ 和 $U_{i2}$ 均采用直流信号，并选定 $U_{i2}=-1$V，当考虑到运算放大器的最大输出幅度（±12V）时，$|U_{i1}|$ 的大小不应超过多少伏？

（3）在积分电路中，如 $R_1=100\text{k}\Omega$，$C=4.7\mu$F，求时间常数。

假设 $U_i=0.5$V，问要使输出电压 $U_o$ 达到 5V，需多长时间［设 $u_c(0)=0$］？

（4）为了不损坏集成块，操作中应注意什么问题？

## 项目 3.6　集成运算放大器的基本应用(Ⅱ)：电压比较器

### 3.6.1　训练目标

（1）掌握电压比较器的电路构成及特点。

（2）学会测试比较器的方法。

### 3.6.2　原理说明

电压比较器是集成运放非线性应用电路，它将一个模拟量电压信号和一个参考电压相比较，在二者幅度相等的附近，输出电压将产生跃变，相应输出高电平或低电平。比较器可以组成非正弦波形变换电路及应用于模拟与数字信号转换等领域。

图 3.6.1 所示为一最简单的电压比较器，$U_R$ 为参考电压，加在运放的同相输入端，输入电压 $u_i$ 加在反相输入端。

当 $u_i<U_R$ 时，运放输出高电平，稳压管 $D_Z$ 反向稳压工作。输出端电位被其箝位在稳压管的稳定电压 $U_Z$，即 $u_o=U_Z$。

当 $u_i>U_R$ 时，运放输出低电平，$D_Z$ 正向导通，输出电压等于稳压管的正向压降 $U_D$，即 $u_o=-U_D$。

因此，以 $U_R$ 为界，当输入电压 $u_i$ 变化时，输出端反映出两种状态，即高电位和低电位。

表示输出电压与输入电压之间关系的特性曲线，称为传输特性。图 3.6.1(b) 为图 3.6.1(a) 比较器的传输特性。

常用的电压比较器有过零比较器、具有滞回特性的过零比较器、双限比较器（又称窗口比较器）等。

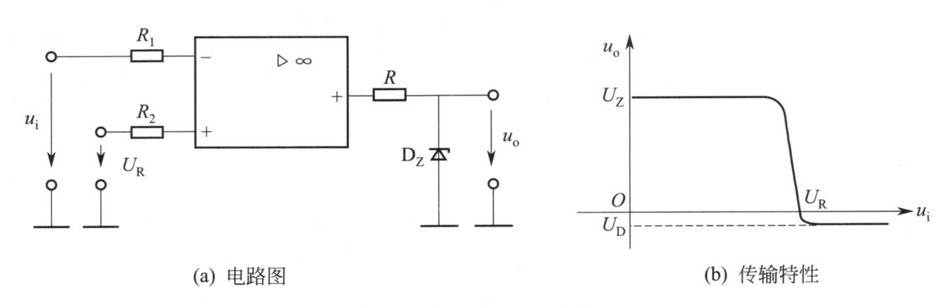


(a) 电路图　(b) 传输特性

图 3.6.1　电压比较器

**1. 过零比较器**

如图 3.6.2(a) 所示为加限幅电路的过零比较器，$D_Z$ 为限幅稳压管。信号从运放的反相输入端输入，参考电压为零，从同相端输入。当 $U_i>0$ 时，输出 $U_o=-(U_Z+U_D)$；当 $U_i<0$ 时，$U_o=+(U_Z+U_D)$。其电压传输特性如图 3.6.2(b) 所示。

过零比较器结构简单，灵敏度高，但抗干扰能力差。

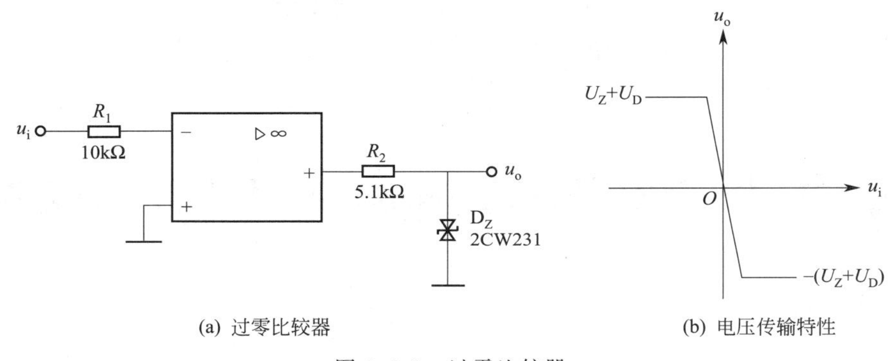


(a) 过零比较器　(b) 电压传输特性

图 3.6.2　过零比较器

**2. 滞回比较器**

如图 3.6.3 所示为具有滞回特性的过零比较器。过零比较器在实际工作时，如果 $u_i$ 恰好在过零值附近，则由于零点漂移的存在，$u_o$ 将不断由一个极限值转换到另一个极限值，这在控制系统中，对执行机构将是很不利的。为此，就需要输出特性具有滞回现象。如图 3.6.3 所示，从输出端引一个电阻分压正反馈支路到同相输入端，若 $u_o$ 改变状态，$\Sigma$ 点也随着改变电位，使过零点离开原来位置。

当 $u_o$ 为正（记作 $U_+$）$U_\Sigma=\frac{R_2}{R_f+R_2}U_+$，则当 $u_i>U_\Sigma$ 后，$u_o$ 即由正变负（记作 $U_-$），此时 $U_\Sigma$ 变为 $-U_\Sigma$。故只有当 $u_i$ 下降到 $-U_\Sigma$ 以下，才能使 $u_o$ 再度回升到 $U_+$，于是出现图 3.6.3(b) 中所示的滞回特性。

$-U_\Sigma$ 与 $U_\Sigma$ 的差别称为回差。改变 $R_2$ 的数值可以改变回差的大小。

**3. 窗口（双限）比较器**

简单的比较器仅能鉴别输入电压 $u_i$ 比参考电压 $U_R$ 高或低的情况，窗口比较电路是由两个简单比较器组成，如图 3.6.4 所示，它能指示出 $u_i$ 值是否处于 $U_R^+$ 和 $U_R^-$ 之间。如 $U_R^-<U_i<U_R^+$，窗口比较器的输出电压 $U_o$ 等于运放的正饱和输出电压（$+U_{omax}$），如果 $U_i<U_R^-$ 或 $U_i>U_R^+$，则输出电压 $U_o$ 等于运放的负饱和输出电压 $-U_{omax}$。

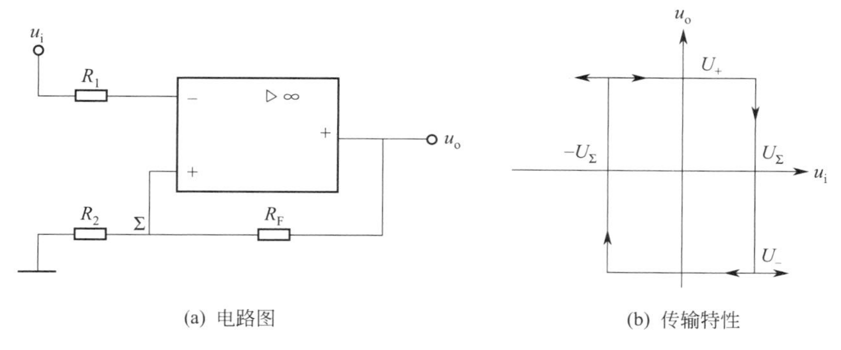


(a) 电路图　　(b) 传输特性

图 3.6.3　滞回比较器

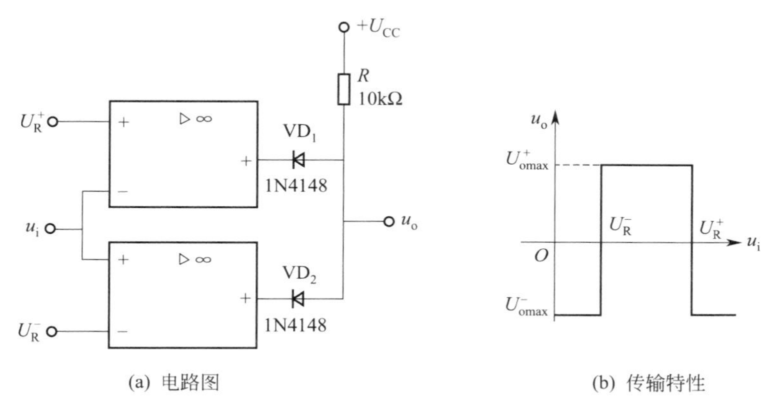


(a) 电路图　　(b) 传输特性

图 3.6.4　由两个简单比较器组成的窗口比较器

## 3.6.3　训练使用设备及器件

(1) ±12V 直流电源。
(2) 函数信号发生器。
(3) 双踪示波器。
(4) 直流电压表。
(5) 交流毫伏表。
(6) 运算放大器 μA741×2。
(7) 稳压管 2CW231×1。
(8) 二极管 4148×2、电阻器等。

## 3.6.4　训练内容

**1. 过零比较器**

测量电路如图 3.6.2 所示。
(1) 接通±12V 电源。
(2) 测量 $u_i$ 悬空时的 $u_o$ 值。
(3) $u_i$ 输入 500Hz、幅值为 2V 的正弦信号，观察 $u_i \rightarrow u_o$ 波形并记录。
(4) 改变 $u_i$ 幅值，测量传输特性曲线。

**2. 反相滞回比较器**

测量电路如图 3.6.5 所示。

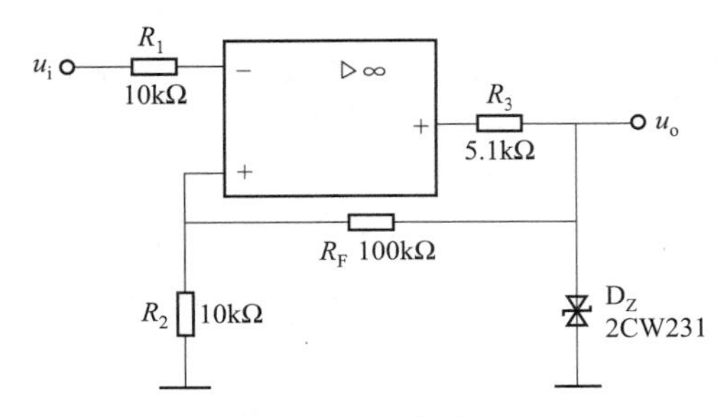


图 3.6.5 反相滞回比较器

(1) 按图接线，$u_i$ 接+5V 可调直流电源，测出 $u_o$ 由 $+U_{omax}\rightarrow -U_{omax}$ 时 $u_i$ 的临界值。

(2) 同上，测出 $u_o$ 由 $-U_{omax}\rightarrow +U_{omax}$ 时 $u_i$ 的临界值。

(3) $u_i$ 接 500Hz、峰值为 2V 的正弦信号，观察并记录 $u_i\rightarrow u_o$ 波形。

(4) 将分压支路 100kΩ 电阻改为 200kΩ，重复上述实验，测定传输特性。

**3. 同相滞回比较器**

测量线路如图 3.6.6 所示。

(1) 参照 2，自拟测量步骤及方法。

(2) 将结果与 2 进行比较。

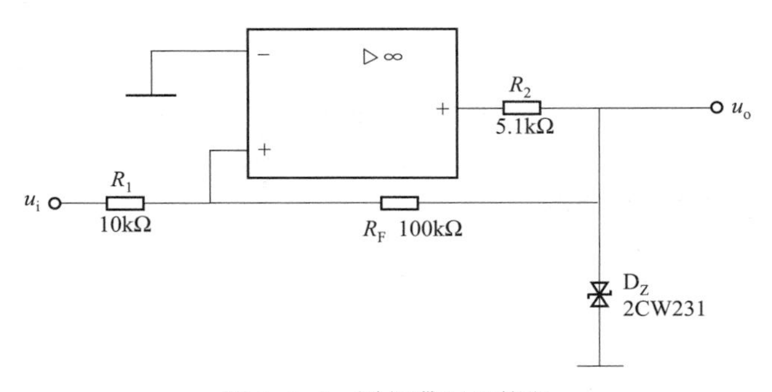


图 3.6.6 同相滞回比较器

**4. 窗口比较器**

参照图 3.6.4 自拟测量步骤和方法测定其传输特性。

## 3.6.5 项目报告

(1) 整理测量数据，绘制各类比较器的传输特性曲线。

(2) 总结几种比较器的特点，阐明它们的应用。

## 3.6.6 预习要求

(1) 复习教材有关比较器的内容。

(2) 画出各类比较器的传输特性曲线。

(3) 若要将图 3.6.4 窗口比较器的电压传输曲线高、低电平对调，应如何改动比较器电路。

# 项目 3.7　集成运算放大器的基本应用(Ⅲ)：波形发生器

## 3.7.1　训练目的

（1）用集成运放构成正弦波、方波和三角波发生器。

（2）学习波形发生器的调整和主要性能指标的测试方法。

## 3.7.2　原理说明

由集成运放构成的正弦波、方波和三角波发生器有多种形式，本项目选用最常用的、线路比较简单的几种电路加以分析。

**1. RC 桥式正弦波振荡器**（文氏电桥振荡器）

图 3.7.1 为 RC 桥式正弦波振荡器。其中 RC 串、并联电路构成正反馈支路，同时兼作选频网络，$R_1$、$R_2$、$R_W$ 及二极管等元件构成负反馈和稳幅环节。调节电位器 $R_W$，可以改变负反馈深度，以满足振荡的振幅条件和改善波形。利用两个反向并联二极管 $VD_1$、$VD_2$ 正向电阻的非线性特性来实现稳幅。$VD_1$、$VD_2$ 采用硅管（温度稳定性好），且要求特性匹配，才能保证输出波形正、负半周对称。$R_3$ 的接入是为了削弱二极管非线性的影响，以改善波形失真。

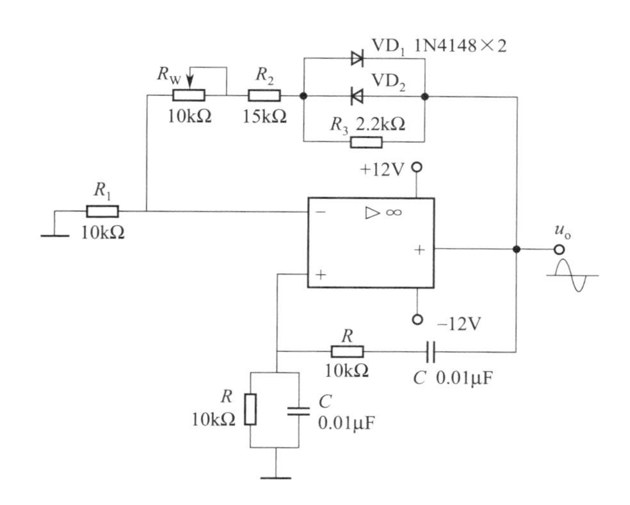


图 3.7.1　RC 桥式正弦波振荡器

电路的振荡频率

$$f_0=\frac{1}{2\pi RC} \tag{3.7.1}$$

起振的幅值条件

$$\frac{R_f}{R_1}\geqslant 2 \tag{3.7.2}$$

$$R_f=R_W+R_2+\left(\frac{R_3}{r_D}\right) \tag{3.7.3}$$

式中　$r_D$——二极管正向导通电阻。

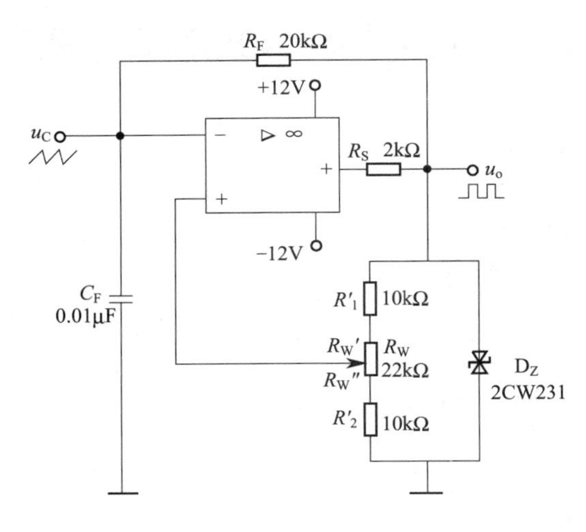


图 3.7.2　方波发生器

调整反馈电阻 $R_f$（调 $R_W$），使电路起振，且波形失真最小。如不能起振，则说明负反馈太强，应适当加大 $R_f$。如波形失真严重，则应适当减小 $R_f$。

改变选频网络的参数 $C$ 或 $R$，即可调节振荡频率。一般采用改变电容 $C$ 作频率量程切换，而调节 $R$ 作量程内的频率细调。

### 2. 方波发生器

由集成运放构成的方波发生器和三角波发生器，一般均包括比较器和 RC 积分器两大部分。图 3.7.2 所示为由滞回比较器及简单 RC 积分电路组成的方波-三角波发生器。它的特点是线路简单，但三角波的线性度较差。主要用于产生方波，或对三角波要求不高的场合。

电路振荡频率

$$f_o=\frac{1}{2R_fC_f\ln\left(1+\frac{2R_2}{R_1}\right)} \tag{3.7.4}$$

式中　$R_1=R'_1+R'_W$　　$R_2=R'_2+R'_W$

方波输出幅值

$$U_{OM}=\pm U_Z \tag{3.7.5}$$

三角波输出幅值

$$U_{OM}=\frac{R_1}{R_1+R_2}U_Z \tag{3.7.6}$$

调节电位器 $R_W$（即改变 $R_2/R_1$），可以改变振荡频率，但三角波的幅值也随之变化。如要互不影响，则可通过改变 $R_f$（或 $C_f$）来实现振荡频率的调节。

### 3. 三角波和方波发生器

如把滞回比较器和积分器首尾相接形成正反馈闭环系统，如图 3.7.3 所示，则比较器 $A_1$ 输出的方波经积分器 $A_2$ 积分可得到三角波，三角波又触发比较器自动翻转形成方波，这样即可构成三角波、方波发生器。图 3.7.4 为方波、三角波发生器输出波形图。由于采用运放组成的积分电路，因此可实现恒流充电，使三角波线性大大改善。

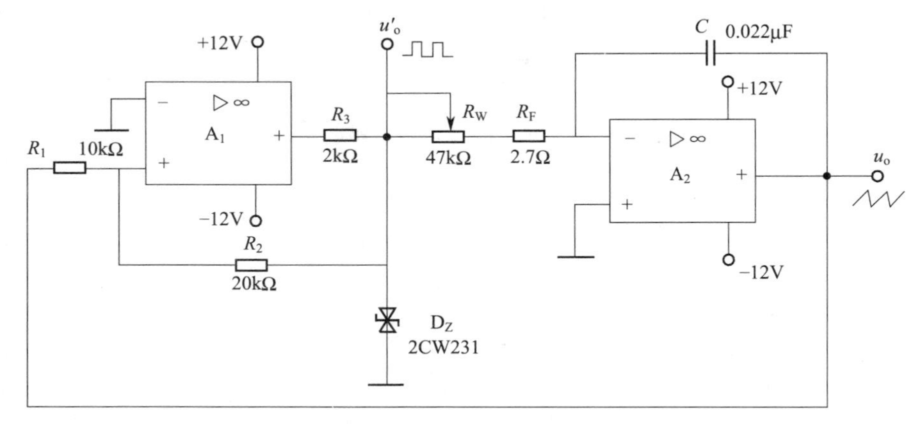


图 3.7.3　三角波、方波发生器

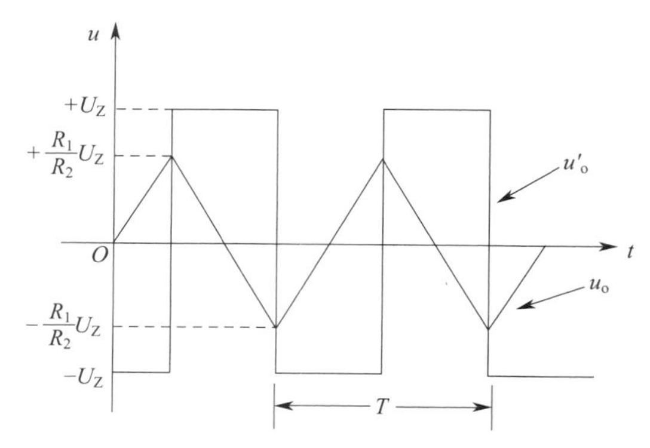


图 3.7.4　方波、三角波发生器输出波形图

电路振荡频率
$$f_o=\frac{R_2}{4R_1(R_f+R_W)C_f} \tag{3.7.7}$$

方波幅值
$$U'_{OM}=\pm U_Z \tag{3.7.8}$$

三角波幅值
$$U_{OM}=\frac{R_1}{R_2}U_Z \tag{3.7.9}$$

调节 $R_W$ 可以改变振荡频率，改变比值 $R_1/R_2$ 可调节三角波的幅值。

## 3.7.3　训练使用设备及器件

（1）±12V 直流电源。

（2）双踪示波器。

（3）交流毫伏表。

（4）频率计。

（5）集成运算放大器 μA741×2。

（6）二极管 IN4148×2。

（7）稳压管 2CW231×1、电阻器、电容器若干。

## 3.7.4　训练内容

### 1. RC 桥式正弦波振荡器

按图 3.7.1 连接电路。

（1）接通±12V 电源，调节电位器 $R_W$，使输出波形从无到有，从正弦波到出现失真。描绘 $u_o$ 的波形，记下临界起振、正弦波输出及失真情况下的 $R_W$ 值，分析负反馈强弱对起振条件及输出波形的影响。

（2）调节电位器 $R_W$，使输出电压 $u_o$ 幅值最大且不失真，用交流毫伏表分别测量输出电压 $U_o$、反馈电压 $U+$ 和 $U-$，分析研究振荡的幅值条件。

（3）用示波器或频率计测量振荡频率 $f_o$，然后在选频网络的两个电阻 $R$ 上并联同一阻值电阻，观察记录振荡频率的变化情况，并与理论值进行比较。

（4）断开二极管 $VD_1$、$VD_2$，重复（2）的内容，将测试结果与（2）进行比较，分析 $VD_1$、$VD_2$ 的稳幅作用。

（5）RC 串并联网络幅频特性观察。

将 RC 串并联网络与运放断开，由函数信号发生器注入 3V 左右正弦信号，并用双踪示波器同时观察RC串并联网络输入、输出波形。保持输入幅值（3V）不变，从低到高改变频率，当信号源达某一频率时，RC串并联网络输出将达最大值（约1V），且输入、输出同相位。此时的信号源频率

$$f=f_{\rm o}=\frac{1}{2\pi RC}$$

**2. 方波发生器**

按图3.7.2连接测量电路。

（1）将电位器$R_{\rm W}$调至中心位置，用双踪示波器观察并描绘方波$u_{\rm o}$及三角波$u_{\rm c}$的波形（注意对应关系），测量其幅值及频率，记录之。

（2）改变$R_{\rm W}$动点的位置，观察$u_{\rm o}$、$u_{\rm c}$幅值及频率变化情况。把动点调至最上端和最下端，测出频率范围，记录之。

（3）将$R_{\rm W}$恢复至中心位置，将一只稳压管短接，观察$u_{\rm o}$波形，分析$D_{\rm Z}$的限幅作用。

**3. 三角波和方波发生器**

按图3.7.3连接电路。

（1）将电位器$R_{\rm W}$调至合适位置，用双踪示波器观察并描绘三角波输出$u_{\rm o}$及方波输出$u_{\rm o}'$，测其幅值、频率及$R_{\rm W}$值，记录之。

（2）改变$R_{\rm W}$的位置，观察对$u_{\rm o}$波形、$u_{\rm o}$幅值及频率的影响。

（3）改变$R_1$（或$R_2$），观察对$u_{\rm o}$波形、$u_{\rm o}'$幅值及频率的影响。

## 3.7.5 项目报告

**1. 正弦波发生器**

（1）列表整理实验数据，画出波形，把实测频率与理论值进行比较。

（2）根据测量分析RC振荡器的振幅条件。

（3）讨论二极管$VD_1$、$VD_2$的稳幅作用。

**2. 方波发生器**

（1）列表整理测量数据，在同一坐标纸上，按比例画出方波和三角波的波形图（标出时间和电压幅值）。

（2）分析$R_{\rm W}$变化时，对$u_{\rm o}$波形的幅值及频率的影响。

（3）讨论$D_{\rm Z}$的限幅作用。

**3. 三角波和方波发生器**

（1）整理实验数据，把实测频率与理论值进行比较。

（2）在同一坐标纸上，按比例画出三角波及方波的波形，并标明时间和电压幅值。

（3）分析电路参数变化（$R_1$、$R_2$和$R_{\rm W}$）对输出波形频率及幅值的影响。

## 3.7.6 预习要求

（1）复习有关RC正弦波振荡器、三角波及方波发生器的工作原理，并估算图3.7.1～图3.7.3电路的振荡频率。

（2）设计测量表格。

（3）为什么在RC正弦波振荡电路中要引入负反馈支路？为什么要增加二极管$VD_1$和

$VD_2$？它们是怎样稳幅的？

（4）电路参数变化对图 3.7.2、图 3.7.3 产生的方波和三角波频率及电压幅值有什么影响？（或者：怎样改变图 3.7.2、图 3.7.3 电路中方波及三角波的频率及幅值？）

（5）在波形发生器各电路中，“相位补偿”和“调零”是否需要？为什么？

（6）怎样测量非正弦波电压的幅值？

# 项目 3.8　RC 正弦波振荡器

## 3.8.1　训练目标

（1）进一步学习 RC 正弦波振荡器的组成及其振荡条件。

（2）学会测量、调试振荡器。

## 3.8.2　原理说明

从结构上看，正弦波振荡器是没有输入信号的、带选频网络的正反馈放大器。若用 $R$、$C$ 元件组成选频网络，就称为 RC 振荡器，一般用来产生 1Hz～1MHz 的低频信号。

### 1. RC 移相振荡器

电路形式如图 3.8.1 所示，选择 $R \gg R_i$。

振荡频率：

$$f_o = \frac{1}{2\pi\sqrt{6}RC} \tag{3.8.1}$$

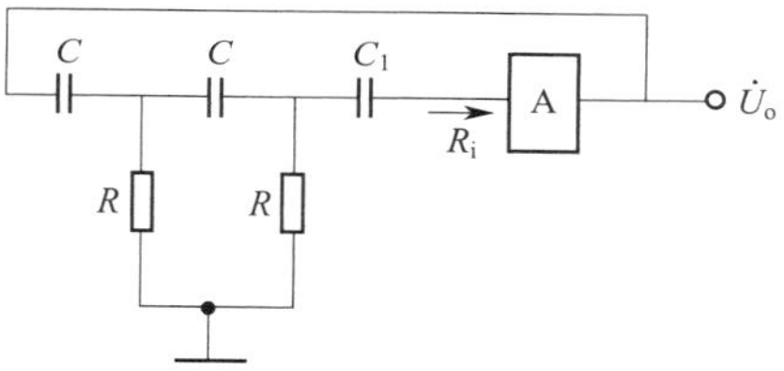

图 3.8.1　RC 移相振荡器原理图

起振条件：放大器 A 的电压放大倍数 $|\dot{A}| > 29$。

电路特点：简便，但选频作用差，振幅不稳，频率调节不便，一般用于频率固定且稳定性要求不高的场合。

频率范围：几赫～数十千赫。

### 2. RC 串并联网络（文氏桥）振荡器

电路形式如图 3.8.2 所示。

振荡频率：

$$f_o = \frac{1}{2\pi RC} \tag{3.8.2}$$

起振条件：$|\dot{A}| > 3$。

电路特点：可方便地连续改变振荡频率，便于加负反馈稳幅，容易得到良好的振荡波形。

### 3. 双 T 选频网络振荡器

电路如图 3.8.3 所示。

振荡频率：

$$f_o = \frac{1}{5RC} \tag{3.8.3}$$

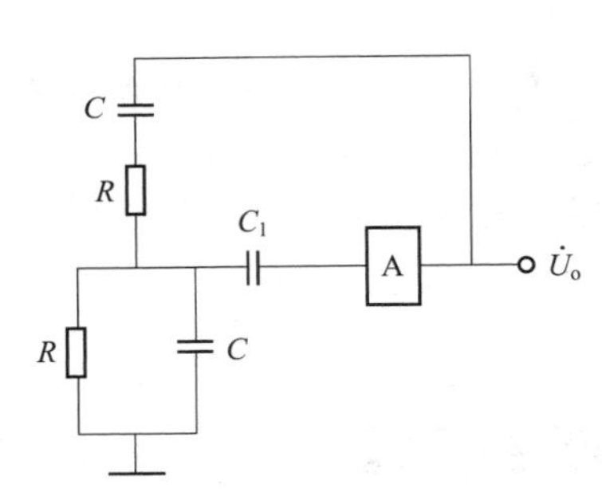


图 3.8.2 RC 串并联网络振荡器原理图

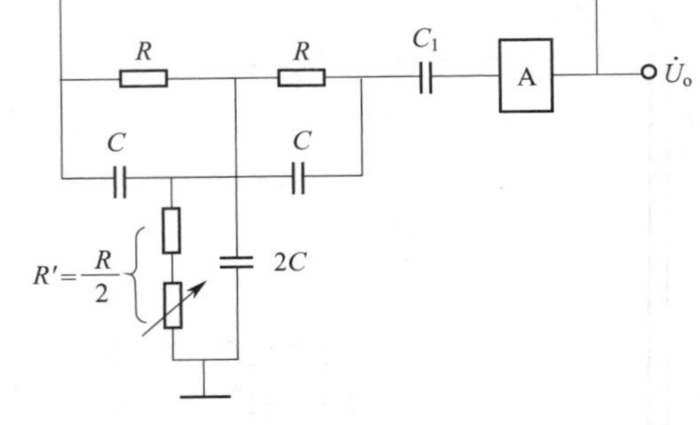


图 3.8.3 双 T 选频网络振荡器原理图

起振条件： $R'<\frac{R}{2}$ $|\dot{A}\dot{F}|>1$（$F$ 为反馈系数）

电路特点：选频特性好，调频困难，适于产生单一频率的振荡。

注：本项目采用两级共射极分立元件放大器组成 RC 正弦波振荡器。

## 3.8.3 训练使用设备及器件

（1）+12V 直流电源。

（2）函数信号发生器。

（3）双踪示波器。

（4）频率计。

（5）直流电压表。

（6）3DG12×2 或 9013×2、电阻、电容、电位器等。

## 3.8.4 训练内容

### 1. RC 串并联选频网络振荡器

（1）按图 3.8.4 组接线路。

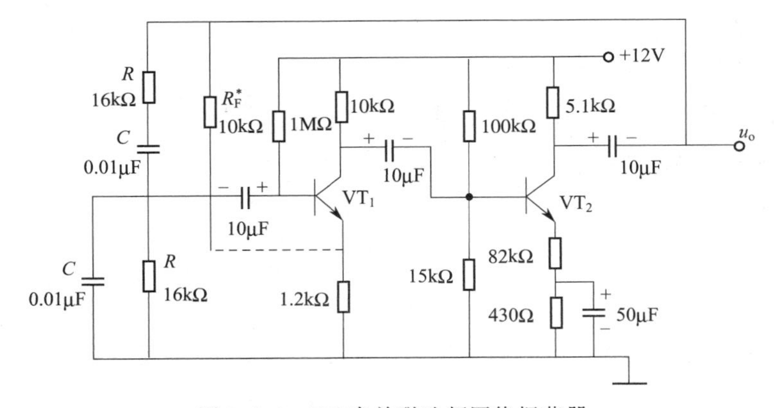


图 3.8.4 RC 串并联选频网络振荡器

（2）断开 RC 串并联网络，测量放大器静态工作点及电压放大倍数。

（3）接通 RC 串并联网络，并使电路起振，用示波器观测输出电压 $u_o$ 波形，调节 $R_f$ 使获得满意的正弦信号，记录波形及其参数。

（4）测量振荡频率，并与计算值进行比较。

（5）改变 $R$ 或 $C$ 值，观察振荡频率变化情况。

（6）RC 串并联网络幅频特性的观察。

将 RC 串并联网络与放大器断开，用函数信号发生器的正弦信号注入 RC 串并联网络，保持输入信号的幅度不变（约 3V），频率由低到高变化，RC 串并联网络输出幅值将随之变化，当信号源达某一频率时，RC 串并联网络的输出将达最大值（约 1V）。且输入、输出同相位，此时信号源频率为

$$f=f_o=\frac{1}{2\pi RC} \tag{3.8.4}$$

**2. 双 T 选频网络振荡器**

（1）按图 3.8.5 所示接线路。

（2）断开双 T 网络，调试 $VT_1$ 管静态工作点，使 $U_{C1}$ 为 6～7V。

（3）接入双 T 网络，用示波器观察输出波形。若不起振，调节 $R_{W1}$，使电路起振。

（4）测量电路振荡频率，并与计算值比较。

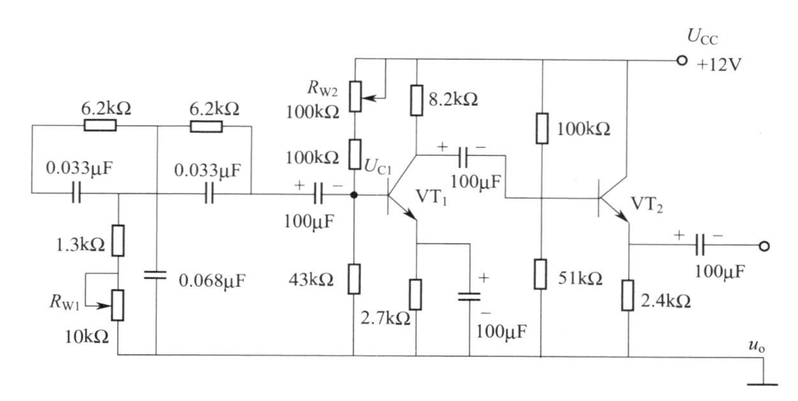


图 3.8.5　双 T 网络 RC 正弦波振荡器

***3. RC 移相式振荡器的组装与调试**

（1）按图 3.8.6 组接线路。

（2）断开 RC 移相电路，调整放大器的静态工作点，测量放大器电压放大倍数。

（3）接通 RC 移相电路，调节 $R_{B2}$ 使电路起振，并使输出波形幅度最大，用示波器观测输出电压 $u_o$ 波形，同时用频率计和示波器测量振荡频率，并与理论值比较。

* 参数自选，时间不够可不作。

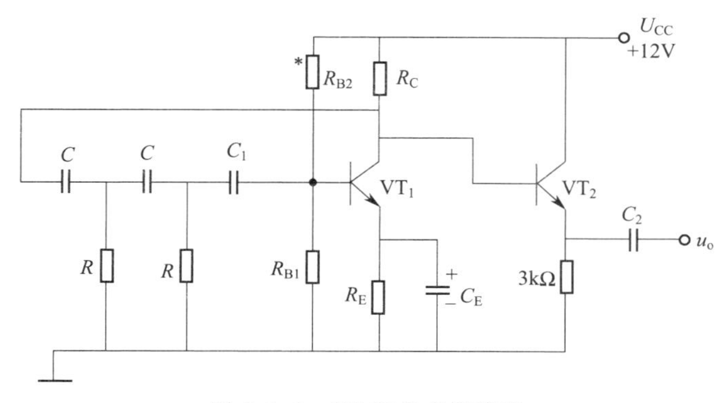


图 3.8.6　RC 移相式振荡器

### 3.8.5 项目报告

（1）由给定电路参数计算振荡频率，并与实测值比较，分析误差产生的原因。

（2）总结三类 RC 振荡器的特点。

### 3.8.6 预习要求

（1）复习教材有关三种类型 RC 振荡器的结构与工作原理。

（2）计算三种测量电路的振荡频率。

（3）如何用示波器来测量振荡电路的振荡频率。

## 项目 3.9 直流稳压电源（Ⅰ）：串联型晶体管稳压电源

### 3.9.1 训练目标

（1）研究单相桥式整流、电容滤波电路的特性。

（2）掌握串联型晶体管稳压电源主要技术指标的测试方法。

### 3.9.2 原理说明

电子设备一般都需要直流电源供电。这些直流电除了少数直接利用干电池和直流发电机外，大多数是采用把交流电（市电）转变为直流电的直流稳压电源。

直流稳压电源由电源变压器、整流、滤波和稳压电路四部分组成，其原理框图如图 3.9.1 所示。电网供给的交流电压 $u_1$（220V，50Hz）经电源变压器降压后，得到符合电路需要的交流电压 $u_2$，然后由整流电路变换成方向不变、大小随时间变化的脉动电压 $u_3$，再用滤波器滤去其交流分量，就可得到比较平直的直流电压 $u_I$。但这样的直流输出电压，还会随交流电网电压的波动或负载的变动而变化。在对直流供电要求较高的场合，还需要使用稳压电路，以保证输出直流电压更加稳定。

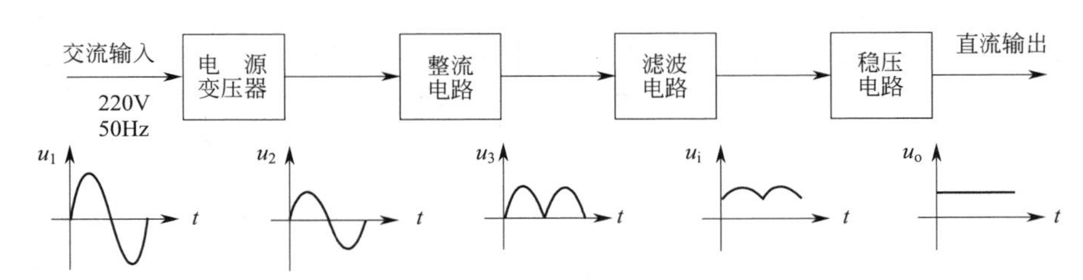


图 3.9.1 直流稳压电源框图

图 3.9.2 是由分立元件组成的串联型稳压电源的电路图。其整流部分为单相桥式整流、电容滤波电路。稳压部分为串联型稳压电路，它由调整元件（晶体管 $VT_1$）；比较放大器 $VT_2$、$R_7$；取样电路 $R_1$、$R_2$、$R_W$，基准电压 $D_W$、$R_3$ 和过流保护电路 $VT_3$ 管及电阻 $R_4$、$R_5$、$R_6$ 等组成。整个稳压电路是一个具有电压串联负反馈的闭环系统，其稳压过程为：当电网电压波动或负载变动引起输出直流电压发生变化时，取样电路取出输出电压的一部分送入比较放大器，并与基准电压进行比较，产生的误差信号经 $VT_2$ 放大后送至调整管

$VT_1$ 的基极，使调整管改变其管压降，以补偿输出电压的变化，从而达到稳定输出电压的目的。

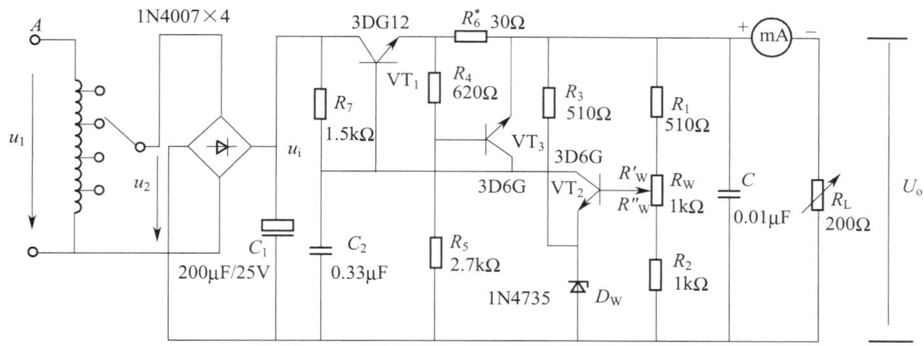


图 3.9.2　串联型稳压电源实验电路

由于在稳压电路中，调整管与负载串联，因此流过它的电流与负载电流一样大。当输出电流过大或发生短路时，调整管会因电流过大或电压过高而损坏，所以需要对调整管加以保护。在图 3.9.2 电路中，晶体管 $VT_3$、$R_4$、$R_5$、$R_6$ 组成减流型保护电路。此电路设计在 $I_{0P}=1.2I_0$ 时开始起保护作用，此时输出电流减小，输出电压降低。故障排除后电路应能自动恢复正常工作。在调试时，若保护提前作用，应减少 $R_6$ 值；若保护作用迟后，则应增大 $R_6$ 之值。

稳压电源的主要性能指标如下。

（1）输出电压 $U_o$ 和输出电压调节范围

$$U_o=\frac{R_1+R_W+R_2}{R_2+R''_W}(U_Z+U_{BE2}) \tag{3.9.1}$$

调节 $R_W$ 可以改变输出电压 $U_o$。

（2）最大负载电流 $I_{om}$。

（3）输出电阻 $R_o$。输出电阻 $R_o$ 定义为：当输入电压 $U_i$（指稳压电路输入电压）保持不变，由于负载变化而引起的输出电压变化量与输出电流变化量之比，即

$$R_o=\frac{\Delta U_o}{\Delta I_o}\bigg|U_i=常数 \tag{3.9.2}$$

（4）稳压系数 $S$（电压调整率）。稳压系数定义为：当负载保持不变，输出电压相对变化量与输入电压相对变化量之比，即

$$S=\frac{\Delta U_o/U_o}{\Delta U_i/U_i}\bigg|R_L=常数 \tag{3.9.3}$$

由于工程上常把电网电压波动±10%作为极限条件，因此也有将此时输出电压的相对变化 $\Delta U_o/U_o$ 作为衡量指标，称为电压调整率。

（5）纹波电压。输出纹波电压是指在额定负载条件下，输出电压中所含交流分量的有效值（或峰值）。

### 3.9.3　训练使用设备及器件

（1）可调工频电源。

（2）双踪示波器。

（3）交流毫伏表。

（4）直流电压表。

（5）直流毫安表。

（6）滑线变阻器 200Ω/1A。

（7）晶体三极管 3DG6×2(9011×2)，3DG12×1(9013×1)，晶体二极管 IN4007×4，稳压管 IN4735×1，电阻器、电容器若干。

## 3.9.4 训练内容

### 1. 整流滤波电路测试

按图 3.9.3 连接电路。取可调工频电源电压为 16V，作为整流电路输入电压 $u_2$。

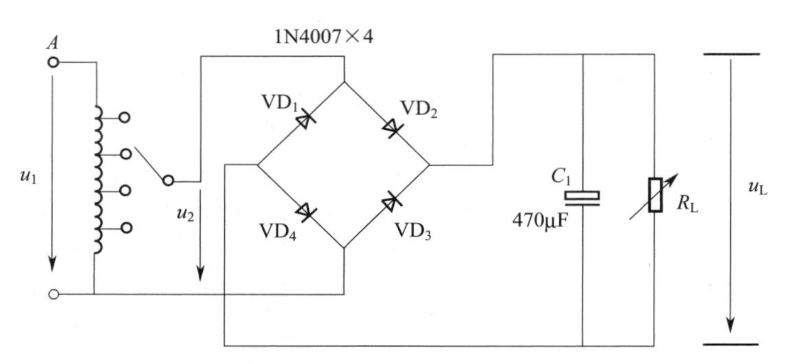


图 3.9.3 整流滤波电路

（1）取 $R_L=240\Omega$，不加滤波电容，测量直流输出电压 $U_L$ 及纹波电压 $\widetilde{U}_L$，并用示波器观察 $u_2$ 和 $u_L$ 波形，记入表 3.9.1。

（2）取 $R_L=240\Omega$，$C=470\mu F$，重复内容（1）的要求，记入表 3.9.1。

（3）取 $R_L=120\Omega$，$C=470\mu F$，重复内容（1）的要求，记入表 3.9.1。

**表 3.9.1 $U_2=16V$**

| 电路形式 | | $U_L$/V | $\widetilde{U}_L$/V | $u_L$ 波形 |
|---|---|---|---|---|
| $R_L=240\Omega$ | | | | |
| $R_L=240\Omega$<br>$C=470\mu F$ | | | | |
| $R_L=120\Omega$<br>$C=470\mu F$ | | | | |

注意：

① 每次改接电路时，必须切断工频电源。

② 在观察输出电压 $u_L$ 波形的过程中，“Y 轴灵敏度”旋钮位置调好以后，不要再变动，否则将无法比较各波形的脉动情况。

**2. 串联型稳压电源性能测试**

切断工频电源，在图 3.9.3 基础上按图 3.9.2 连接电路。

1）初测

稳压器输出端负载开路，断开保护电路，接通 16V 工频电源，测量整流电路输入电压 $U_2$、滤波电路输出电压 $U_i$（稳压器输入电压）及输出电压 $U_o$。调节电位器 $R_W$，观察 $U_o$ 的大小和变化情况，如果 $U_o$ 能跟随 $R_W$ 线性变化，这说明稳压电路各反馈环路工作基本正常。否则，说明稳压电路有故障，因为稳压器是一个深度负反馈的闭环系统，只要环路中任一个环节出现故障（某管截止或饱和），稳压器就会失去自动调节作用。此时可分别检查基准电压 $U_Z$，输入电压 $U_i$，输出电压 $U_o$，以及比较放大器和调整管各电极的电位（主要是 $U_{BE}$ 和 $U_{CE}$），分析它们的工作状态是否都处在线性区，从而找出不能正常工作的原因。排除故障以后就可以进行下一步测试。

2）测量输出电压可调范围

接入负载 $R_L$（滑线变阻器），并调节 $R_L$，使输出电流 $I_o \approx 100mA$。再调节电位器 $R_W$，测量输出电压可调范围 $U_{omin} \sim U_{omax}$。且使 $R_W$ 动点在中间位置附近时 $U_o = 12V$。若不满足要求，可适当调整 $R_1$、$R_2$ 之值。

3）测量各级静态工作点

调节输出电压 $U_o = 12V$，输出电流 $I_o = 100mA$，$U_2 = 16V$，测量各级静态工作点，记入表 3.9.2。

**表 3.9.2　测量表Ⅰ**

| | $VT_1$ | $VT_2$ | $VT_3$ |
|---|---|---|---|
| $U_B/V$ | | | |
| $U_C/V$ | | | |
| $U_E/V$ | | | |

4）测量稳压系数 $S$

取 $I_o = 100mA$，按表 3.9.3 改变整流电路输入电压 $U_2$（模拟电网电压波动），分别测出相应的稳压器输入电压 $U_i$ 及输出直流电压 $U_o$，记入表 3.9.3。

**表 3.9.3　测量表Ⅱ**

| 测试值 | | | 计算值 |
|---|---|---|---|
| $U_2/V$ | $U_i/V$ | $U_o/V$ | $S$ |
| 14 | | | $S_{12}=$<br>$S_{23}=$ |
| 16 | | 12 | |
| 18 | | | |

5）测量输出电阻 $R_o$

取 $U_2 = 16V$，改变滑线变阻器位置，使 $I_o$ 为空载、50mA 和 100mA，测量相应的 $U_o$ 值，记入表 3.9.4。

**表 3.9.4　测量表Ⅲ**

| 测试值 | | 计算值 |
|---|---|---|
| $I_o/mA$ | $U_o/V$ | $R_o/\Omega$ |
| 空载 | | $R_{o12}=$<br>$R_{o23}=$ |
| 50 | 12 | |
| 100 | | |

6）测量输出纹波电压

取 $U_2=16\text{V}$，$U_o=12\text{V}$，$I_o=100\text{mA}$，测量输出纹波电压 $U_o$，记录之。

7）调整过流保护电路

（1）断开工频电源，接上保护回路，再接通工频电源，调节 $R_W$ 及 $R_L$ 使 $U_o=12\text{V}$，$I_o=100\text{mA}$，此时保护电路应不起作用。测出 $T_3$ 管各极电位值。

（2）逐渐减小 $R_L$，使 $I_o$ 增加到 120mA，观察 $U_o$ 是否下降，并测出保护起作用时 $VT_3$ 管各极的电位值。若保护作用过早或迟后，可改变 $R_6$ 之值进行调整。

（3）用导线瞬时短接一下输出端，测量 $U_o$ 值，然后去掉导线，检查电路是否能自动恢复正常工作。

### 3.9.5　项目报告

（1）对表 3.9.1 所测结果进行全面分析，总结桥式整流、电容滤波电路的特点。

（2）根据表 3.9.3 和表 3.9.4 所测数据，计算稳压电路的稳压系数 $S$ 和输出电阻 $R_o$，并进行分析。

（3）分析讨论测量中出现的故障及其排除方法。

### 3.9.6　预习要求

（1）复习教材中有关分立元件稳压电源部分内容，并根据电路参数估算 $U_o$ 的可调范围及 $U_o=12\text{V}$ 时 $VT_1$、$VT_2$ 管的静态工作点（假设调整管的饱和压降 $U_{CE1S}\approx1\text{V}$ ）。

（2）说明图 3.9.2 中 $U_2$、$U_i$、$U_o$ 及 $\widetilde{U}_o$ 的物理意义，并从训练仪器中选择合适的测量仪表。

（3）在桥式整流电路实验中，能否用双踪示波器同时观察 $u_2$ 和 $u_L$ 波形，为什么？

（4）在桥式整流电路中，如果某个二极管发生开路、短路或反接三种情况，将会出现什么问题？

（5）为了使稳压电源的输出电压 $U_o=12\text{V}$，则其输入电压的最小值 $U_{imin}$ 应等于多少？交流输入电压 $U_{2min}$ 又怎样确定？

（6）当稳压电源输出不正常，或输出电压 $U_o$ 不随取样电位器 $R_W$ 而变化时，应如何进行检查找出故障所在？

（7）分析保护电路的工作原理。

（8）怎样提高稳压电源的性能指标（减小 $S$ 和 $R_o$）？

## 项目 3.10　直流稳压电源（Ⅱ）：集成稳压器

### 3.10.1　训练目标

（1）研究集成稳压器的特点和性能指标的测试方法。

（2）了解集成稳压器扩展性能的方法。

### 3.10.2　原理说明

随着半导体工艺的发展，稳压电路也制成了集成器件。由于集成稳压器具有体积小、外接线路简单、使用方便、工作可靠和通用性等优点，因此在各种电子设备中应用十分普遍，基本上取代了由分立元件构成的稳压电路。集成稳压器的种类很多，应根据设备对直流电源的要求来进行选择。对于大多数电子仪器、设备和电子电路来说，通常是选用串联线性集成稳压器。而在这种类型的器件中，又以三端式稳压器应用最为广泛。

W7800、W7900 系列三端式集成稳压器的输出电压是固定的，在使用中不能进行调整。W7800 系列三端式稳压器输出正极性电压，一般有 5V、6V、9V、12V、15V、18V 、24V 七个挡次，输出电流最大可达 1.5A（加散热片）。同类型 78M 系列稳压器的输出电流为 0.5A，78L 系列稳压器的输出电流为 0.1A。若要求负极性输出电压，则可选用 W7900 系列稳压器。图 3.10.1 为 W7800 系列的外形和接线图。

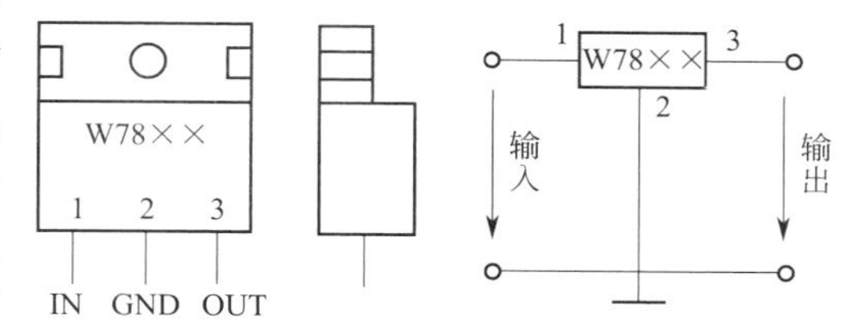


图 3.10.1　W7800 系列外形及接线图

它有三个引出端

输入端（不稳定电压输入端）　　　　　标以“1”

输出端（稳定电压输出端）　　　　　　标以“3”

公共端　　　　　　　　　　　　　　　标以“2”

除固定输出三端稳压器外，尚有可调式三端稳压器，后者可通过外接元件对输出电压进行调整，以适应不同的需要。

本训练项目所用集成稳压器为三端固定正稳压器 W7812，它的主要参数有：输出直流电压 $U_o=+12V$，电压调整率 10mV/V，输出电阻 $R_o=0.15\Omega$，输入电压 $U_i$ 的范围 15～17V。因为一般 $U_i$ 要比 $U_o$ 大 3～5V，才能保证集成稳压器工作在线性区。

图 3.10.2 是用三端式稳压器 W7812 构成的单电源电压输出串联型稳压电源的电路图。其中整流部分采用了由四个二极管组成的桥式整流器成品（又称桥堆），型号为 2W06（或 KBP306），内部接线和外部管脚引线如图 3.10.3 所示。滤波电容 $C_1$、$C_2$ 一般选取几百微法至几千微法。当稳压器距离整流滤波电路比较远时，在输入端必须接入电容器 $C_3$（数值为 0.33μF），以抵消线路的电感效应，防止产生自激振荡。输出端电容 $C_4$（0.1μF）用以滤除输出端的高频信号，改善电路的暂态响应。

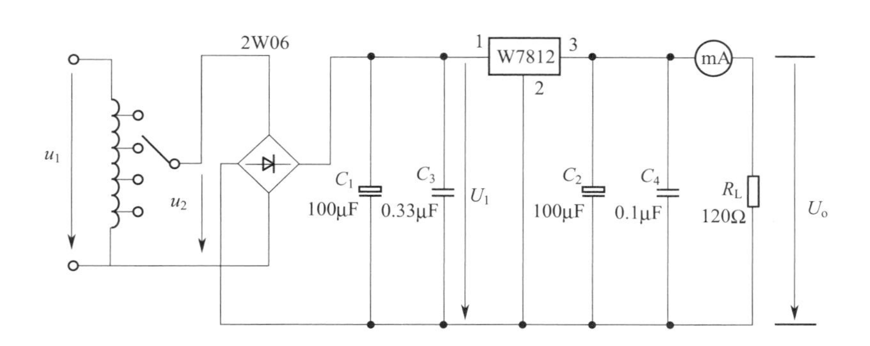


图 3.10.2　由 W7812 构成的串联型稳压电源

图 3.10.4 为正、负双电压输出电路，例如需要 $U_{o1}=+15V$，$U_{o2}=-15V$，则可选用 W7815 和 W7915 三端稳压器，这时的 $U_i$ 应为单电压输出时的两倍。

当集成稳压器本身的输出电压或输出电流不能满足要求时，可通过外接电路来进行性能

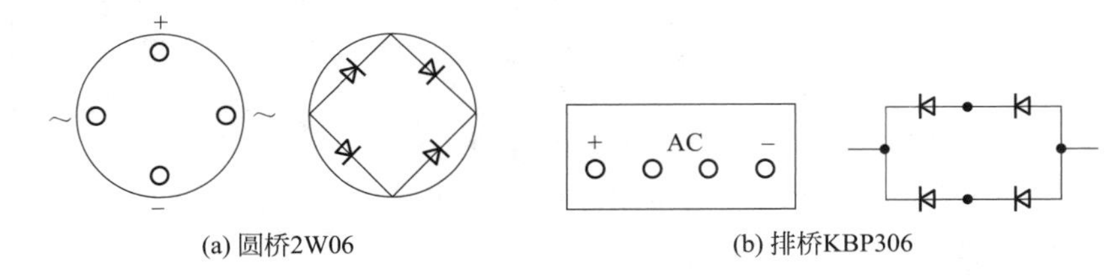


图 3.10.3 桥堆管脚图

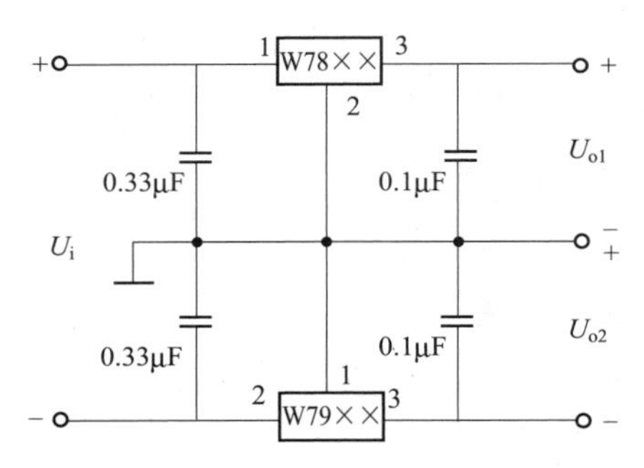

图 3.10.4 正、负双电压输出电路

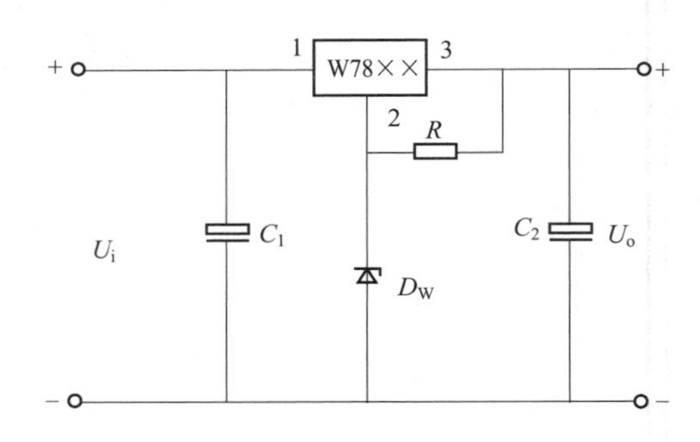


图 3.10.5 输出电压扩展电路

扩展。图 3.10.5 是一种简单的输出电压扩展电路。如 W7812 稳压器的 3、2 端间输出电压为 12V，因此只要适当选择 $R$ 的值，使稳压管 $D_W$ 工作在稳压区，则输出电压 $U_o=12+U_Z$，可以高于稳压器本身的输出电压。

图 3.10.6 是通过外接晶体管 VT 及电阻 $R_1$ 来进行电流扩展的电路。电阻 $R_1$ 的阻值由外接晶体管的发射结导通电压 $U_{BE}$、三端式稳压器的输入电流 $I_i$（近似等于三端稳压器的输出电流 $I_{o1}$）和 VT 的基极电流 $I_B$ 来决定，即

$$R_1=\frac{U_{BE}}{I_R}=\frac{U_{BE}}{I_i-I_B}=\frac{U_{BE}}{I_{01}-\frac{I_C}{\beta}} \tag{3.10.1}$$

式中，$I_C$ 为晶体管 VT 的集电极电流，它应等于 $I_C=I_o-I_{o1}$；$\beta$ 为 VT 的电流放大系数；对于锗管 $U_{BE}$ 可按 0.3V 估算，对于硅管 $U_{BE}$ 按 0.7V 估算。

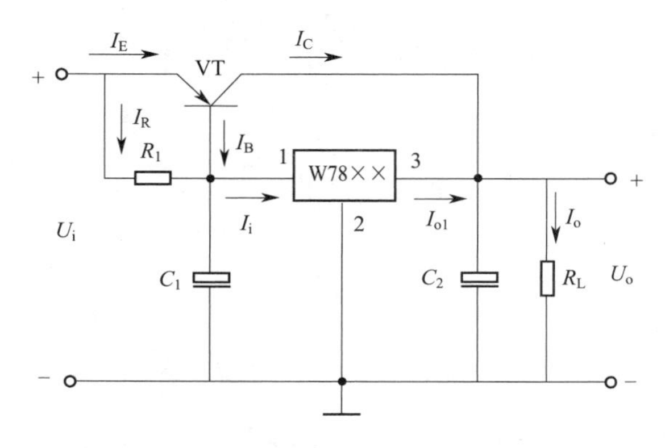


图 3.10.6 输出电流扩展电路

附：(1) 图 3.10.7 为 W7900 系列（输出负电压）外形及接线图。

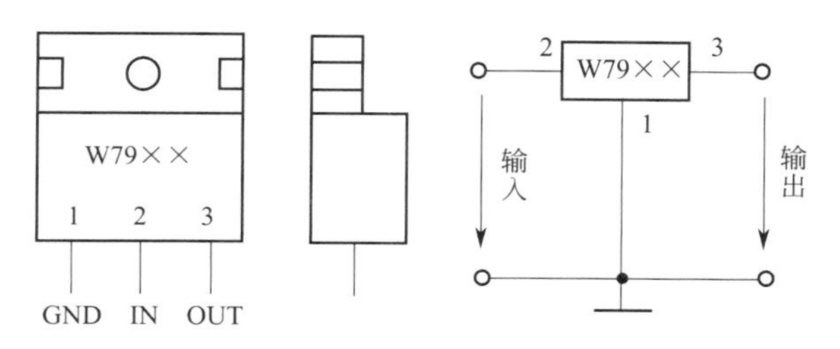


图 3.10.7　W7900 系列外形及接线图

（2）图 3.10.8 为可调输出正三端稳压器 W317 外形及接线图。

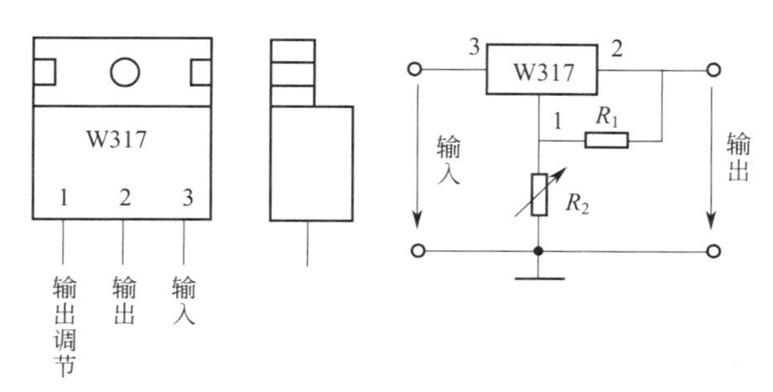


图 3.10.8　W317 外形及接线图

输出电压计算公式　　$U_o \approx 1.25\left(1+\frac{R_2}{R_1}\right)$　　(3.10.2)

最大输入电压　　$U_{im}=40V$

输出电压范围　　$U_o=1.2\sim37V$

## 3.10.3　训练使用设备及器件

（1）可调工频电源。

（2）双踪示波器。

（3）交流毫伏表。

（4）直流电压表。

（5）直流毫安表。

（6）三端稳压器 W7812、W7815、W7915。

（7）桥堆 2WO6（或 KBP306），电阻器、电容器若干。

## 3.10.4　训练内容

### 1. 整流滤波电路测试

按图 3.10.9 连接实验电路，取可调工频电源 14V 电压作为整流电路输入电压 $u_2$。接通工频电源，测量输出端直流电压 $U_L$ 及纹波电压 $\widetilde{U}_L$，用示波器观察 $u_2$、$u_L$ 的波形，把数据及波形记入自拟表格中。

### 2. 集成稳压器性能测试

断开工频电源，按图 3.10.2 改接电路，取负载电阻 $R_L=120\Omega$。

1）初测

接通工频 14V 电源，测量 $U_2$ 值；测量滤波电路输出电压 $U_i$（稳压器输入电压），集成

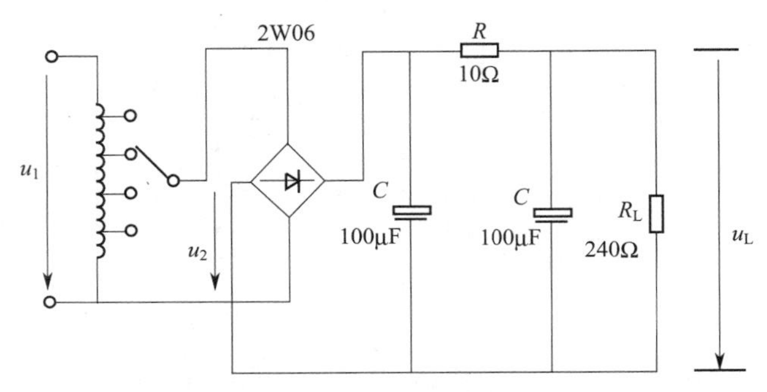


图 3.10.9　整流滤波电路

稳压器输出电压 $U_o$，它们的数值应与理论值大致符合，否则说明电路出了故障。设法查找故障并加以排除。

电路经初测进入正常工作状态后，才能进行各项指标的测试。

2）各项性能指标测试

（1）输出电压 $U_o$ 和最大输出电流 $I_{omax}$ 的测量。

在输出端接负载电阻 $R_L=120\Omega$，由于 7812 输出电压 $U_o=12V$，因此流过 $R_L$ 的电流 $I_{omax}=\frac{12}{120}=100mA$。这时 $U_o$ 应基本保持不变，若变化较大则说明集成块性能不良。

（2）稳压系数 $S$ 的测量。

（3）输出电阻 $R_0$ 的测量。

（4）输出纹波电压的测量。

（2）、（3）、（4）的测试方法同项目 3.9，把测量结果记入自拟表格中。

3）集成稳压器性能扩展

根据设备器材，选取图 3.10.4、图 3.10.5 或图 3.10.8 中各元器件，并自拟测试方法与表格，记录测量结果。

### 3.10.5　项目报告

（1）整理测量数据，计算 $S$ 和 $R_0$，并与手册上的典型值进行比较。

（2）分析讨论实验中发生的现象和问题。

### 3.10.6　预习要求

（1）复习教材中有关集成稳压器部分内容。

（2）列出项目内容中所要求的各种表格。

（3）在测量稳压系数 $S$ 和内阻 $R_0$ 时，应怎样选择测试仪表？

## 项目 3.11　晶闸管可控整流电路

### 3.11.1　训练目标

（1）学习单结晶体管和晶闸管的简易测试方法。

（2）熟悉单结晶体管触发电路（阻容移相桥触发电路）的工作原理及调试方法。

（3）熟悉用单结晶体管触发电路控制晶闸管调压电路的方法。

## 3.11.2 原理说明

可控整流电路的作用是把交流电变换为电压值可以调节的直流电。图 3.11.1 所示为单相半控桥式整流实验电路。主电路由负载 $R_L$（灯泡）和晶闸管 $VT_1$ 组成，触发电路为单结晶体管 $VT_2$ 及一些阻容元件构成的阻容移相桥触发电路。改变晶闸管 $VT_1$ 的导通角，便可调节主电路的可控输出整流电压（或电流）的数值，这点可由灯泡负载的亮度变化看出。晶闸管导通角的大小决定于触发脉冲的频率 $f$，由公式

$$f=\frac{1}{RC}\ln\left(\frac{1}{1-\eta}\right) \tag{3.11.1}$$

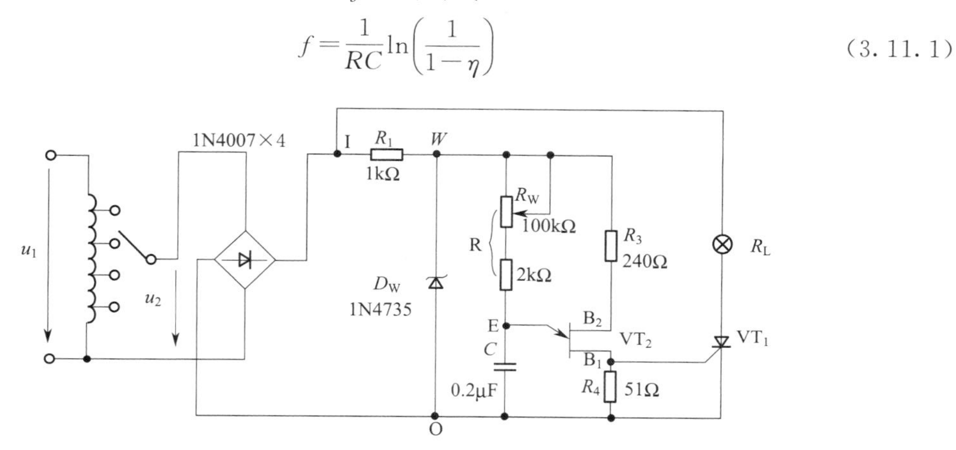


图 3.11.1 单相半控桥式整流电路

可知，当单结晶体管的分压比 $\eta$（一般在 0.5～0.8 之间）及电容 $C$ 值固定时，则频率 $f$ 大小由 $R$ 决定，因此，通过调节电位器 $R_W$，便可以改变触发脉冲频率，主电路的输出电压也随之改变，从而达到可控调压的目的。

用万用电表的电阻挡（或用数字万用表二极管挡）可以对单结晶体管和晶闸管进行简易测试。

图 3.11.2 为单结晶体管 BT33 管脚排列、结构图及电路符号。好的单结晶体管 PN 结正向电阻 $R_{EB1}$、$R_{EB2}$ 均较小，且 $R_{EB1}$ 稍大于 $R_{EB2}$，PN 结的反向电阻 $R_{B1E}$、$R_{B2E}$ 均应很大，根据所测阻值，即可判断出各管脚及管子的质量优劣。

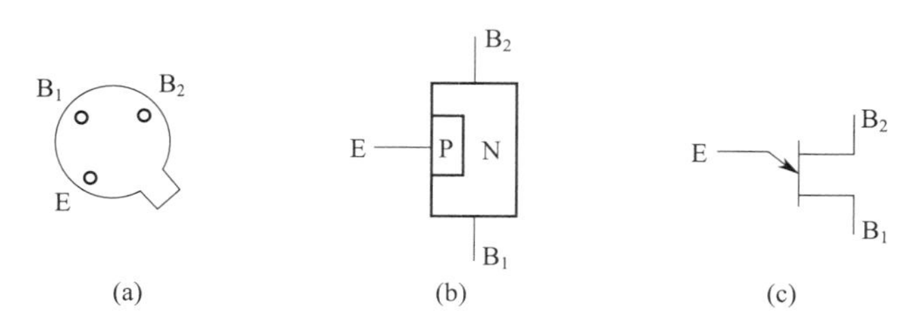


图 3.11.2 单结晶体管 BT33 管脚排列、结构图及电路符号

图 3.11.3 为晶闸管 3CT3A 管脚排列、结构图及电路符号。晶闸管阳极（A）-阴极（K）及阳极（A）-门极（G）之间的正、反向电阻 $R_{AK}$、$R_{KA}$、$R_{AG}$、$R_{GA}$ 均应很大，而 G-K 之间为一个 PN 结，PN 结正向电阻应较小，反向电阻应很大。

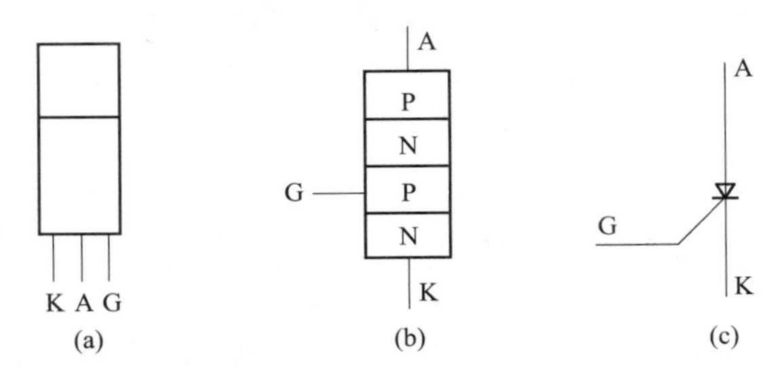


图 3.11.3 晶闸管 3CT3A 管脚排列、结构图及电路符号

## 3.11.3 训练使用设备及器件

（1）±5V、±12V 直流电源。

（2）可调工频电源。

（3）万用表。

（4）双踪示波器。

（5）交流毫伏表。

（6）直流电压表。

（7）晶闸管 3CT3A，单结晶体管 BT33，二极管 IN4007×4，稳压管 IN4735，灯泡 12V/0.1A。

## 3.11.4 训练内容

### 1. 单结晶体管的简易测试

用万用电表 $R\times10\Omega$ 挡分别测量 $EB_1$、$EB_2$ 间正、反向电阻，记入表 3.11.1。

表 3.11.1 测量数据表Ⅰ

| $R_{EB1}/\Omega$ | $R_{EB2}/\Omega$ | $R_{B1E}/k\Omega$ | $R_{B2E}/k\Omega$ | 结　论 |
|---|---|---|---|---|
| | | | | |

### 2. 晶闸管的简易测试

用万用电表 $R\times1k$ 挡分别测量 A-K、A-G 间正、反向电阻；用 $R\times10\Omega$ 挡测量 G-K 间正、反向电阻，记入表 3.11.2。

表 3.11.2 测量数据表Ⅱ

| $R_{AK}/k\Omega$ | $R_{KA}/k\Omega$ | $R_{AG}/k\Omega$ | $R_{GA}/k\Omega$ | $R_{GK}/k\Omega$ | $R_{KG}/k\Omega$ | 结　论 |
|---|---|---|---|---|---|---|
| | | | | | | |

### 3. 晶闸管导通，关断条件测试

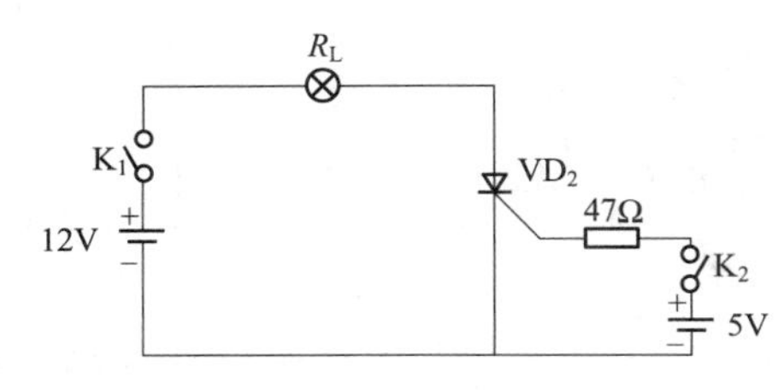


图 3.11.4 晶闸管导通、关断条件测试

断开±12V、±5V 直流电源，按图 3.11.4 连接电路

（1）晶闸管阳极加 12V 正向电压，门极处于以下几种情况：

① 门极开路；

② 门极加 5V 正向电压，观察管子是否导通（导通时灯泡亮，关断时灯泡熄灭）；

③ 管子导通后，去掉+5V 门极电压；

④ 门极反接门极电压（接−5V），观察管子是否继续导通。

（2）晶闸管导通后，门极处于以下几种情况：

① 去掉+12V 阳极电压；

② 反接阳极电压（接−12V ），观察管子是否关断，记录之。

**4. 晶闸管可控整流电路**

按图 3.11.1 连接实验电路。取可调工频电源 14V 电压作为整流电路输入电压 $u_2$，电位器 $R_W$ 置中间位置。

1）单结晶体管触发电路

① 断开主电路（把灯泡取下），接通工频电源，测量 $U_2$ 值。用示波器依次观察并记录交流电压 $u_2$、整流输出电压 $u_i$(I-0)、削波电压 $u_W$(W-0)、锯齿波电压 $u_E$(E-0)、触发输出电压 $u_{B1}$($B_1$-0)。记录波形时，注意各波形间对应关系，并标出电压幅度及时间。记入表 3.11.3。

② 改变移相电位器 $R_W$ 阻值，观察 $u_E$ 及 $u_{B1}$ 波形的变化及 $u_{B1}$ 的移相范围，记入表 3.11.3 。

**表 3.11.3　测量数据表Ⅲ**

| $u_2$ | $u_i$ | $u_W$ | $u_E$ | $u_{B1}$ | 移相范围 |
|---|---|---|---|---|---|
| | | | | | |

2）可控整流电路

断开工频电源，接入负载灯泡 $R_L$，再接通工频电源，调节电位器 $R_W$，使电灯由暗到中等亮，再到最亮，用示波器观察晶闸管两端电压 $u_{T1}$、负载两端电压 $u_L$，并测量负载直流电压 $U_L$ 及工频电源电压 $U_2$ 有效值，记入表 3.11.4。

**表 3.11.4　测量数据表Ⅳ**

| | 暗 | 较亮 | 最亮 |
|---|---|---|---|
| $u_L$ 波形 | | | |
| $u_T$ 波形 | | | |
| 导通角 $\theta$ | | | |
| $U_L$/V | | | |
| $U_2$/V | | | |

## 3.11.5　项目报告

（1）总结晶闸管导通、关断的基本条件。

（2）画出实验中记录的波形（注意各波形间对应关系），并进行讨论。

（3）分析实验中出现的异常现象。

## 3.11.6　预习要求

（1）复习晶闸管可控整流部分内容。

（2）可否用万用电表 $R\times10$k 欧姆挡测试管子，为什么？

（3）为什么可控整流电路必须保证触发电路与主电路同步？本实验是如何实现同步的？

（4）可以采取哪些措施改变触发信号的幅度和移相范围。

（5）能否用双踪示波器同时观察 $u_2$ 和 $u_L$ 或 $u_L$ 和 $u_{T1}$ 波形？为什么？

# 项目 3.12 应用实验:温度监测及控制电路

## 3.12.1 训练目标

（1）学习由双臂电桥和差动输入集成运放组成的桥式放大电路。

（2）掌握滞回比较器的性能和调试方法。

（3）学会系统测量和调试。

## 3.12.2 原理说明

电路如图 3.12.1 所示，它是由负温度系数电阻特性的热敏电阻（NTC 元件）$R_t$ 为一臂组成测温电桥，其输出经测量放大器放大后由滞回比较器输出“加热”与“停止”信号，经三极管放大后控制加热器“加热”与“停止”。改变滞回比较器的比较电压 $U_R$ 即改变控温的范围，而控温的精度则由滞回比较器的滞回宽度确定。

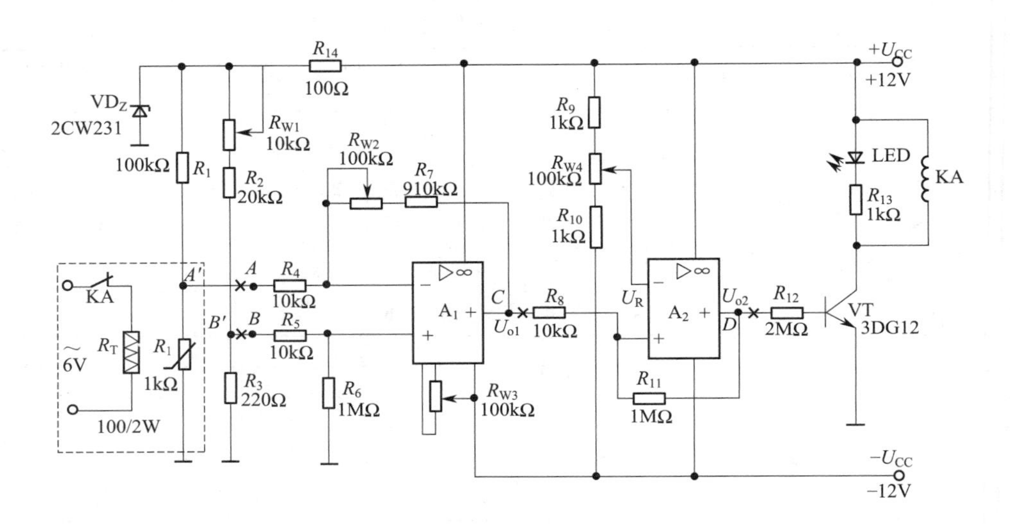


图 3.12.1 温度监测及控制电路

1）测温电桥

由 $R_1$、$R_2$、$R_3$、$R_{W1}$ 及 $R_t$ 组成测温电桥，其中 $R_t$ 是温度传感器。其呈现出的阻值与温度呈线性变化关系且具有负温度系数，而温度系数又与流过它的工作电流有关。为了稳定 $R_t$ 的工作电流，达到稳定其温度系数的目的，设置了稳压管 $VD_Z$。$R_{W1}$ 可决定测温电桥的平衡。

2）差动放大电路

由 $A_1$ 及外围电路组成的差动放大电路，将测温电桥输出电压 $\Delta U$ 按比例放大。其输出电压

$$U_{01}=-\left(\frac{R_7+R_{W2}}{R_4}\right)U_A+\left(\frac{R_4+R_7+R_{W2}}{R_4}\right)\left(\frac{R_6}{R_5+R_6}\right)U_B \qquad (3.12.1)$$

当 $R_4=R_5$，$(R_7+R_{W2})=R_6$ 时

$$U_{01}=\frac{R_7+R_{W2}}{R_4}(U_B-U_A) \tag{3.12.2}$$

$R_{W3}$用于差动放大器调零。

可见差动放大电路的输出电压 $U_{o1}$ 仅取决于两个输入电压之差和外部电阻的比值。

3）滞回比较器

由图 3.12.1 可知，差动放大器的输出电压 $U_{o1}$ 作为 $A_2$ 输入信号组成了滞回比较器。

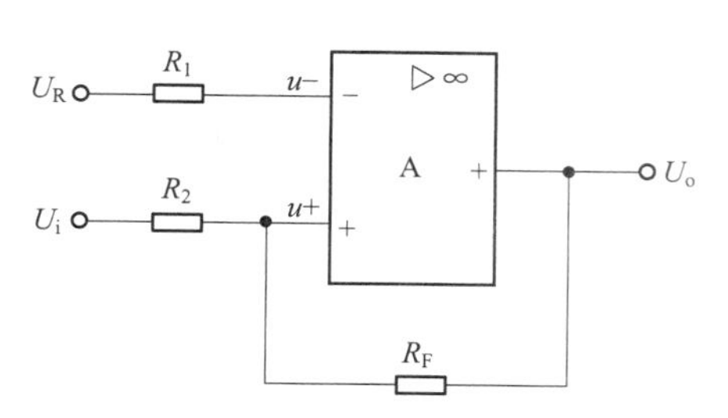

图 3.12.2　同相滞回比较器

滞回比较器的单元电路如图 3.12.2 所示，设比较器输出高电平为 $U_{oH}$，输出低电平为 $U_{oL}$，参考电压 $U_R$ 加在反相输入端。

当输出为高电平 $U_{oH}$时，运放同相输入端电位

$$u_{+H}=\frac{R_F}{R_2+R_F}u_i+\frac{R_2}{R_2+R_F}U_{oH} \tag{3.12.3}$$

当 $u_i$ 减小到使 $u_{+H}=U_R$，即

$$u_i=U_{TL}=\frac{R_2+R_F}{R_F}U_R-\frac{R_2}{R_F}U_{oH} \tag{3.12.4}$$

此后，$u_i$ 稍有减小，输出就从高电平跳变为低电平。

当输出为低电平 $U_{oL}$时，运放同相输入端电位

$$u_{+L}=\frac{R_F}{R_2+R_F}u_i+\frac{R_2}{R_2+R_F}U_{oL} \tag{3.12.5}$$

当 $u_i$ 增大到使 $u_{+L}=U_R$，即

$$u_i=U_{TH}=\frac{R_2+R_F}{R_F}U_R-\frac{R_2}{R_F}U_{oL} \tag{3.12.6}$$

此后，$u_i$ 稍有增加，输出又从低电平跳变为高电平。

因此 $U_{TL}$和 $U_{TH}$为输出电平跳变时对应的输入电平，常称 $U_{TL}$为下门限电平，$U_{TH}$为上门限电平，而两者的差值

$$\Delta U_T=U_{TR}-U_{TL}=\frac{R_2}{R_F}(U_{oH}-U_{oL}) \tag{3.12.7}$$

称为门限宽度，它们的大小可通过调节 $R_2/R_F$ 的比值来调节。

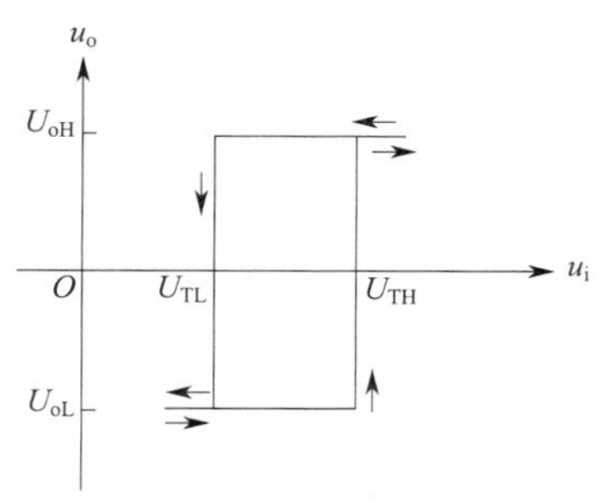

图 3.12.3　电压传输特性

图 3.12.3 为滞回比较器的电压传输特性。

由上述分析可见，差动放大器输出电压 $u_{o1}$ 经分压后作为 $A_2$ 输入信号，与 $A_2$ 组成了滞回比较器，与反相输入端的参考电压 $U_R$ 相比较。当同相输入端的电压信号大于反相输入端的电压时，$A_2$ 输出正饱和电压，三极管 VT 饱和导通。通过发光二极管 LED 的发光情况，可见负载的工作状态为加热。反之，为同相输入信号小于反相输入端电压时，$A_2$ 输出负饱和电压，三极管 VT 截止，LED 熄灭，负载的工作状态为停止。调节 $R_{W4}$ 可改变参考电

平，也同时调节了上下门限电平，从而达到设定温度的目的。

## 3.12.3 训练使用设备及器件

(1) ±12V 直流电源。

(2) 函数信号发生器。

(3) 双踪示波器。

(4) 热敏电阻（NTC）。

(5) 运算放大器 μA741×2、晶体三极管 3DG12、稳压管 2CW231、发光管 LED。

## 3.12.4 训练内容

按图 3.12.1 连接电路，各级之间暂不连通，形成各级单元电路，以便各单元分别进行调试。

### 1. 差动放大器

差动放大电路如图 3.12.4 所示。它可实现差动比例运算。

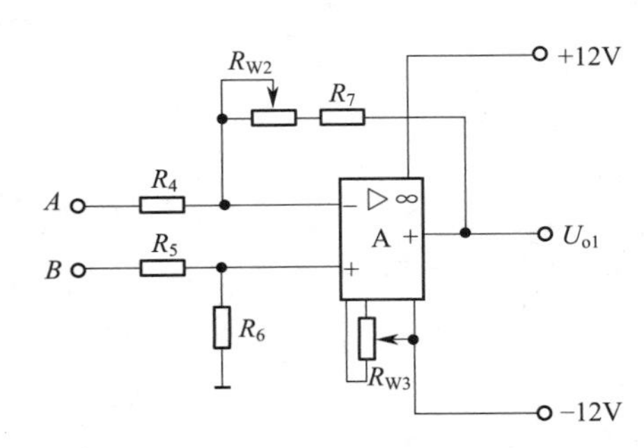


图 3.12.4 差动放大电路

(1) 运放调零。将 A、B 两端对地短路，调节 $R_{W3}$ 使 $U_o=0$。

(2) 去掉 A、B 端对地短路线。从 A、B 端分别加入不同的两个直流电平。

当电路中 $R_7+R_{W2}=R_6$，$R_4=R_5$ 时，其输出电压

$$u_o=\frac{R_7+R_{W2}}{R_4}(U_B-U_A) \qquad (3.12.8)$$

在测试时，要注意加入的输入电压不能太大，以免放大器输出进入饱和区。

(3) 将 B 点对地短路，把频率为 100Hz、有效值为 10mV 的正弦波加入 A 点。用示波器观察输出波形。在输出波形不失真的情况下，用交流毫伏表测出 $u_i$ 和 $u_o$ 的电压。算得此差动放大电路的电压放大倍数 A。

### 2. 桥式测温放大电路

将差动放大电路的 A、B 端与测温电桥的 A′、B′端相连，构成一个桥式测温放大电路。

(1) 在室温下使电桥平衡。在实验室室温条件下，调节 $R_{W1}$，使差动放大器输出 $U_{o1}=0$（注意：前面实验中调好的 $R_{W3}$ 不能再动）。

(2) 温度系数 K（V/C)。由于测温需升温槽，为使实验简易，可虚设室温 T 及输出电压 $u_{o1}$，温度系数 K 也定为一个常数，具体参数由读者自行填入表 3.12.1 内。

**表 3.12.1 测量数据表 I**

| 温度 T/℃ | 室温/℃ | | | | |
|---|---|---|---|---|---|
| 输出电压 $U_{o1}$/V | | | | | |

从表 3.12.1 中可得到 $K=\Delta U/\Delta T$。

(3) 桥式测温放大器的温度-电压关系曲线。根据前面测温放大器的温度系数 K，可画出测温放大器的温度-电压关系曲线，实验时要标注相关的温度和电压的值，如图 3.12.5 所

示。从图中可求得在其他温度时，放大器实际应输出的电压值。也可得到在当前室温时，$U_{o1}$实际对应值$U_s$。

（4）重调$R_{W1}$，使测温放大器在当前室温下输出$U_s$。即调$R_{W1}$，使$U_{o1}=U_s$。

**3. 滞回比较器**

滞回比较器电路如图 3.12.5 所示。

1）直流法测试比较器的上下门限电平

首先确定参考电平$U_R$值。调$R_{W4}$，使$U_R=2V$。然后将可变的直流电压$U_i$加入比较器的输入端。比较器的输出电压$U_o$送入示波器 $Y$ 输入端（将示波器的“输入耦合方式开关”置于“DC”，$X$ 轴“扫描触发方式开关”置于“自动”）。改变直流输入电压$U_i$的大小，从示波器屏幕上观察到当$u_o$跳变时所对应的$U_i$值，即为上、下门限电平。

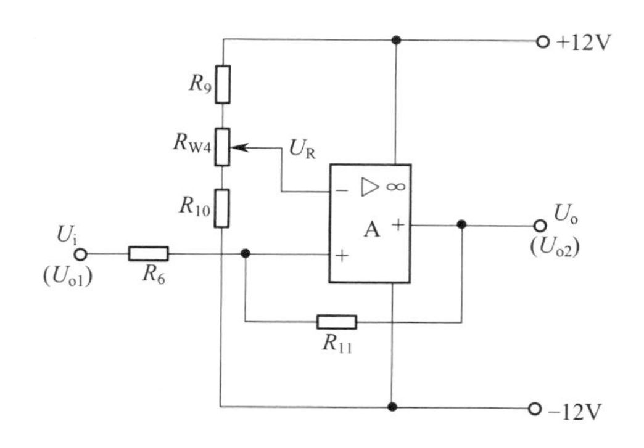


图 3.12.5　滞回比较器电路图

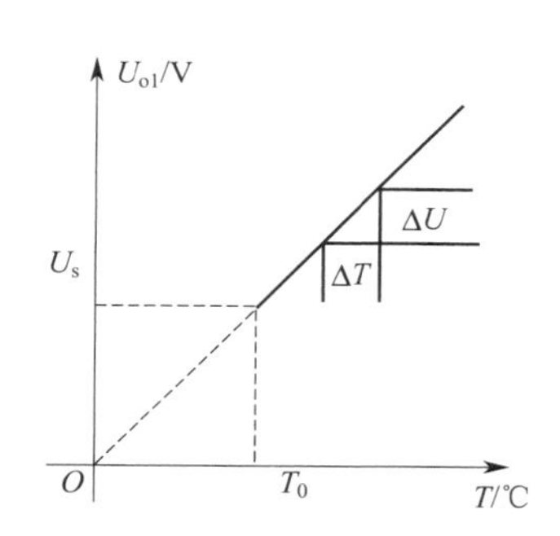


图 3.12.6　温度-电压关系曲线

2）交流法测试电压传输特性曲线

将频率为 100Hz、幅度 3V 的正弦信号加入比较器输入端，同时送入示波器的 $X$ 轴输入端，作为 $X$ 轴扫描信号。比较器的输出信号送入示波器的 $Y$ 轴输入端。微调正弦信号的大小，可从示波器显示屏上看到完整的电压传输特性曲线。

3）温度检测控制电路整机工作状况（见图 3.12.6）

（1）按图 3.12.1 连接各级电路（注意：可调元件$R_{W1}$、$R_{W2}$、$R_{W3}$不能随意变动。如有变动，必须重新进行前面内容）。

（2）根据所需检测报警或控制的温度 $T$，从测温放大器温度-电压关系曲线中确定对应的$u_{01}$值。

（3）调节$R_{W4}$使参考电压$U'_R=U_R=U_{o1}$。

（4）用加热器升温，观察温升情况，直至报警电路动作报警（在实验电路中当 LED 发光时作为报警），记下动作时对应的温度值$T_1$和$U_{o11}$的值。

（5）用自然降温法使热敏电阻降温，记下电路解除时所对应的温度值$T_2$和$U_{o12}$的值。

（6）改变控制温度 $T$，重做（2）、（3）、（4）、（5）内容。把测试结果记入表 3.12.2。

根据$t_1$和$t_2$值，可得到检测灵敏度$T_0=(T_2-T_1)$。

注：实验中的加热装置可用一个 100Ω/2W 的电阻$R_T$模拟，将此电阻靠近$R_t$即可。

## 3.12.5　项目报告

（1）整理实数据，画出有关曲线、数据表格以及实验线路。

（2）用方格纸画出测温放大电路温度系数曲线及比较器电压传输特性曲线。

（3）实验中的故障排除情况及体会。

表 3.12.2 测量数据表Ⅱ

| | 设定温度 $T$/℃ | | | | | | | | |
|---|---|---|---|---|---|---|---|---|---|
| 设定电压 | 从曲线上查得 $U_{o1}$ | | | | | | | | |
| | $U_R$ | | | | | | | | |
| 动作温度 | $T_1$/℃ | | | | | | | | |
| | $T_2$/℃ | | | | | | | | |
| 动作电压 | $U_{o11}$/V | | | | | | | | |
| | $U_{o12}$/V | | | | | | | | |

## 3.12.6 预习要求

（1）阅读教材中有关集成运算放大器应用部分的章节。了解集成运算放大器构成的差动放大器等电路的性能和特点。

（2）根据实验任务，拟出实验步骤及测试内容，画出数据记录表格。

（3）依照实验线路板上集成运放插座的位置，从左到右安排前后各级电路。画出元件排列及布线图。元件排列既要紧凑，又不能相碰，以便缩短连线，防止引入干扰。同时又要便于实验中测试方便。

（4）思考并回答问题：如果放大器不进行调零，将会引起什么结果？如何设定温度检测控制点？

## 模块 4

# 数字电子技术基础训练

## 项目 4.1 TTL 集成逻辑门的逻辑功能测试

### 4.1.1 训 练 目 标

(1) 掌握 TTL 集成与非门的逻辑功能。

(2) 掌握 TTL 器件的使用规则。

(3) 进一步熟悉数字电路实验装置的结构、基本功能和使用方法。

### 4.1.2 原 理 说 明

本项目采用四输入双与非门 74LS20，即在一块集成块内含有两个互相独立的与非门，每个与非门有四个输入端。其逻辑框图、符号及引脚排列如图 4.1.1(a)、(b)、(c) 所示。

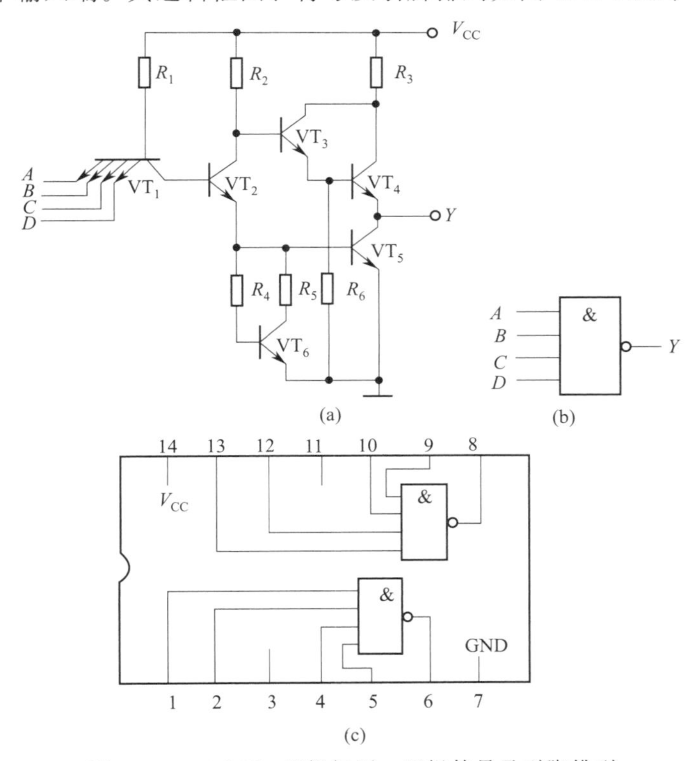


图 4.1.1 74LS20 逻辑框图、逻辑符号及引脚排列

数字电路实验中所用到的集成芯片都是双列直插式的。识别方法是：正对集成电路型号（如 74LS20）或看标记（左边的缺口或小圆点标记），从左下角开始按逆时针方向以 1，2，3，…依次排列到最后一脚（在左上角）。在标准型 TTL 集成电路中，电源端 $V_{CC}$ 一般排在左上端，接地端 GND 一般排在右下端。如 74LS20 为 14 脚芯片，14 脚为 $V_{CC}$，7 脚为 GND。若集成芯片引脚上的功能标号为 NC，则表示该引脚为空脚，与内部电路不连接。

TTL 集成电路使用规则如下。

（1）接插集成块时，要认清定位标记，不得插反。

（2）电源电压使用范围为＋4.5～＋5.5V 之间，实验中要求使用 $V_{CC}=+5V$。电源极性绝对不允许接错。

（3）闲置输入端处理方法

① 悬空，相当于正逻辑“1”，对于一般小规模集成电路的数据输入端，实验时允许悬空处理。但易受外界干扰，导致电路的逻辑功能不正常。因此，对于接有长线的输入端，中规模以上的集成电路和使用集成电路较多的复杂电路，所有控制输入端必须按逻辑要求接入电路，不允许悬空。

② 直接接电源电压 $V_{CC}$（也可以串入一只 1～10kΩ 的固定电阻）或接至某一固定电压（$+2.4\leqslant V\leqslant 4.5V$）的电源上，或与输入端为接地的多余与非门的输出端相接。

③ 若前级驱动能力允许，可以与使用的输入端并联。

④ 输入端通过电阻接地，电阻值的大小将直接影响电路所处的状态。当 $R\leqslant 680\Omega$ 时，输入端相当于逻辑“0”；当 $R\geqslant 4.7k\Omega$ 时，输入端相当于逻辑“1”。对于不同系列的器件，要求的阻值不同。

⑤ 输出端不允许并联使用［集电极开路门（OC）和三态输出门电路（3S）除外］，否则不仅会使电路逻辑功能混乱，并会导致器件损坏。

⑥ 输出端不允许直接接地或直接接＋5V 电源，否则将损坏器件，有时为了使后级电路获得较高的输出电平，允许输出端通过电阻 $R$ 接至 $V_{CC}$，一般取 $R=3\sim 5.1k\Omega$。

与非门的逻辑功能是：当输入端中有一个或一个以上是低电平时，输出端为高电平；只有当输入端全部为高电平时，输出端才是低电平（即有“0”得“1”，全“1”得“0”）。

其逻辑表达式为：

$$Y=\overline{ABCD} \tag{4.1.1}$$

## 4.1.3 训练使用设备及器件

（1）数字逻辑实验箱。

（2）74LS20 一片。

## 4.1.4 训 练 内 容

在合适的位置选取一个 14P 插座，按定位标记插好 74LS20 集成块。验证 TTL 集成与非门 74LS20 的逻辑功能。

按图 4.1.2 接线，门的四个输入端接逻辑开关输出插口，以提供“0”与“1”电平信号，开关向上，输出逻辑“1”，向下为逻辑“0”。门的输出端接由 LED 发光二极管组成的逻辑电平显示器（又称 0—1 指示器）的显示插口，LED 亮为逻辑“1”，不亮为逻辑“0”。74LS20 有 4 个输入端，有 16 个最小项，在实际测试时，只要通过对输入 1111、0111、1011、1101、1110 五项进行检测就可判断其逻辑功能是否正常，并填入表 4.1.1。

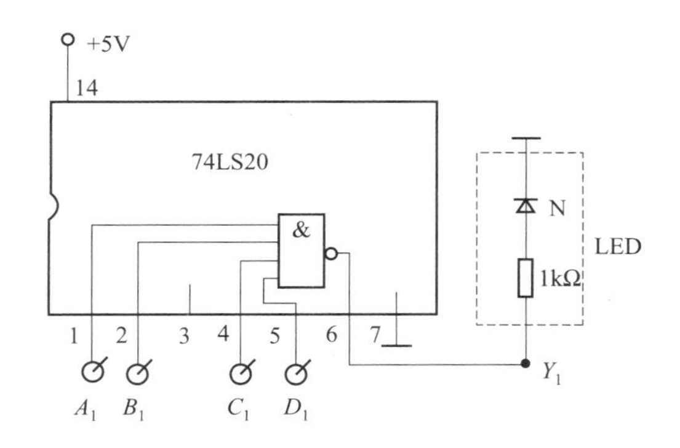


图 4.1.2　与非门 74LS20 的逻辑功能测试电路

**表 4.1.1　与非门 74LS20 的逻辑功能测试表**

| 输　入 | | | | 输　出 | |
|---|---|---|---|---|---|
| $An$ | $Bn$ | $Cn$ | $Dn$ | $Y_1$ | $Y_2$ |
| 1 | 1 | 1 | 1 | | |
| 0 | 1 | 1 | 1 | | |
| 1 | 0 | 1 | 1 | | |
| 1 | 1 | 0 | 1 | | |
| 1 | 1 | 1 | 0 | | |

## 4.1.5　项 目 报 告

记录、整理结果，并对结果进行分析。

# 项目 4.2　门电路功能及转换

## 4.2.1　训 练 目 标

（1）熟悉并掌握 TTL 与非门逻辑功能的测试方法。

（2）学会用与非门组成其他门电路的方法。

## 4.2.2　原 理 说 明

如图 4.2.1、图 4.2.2 所示为 74LS00、74LS20 内部结构及其外引线列图。

使用注意事项：

（1）仔细辨认每一片集成电路的 $V_{CC}$（+5）和地引脚线，千万不能接反；

（2）使用多片集成电路时，必须把每一片集成电路都接通电源（$V_{CC}$和地）；

（3）任何两个与非门的输出端切忌直接相连，并且，与非门的输出端也不可与逻辑电平开关直接相连，以免烧坏集成电路；

（4）对 TTL 器不使用的与输入端可以悬空（相当于输入为“1”），但不允许带开路的长线。

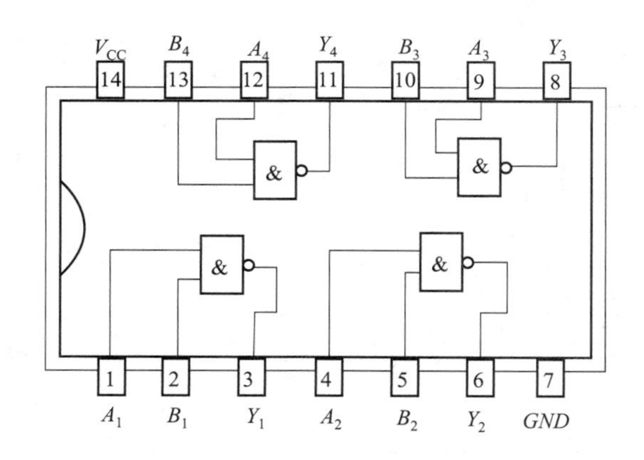

图 4.2.1　74LS00 四 2 输入与非门

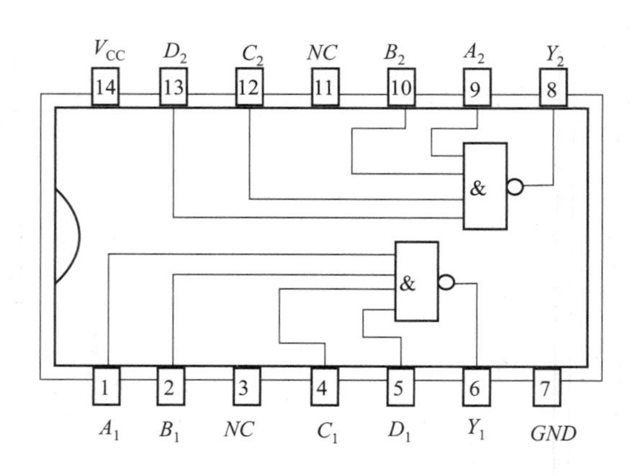


图 4.2.2　74LS20 双 4 输入与非门

## 4.2.3　训练使用设备及器件

(1) 74LS00 一片。

(2) 数字逻辑实验箱。

## 4.2.4　训 练 内 容

用与非门转换成其他功能的门电路测试结果及连接图记录。

**1. 或门**

(1) 或门表达式__________。

(2) 写出与非逻辑表达式__________。

(3) 画出逻辑电路图。

(4) 画出电路连接图。

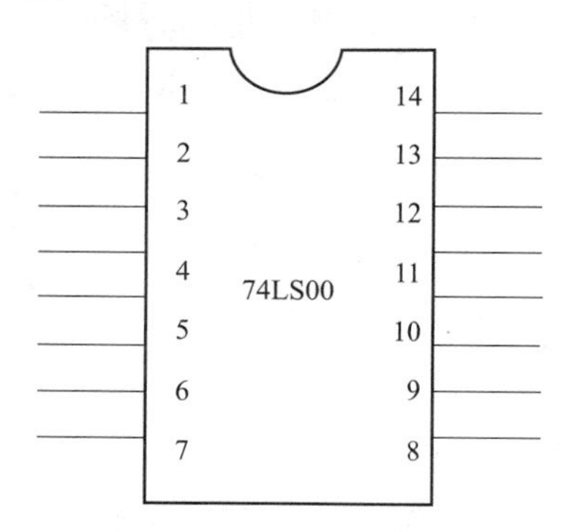


图 4.2.3　或门电路连接图

**表 4.2.1　或门电路测试表**

| $A$ | $B$ | $L$ |
|---|---|---|
| 0 | 0 | |
| 0 | 1 | |
| 1 | 0 | |
| 1 | 1 | |

**2. 异或门**

（1）异或门表达式＿＿＿＿＿＿。

（2）写出与非逻辑表达式＿＿＿＿＿＿。

（3）画出逻辑电路图。

（4）画出电路连接图。

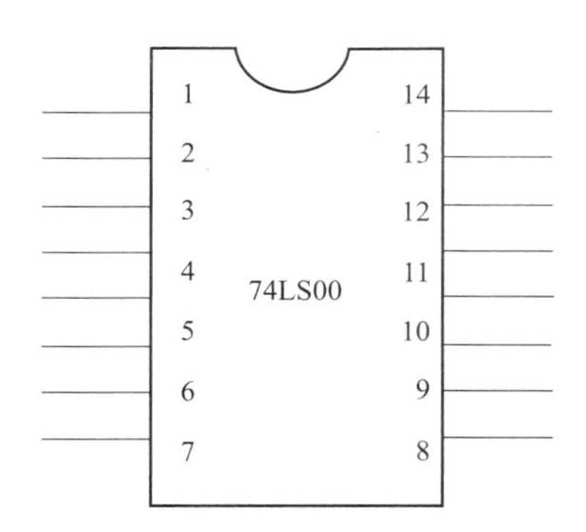


图 4.2.4　异或门电路连接图

**表 4.2.2　异或门电路测试表**

| $A$ | $B$ | $L$ |
|---|---|---|
| 0 | 0 | |
| 0 | 1 | |
| 1 | 0 | |
| 1 | 1 | |

## 4.2.5　项目报告

记录、整理结果，并对结果进行分析。

# 项目 4.3　组合逻辑电路

## 4.3.1　训练目标

（1）掌握组合逻辑电路设计和功能测试的基本方法。

（2）掌握数字电子电路的合理布线方法。

## 4.3.2　原理说明

使用中、小规模集成电路来设计组合电路。设计组合电路的一般步骤如图 4.3.1 所示。

根据设计任务的要求建立输入、输出变量，并列出真值表。然后用逻辑代数或卡诺图化简法求出简化的逻辑表达式。并按实际选用逻辑门的类型修改逻辑表达式。根据简化后的逻辑表达式，画出逻辑图，用标准器件构成逻辑电路。最后，用实验来验证设计的正确性。

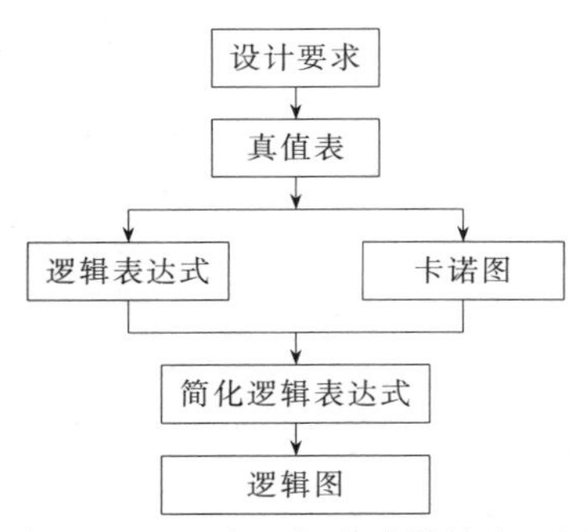

图 4.3.1　组合逻辑电路设计流程图

步骤：

（1）对给出的问题，分析其逻辑因果关系，将引起问题的原因作为输入变量，将其产生的结果作为输出函数，并予以逻辑赋值；

（2）列出真值表；

（3）写出逻辑表达表，并化简；

（4）根据指定的集成电路器件画出逻辑电路图；

（5）按逻辑电路图接线，检查无误后进行测试；

（6）记录测试结果。

## 4.3.3　训练使用设备及器件

（1）74LS00×3。

（2）数字逻辑实验箱。

## 4.3.4　训 练 内 容

### 1. 三输入表决电路

当输入多数为 1 时输出为 1，否则为 0。根据要求用 74LS00 实现，并记录下测试结果及连接图。

（1）列出真值表，记入表 4.3.1。

表 4.3.1　三输入表决电路功能

| $A$ | $B$ | $C$ | $L$ |
|---|---|---|---|
| | | | |
| | | | |
| | | | |
| | | | |
| | | | |
| | | | |
| | | | |
| | | | |

（2）逻辑表达式。

（3）试画出逻辑电路图。

（4）在图 4.3.2 中画出连线图。

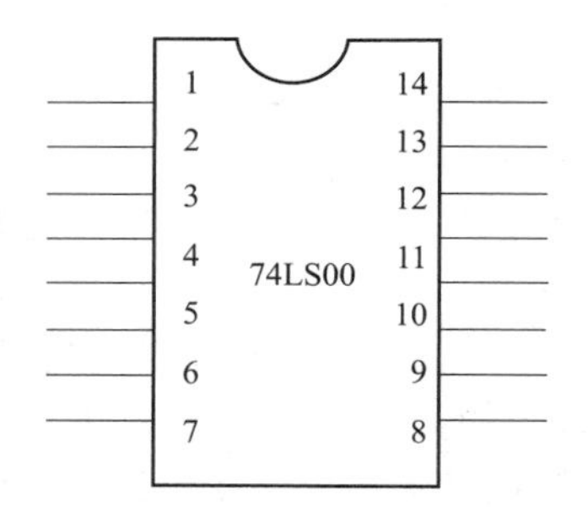


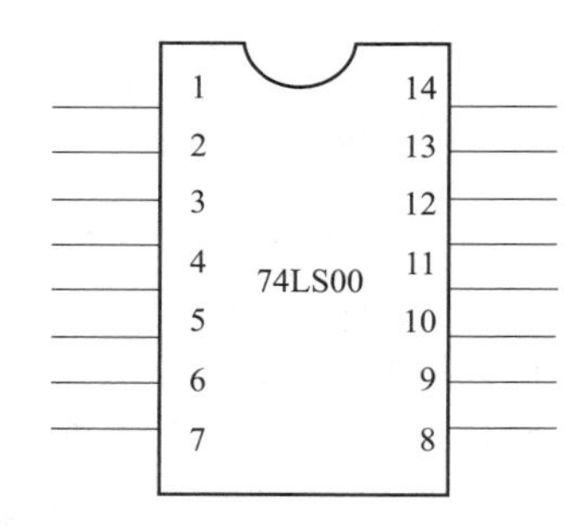


图 4.3.2　三输入表决电路连接图

## 2. 把 8421BCD 码转换成格雷码的码转换器

表 4.3.2 为 8421BCD 码与格雷码的码转换表。根据要求用 74LS00 设计 8421BCD 码转换成格雷码的码转换器，并记录下测试结果（见表 4.3.3）及连接图（见图 4.3.3）。

**表 4.3.2　8421BCD 码转换成格雷码表**

| 8421BCD | | | | 格雷码 | | | | 十进制数 |
|---|---|---|---|---|---|---|---|---|
| 0 | 0 | 0 | 0 | 0 | 0 | 0 | 0 | 0 |
| 0 | 0 | 0 | 1 | 0 | 0 | 0 | 1 | 1 |
| 0 | 0 | 1 | 0 | 0 | 0 | 1 | 1 | 2 |
| 0 | 0 | 1 | 1 | 0 | 0 | 1 | 0 | 3 |
| 0 | 1 | 0 | 0 | 0 | 1 | 1 | 0 | 4 |
| 0 | 1 | 0 | 1 | 0 | 1 | 1 | 1 | 5 |
| 0 | 1 | 1 | 0 | 0 | 1 | 0 | 1 | 6 |
| 0 | 1 | 1 | 1 | 0 | 1 | 0 | 0 | 7 |
| 1 | 0 | 0 | 0 | 1 | 1 | 0 | 0 | 8 |
| 1 | 0 | 0 | 1 | 1 | 1 | 0 | 1 | 9 |

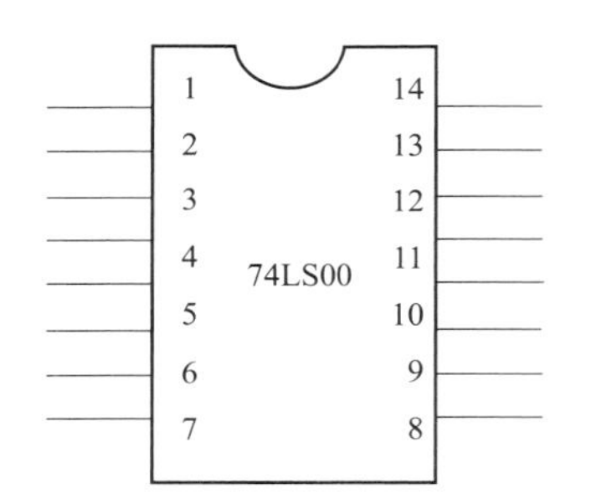


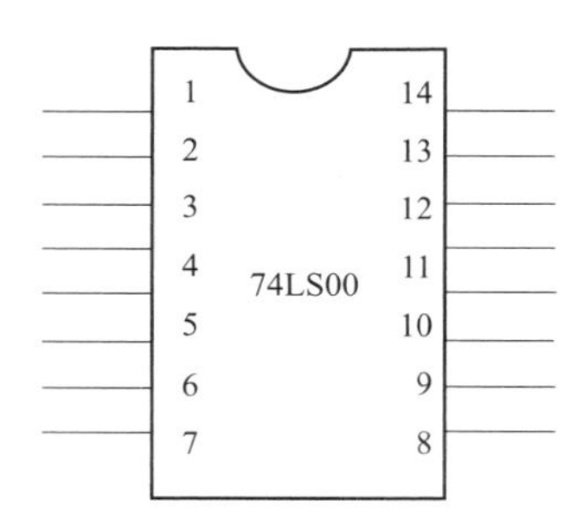


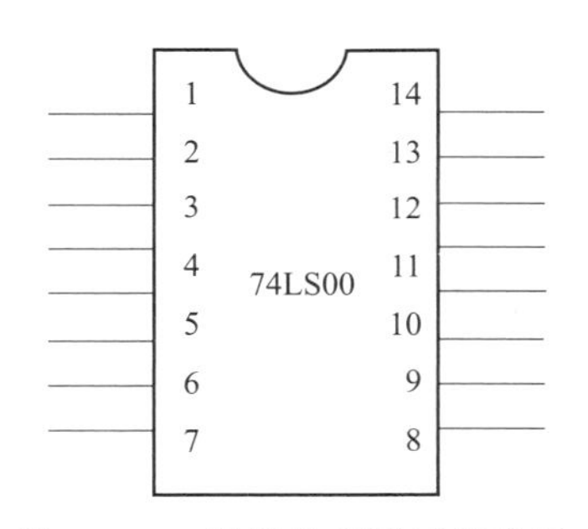


图 4.3.3　码转换器测试连接图

**表 4.3.3　码转换器功能表**

| $A$ | $B$ | $C$ | $D$ | $A'$ | $B'$ | $C'$ | $D'$ |
|---|---|---|---|---|---|---|---|
| | | | | | | | |

### 4.3.5 项 目 报 告

记录、整理结果，并对结果进行分析。

## 项目 4.4 译码器及其应用

### 4.4.1 训 练 目 标

（1）掌握中规模集成译码器的逻辑功能和使用方法。

（2）熟悉数码管的使用。

### 4.4.2 原 理 说 明

译码器是一个多输入、多输出的组合逻辑电路。它的作用是把给定的代码进行“翻译”，变成相应的状态，使输出通道中相应的一路有信号输出。译码器在数字系统中有广泛的用途，不仅用于代码的转换、终端的数字显示，还用于数据分配、存储器寻址和组合控制信号等。不同的功能可选用不同种类的译码器。

译码器可分为通用译码器和显示译码器两大类。前者又分为变量译码器和代码变换译码器。

**1. 变量译码器**

变量译码器（又称二进制译码器）用以表示输入变量的状态，如 2 线-4 线、3 线-8 线和 4 线-16 线译码器。若有 $n$ 个输入变量，则有 $2n$ 个不同的组合状态，就有 $2n$ 个输出端供其使用。而每一个输出所代表的函数对应于 $n$ 个输入变量的最小项。

以 3 线-8 线译码器 74LS138 为例进行分析，图 4.4.1(a)、(b) 分别为其逻辑图及引脚排列。

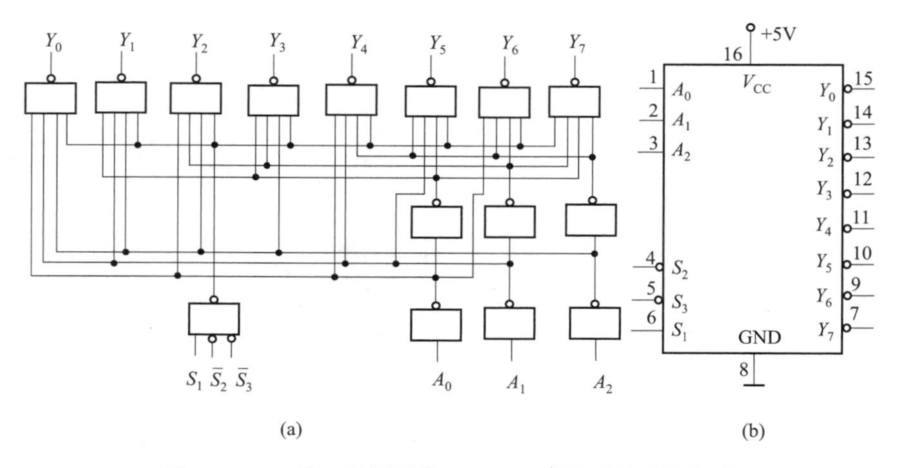


图 4.4.1　3 线-8 线译码器 74LS138 逻辑图及引脚排列

其中 $A_2$、$A_1$、$A_0$ 为地址输入端，$\overline{Y}_0 \cdots \overline{Y}_7$ 为译码输出端，$S_1$、$\overline{S}_2$、$\overline{S}_3$ 为使能端。

表 4.4.1 为 74LS138 功能表。当 $S_1=1$，$\overline{S_2}+\overline{S_3}=0$ 时，器件使能，地址码所指定的

输出端有信号（为 0）输出，其他所有输出端均无信号（全为 1）输出。当 $S_1=0$，$\overline{S}_2+\overline{S}_3=X$ 时，或 $S_1=1$，$\overline{S}_2+\overline{S}_3=1$ 时，译码器被禁止，所有输出同时为 1。

**表 4.4.1　74LS138 功能表**

| 输入 | | | | | 输出 | | | | | | | |
|---|---|---|---|---|---|---|---|---|---|---|---|---|
| $S_1$ | $\overline{S}_2+\overline{S}_3$ | $A_2$ | $A_1$ | $A_0$ | $\overline{Y}_0$ | $\overline{Y}_1$ | $\overline{Y}_2$ | $\overline{Y}_3$ | $\overline{Y}_4$ | $\overline{Y}_5$ | $\overline{Y}_6$ | $\overline{Y}_7$ |
| 1 | 0 | 0 | 0 | 0 | 0 | 1 | 1 | 1 | 1 | 1 | 1 | 1 |
| 1 | 0 | 0 | 0 | 1 | 1 | 0 | 1 | 1 | 1 | 1 | 1 | 1 |
| 1 | 0 | 0 | 1 | 0 | 1 | 1 | 0 | 1 | 1 | 1 | 1 | 1 |
| 1 | 0 | 0 | 1 | 1 | 1 | 1 | 1 | 0 | 1 | 1 | 1 | 1 |
| 1 | 0 | 1 | 0 | 0 | 1 | 1 | 1 | 1 | 0 | 1 | 1 | 1 |
| 1 | 0 | 1 | 0 | 1 | 1 | 1 | 1 | 1 | 1 | 0 | 1 | 1 |
| 1 | 0 | 1 | 1 | 0 | 1 | 1 | 1 | 1 | 1 | 1 | 0 | 1 |
| 1 | 0 | 1 | 1 | 1 | 1 | 1 | 1 | 1 | 1 | 1 | 1 | 0 |
| 0 | × | × | × | × | 1 | 1 | 1 | 1 | 1 | 1 | 1 | 1 |
| × | 1 | × | × | × | 1 | 1 | 1 | 1 | 1 | 1 | 1 | 1 |

二进制译码器实际上也是负脉冲输出的脉冲分配器。若利用使能端中的一个输入端输入数据信息，器件就成为一个数据分配器（又称多路分配器），如图 4.4.2 所示。若在 $S_1$ 输入端输入数据信息，$\overline{S}_2=\overline{S}_3=0$，地址码所对应的输出是 $S_1$ 数据信息的反码；若从$\overline{S}_2$端输入数据信息，令 $S_1=1$、$\overline{S}_3=0$，地址码所对应的输出就是$\overline{S}_2$端数据信息的原码。若数据信息是时钟脉冲，则数据分配器便成为时钟脉冲分配器。

根据输入地址的不同组合译出唯一地址，故可用作地址译码器。接成多路分配器，可将一个信号源的数据信息传输到不同的地点。

二进制译码器还能方便地实现逻辑函数，如图 4.4.3 所示，实现的逻辑函数是

$$Z=\overline{A}\overline{B}\overline{C}+\overline{A}B\overline{C}+A\overline{B}\overline{C}+ABC \tag{4.4.1}$$

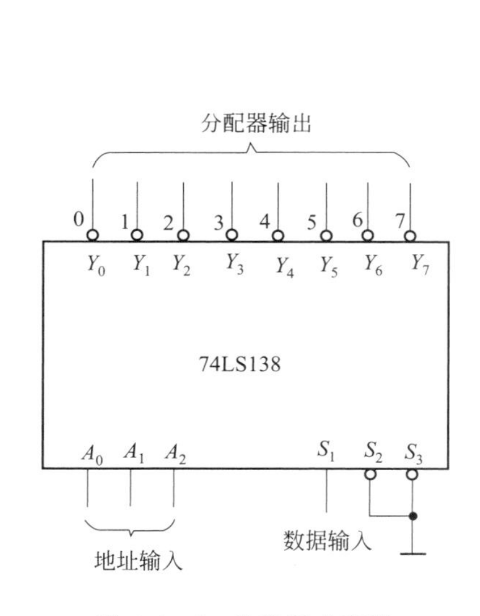


图 4.4.2　作数据分配器

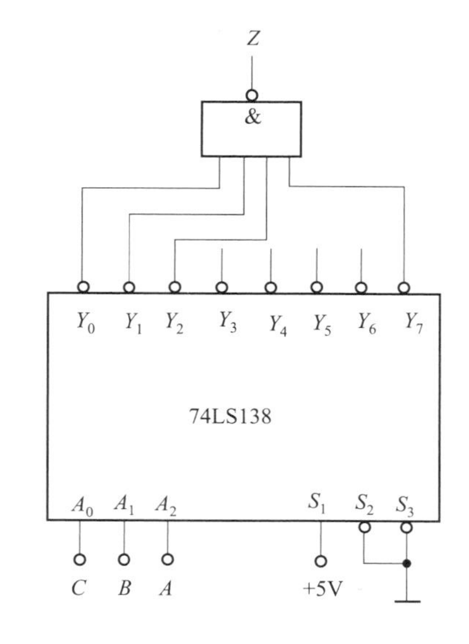


图 4.4.3　实现逻辑函数

利用使能端能方便地将两个 3/8 译码器组合成一个 4/16 译码器，如图 4.4.4 所示。

**2. 数码显示译码器**

1）七段发光二极管（LED）数码管

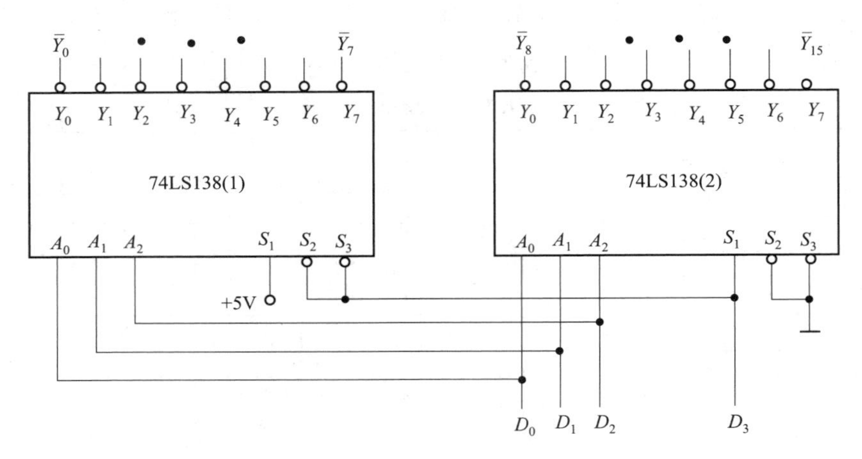


图 4.4.4 用两片 74LS138 组合成 4/16 译码器

LED 数码管是目前最常用的数字显示器，图 4.4.5(a)、(b) 为共阴管和共阳管的电路，图 4.4.5(c) 为两种不同出线形式的引出脚功能图。

一个 LED 数码管可用来显示一位 0～9 十进制数和一个小数点。小型数码管（0.5 寸和 0.36 寸）每段发光二极管的正向压降，随显示光（通常为红、绿、黄、橙色）的颜色不同略有差别，通常约为 2～2.5V，每个发光二极管的点亮电流为 5～10mA。LED 数码管要显示 BCD 码所表示的十进制数字就需要有一个专门的译码器，该译码器不但要完成译码功能，还要有相当的驱动能力。

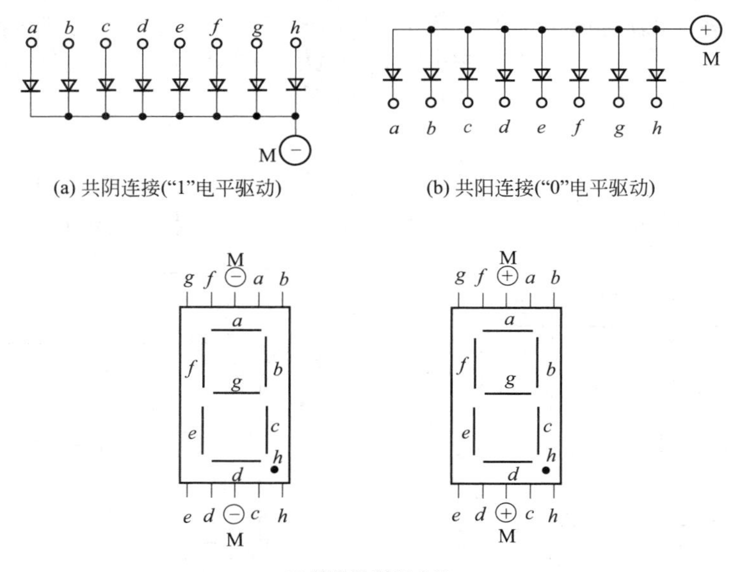


图 4.4.5 LED 数码管

2) BCD 码七段译码驱动器

此类译码器型号有 74LS47（共阳）、74LS48（共阴）、CC4511（共阴）等，本项目采用 CC4511 BCD 码锁存/七段译码/驱动器。驱动共阴极 LED 数码管。图 4.4.6 为 CC4511 引脚排列。

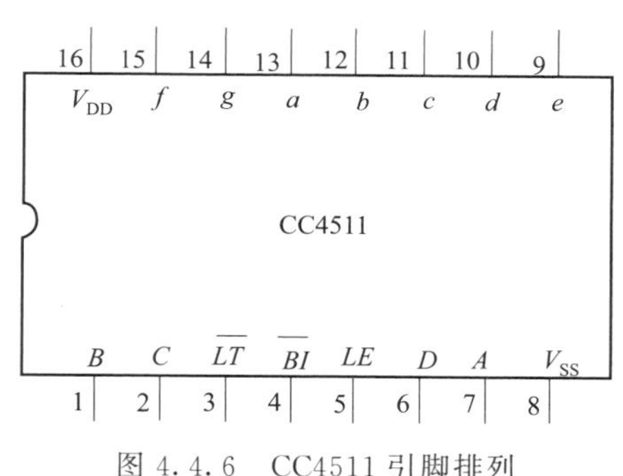


图 4.4.6　CC4511 引脚排列

其中

$A$、$B$、$C$、$D$——BCD 码输入端。

$a$、$b$、$c$、$d$、$e$、$f$、$g$——译码输出端，输出"1"有效，用来驱动共阴极 LED 数码管。

$\overline{LT}$—测试输入端，$\overline{LT}$＝"0"时，译码输出全为"1"。

$\overline{BI}$—消隐输入端，$\overline{BI}$＝"0"时，译码输出全为"0"。

$LE$—锁定端，$LE$＝"1"时译码器处于锁定（保持）状态，译码输出保持在 $LE$＝0 时的数值，$LE$＝0 为正常译码。

表 4.4.2 为 CC4511 功能表。CC4511 内接有上拉电阻，故只需在输出端与数码管端之间串入限流电阻即可工作。译码器还有拒伪码功能，当输入码超过 1001 时，输出全为"0"，数码管熄灭。

**表 4.4.2　CC4511 功能表**

| 输入 | | | | | | | 输出 | | | | | | | |
|---|---|---|---|---|---|---|---|---|---|---|---|---|---|---|
| $LE$ | $\overline{BI}$ | $\overline{LT}$ | $D$ | $C$ | $B$ | $A$ | $a$ | $b$ | $c$ | $d$ | $e$ | $f$ | $g$ | 显示字形 |
| × | × | 0 | × | × | × | × | 1 | 1 | 1 | 1 | 1 | 1 | 1 | 8 |
| × | 0 | 1 | × | × | × | × | 0 | 0 | 0 | 0 | 0 | 0 | 0 | 消隐 |
| 0 | 1 | 1 | 0 | 0 | 0 | 0 | 1 | 1 | 1 | 1 | 1 | 1 | 0 | 0 |
| 0 | 1 | 1 | 0 | 0 | 0 | 1 | 0 | 1 | 1 | 0 | 0 | 0 | 0 | 1 |
| 0 | 1 | 1 | 0 | 0 | 1 | 0 | 1 | 1 | 0 | 1 | 1 | 0 | 1 | 2 |
| 0 | 1 | 1 | 0 | 0 | 1 | 1 | 1 | 1 | 1 | 1 | 0 | 0 | 1 | 3 |
| 0 | 1 | 1 | 0 | 1 | 0 | 0 | 0 | 1 | 1 | 0 | 0 | 1 | 1 | 4 |
| 0 | 1 | 1 | 0 | 1 | 0 | 1 | 1 | 0 | 1 | 1 | 0 | 1 | 1 | 5 |
| 0 | 1 | 1 | 0 | 1 | 1 | 0 | 0 | 0 | 1 | 1 | 1 | 1 | 1 | 6 |
| 0 | 1 | 1 | 0 | 1 | 1 | 1 | 1 | 1 | 1 | 0 | 0 | 0 | 0 | 7 |
| 0 | 1 | 1 | 1 | 0 | 0 | 0 | 1 | 1 | 1 | 1 | 1 | 1 | 1 | 8 |
| 0 | 1 | 1 | 1 | 0 | 0 | 1 | 1 | 1 | 1 | 0 | 0 | 1 | 1 | 9 |
| 0 | 1 | 1 | 1 | 0 | 1 | 0 | 0 | 0 | 0 | 0 | 0 | 0 | 0 | 消隐 |
| 0 | 1 | 1 | 1 | 0 | 1 | 1 | 0 | 0 | 0 | 0 | 0 | 0 | 0 | 消隐 |
| 0 | 1 | 1 | 1 | 1 | 0 | 0 | 0 | 0 | 0 | 0 | 0 | 0 | 0 | 消隐 |
| 0 | 1 | 1 | 1 | 1 | 0 | 1 | 0 | 0 | 0 | 0 | 0 | 0 | 0 | 消隐 |
| 0 | 1 | 1 | 1 | 1 | 1 | 0 | 0 | 0 | 0 | 0 | 0 | 0 | 0 | 消隐 |
| 0 | 1 | 1 | 1 | 1 | 1 | 1 | 0 | 0 | 0 | 0 | 0 | 0 | 0 | 消隐 |
| 1 | 1 | 1 | × | × | × | × | 锁存 | | | | | | | 锁存 |

四位数码管可接受四组 BCD 码输入。CC4511 与 LED 数码管的连接如图 4.4.7 所示。

## 4.4.3　训练使用设备及器件

（1）数字逻辑实验箱。

(2) 74LS138 两片，CC4511 一片。

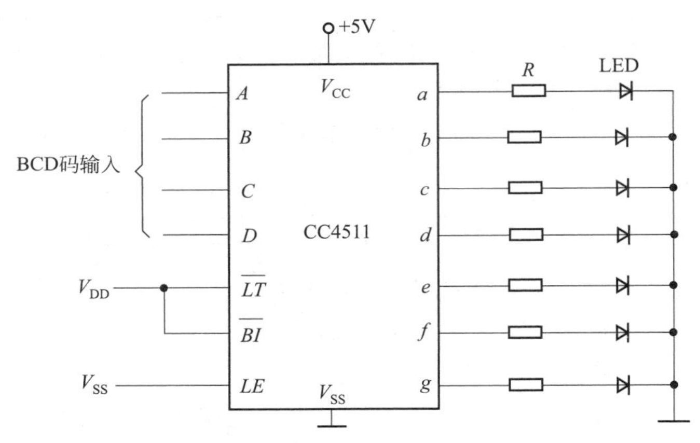


图 4.4.7　CC4511 驱动一位 LED 数码管

## 4.4.4　训 练 内 容

### 1. 数据拨码开关的使用

将实验装置上的四组拨码开关的输出 $A_i$、$B_i$、$C_i$、$D_i$ 分别接至 4 组显示译码/驱动器 CC4511 的对应输入口，$LE$、$\overline{BI}$、$\overline{LT}$接至三个逻辑开关的输出插口，接上＋5V 显示器的电源，然后按功能表 4.4.2 输入的要求揿动四个数码的增减键（“＋”与“－”键）和操作与 $LE$、$\overline{BI}$、$\overline{LT}$对应的三个逻辑开关，观测拨码盘上的四位数与 LED 数码管显示的对应数字是否一致，及译码显示是否正常。

### 2. 74LS138 译码器逻辑功能测试

将译码器使能端 $S_1$、$\overline{S}_2$、$\overline{S}_3$ 及地址端 $A_2$、$A_1$、$A_0$ 分别接至逻辑电平开关输出口，八个输出端$\overline{Y}_7 \cdots \overline{Y}_0$ 依次连接在逻辑电平显示器的八个输入口上，拨动逻辑电平开关，按表 4.4.1 逐项测试 74LS138 的逻辑功能。

### 3. 用 74LS138 构成时序脉冲分配器

参照图 4.4.2 和原理说明，时钟脉冲 $CP$ 频率约为 10kHz，要求分配器输出端$\overline{Y}_7 \cdots \overline{Y}_0$ 的信号与 $CP$ 输入信号同相。

画出分配器的实验电路，用示波器观察和记录在地址端 $A_2$、$A_1$、$A_0$ 分别取 000～111 共 8 种不同状态时 $\overline{Y}_0 \cdots \overline{Y}_7$ 端的输出波形，注意输出波形与 $CP$ 输入波形之间的相位关系。

## 4.4.5　训练预习要求

(1) 复习有关译码器和分配器的原理。

(2) 根据训练任务，画出所需的线路及记录表格。

## 4.4.6　项 目 报 告

(1) 画出线路，把观察到的波形画在坐标纸上，并标上对应的地址码。

(2) 对结果进行分析、讨论。

# 项目 4.5　触发器及其应用

## 4.5.1　训练目标

（1）掌握基本 RS、JK、D 和 T 触发器的逻辑功能。

（2）掌握集成触发器的逻辑功能及使用方法。

（3）熟悉触发器之间相互转换的方法。

## 4.5.2　原理说明

触发器具有两个稳定状态，用以表示逻辑状态“1”和“0”，在一定的外界信号作用下，可以从一个稳定状态翻转到另一个稳定状态，它是一个具有记忆功能的二进制信息存储器件，是构成各种时序电路的最基本逻辑单元。

### 1. 基本 RS 触发器

图 4.5.1 为由两个与非门交叉耦合构成的基本 RS 触发器，它是无时钟控制低电平直接触发的触发器。基本 RS 触发器具有置“0”、置“1”和“保持”三种功能。通常称 $\overline{S}$ 为置“1”端，因为 $\overline{S}=0$（$\overline{R}=1$）时触发器被置“1”；$\overline{R}$ 为置“0”端，因为 $\overline{R}=0$（$\overline{S}=1$）时触发器被置“0”，当 $\overline{S}=\overline{R}=1$ 时状态保持；$\overline{S}=\overline{R}=0$ 时，触发器状态不定，应避免此种情况发生，表 4.5.1 为基本 RS 触发器的功能表。

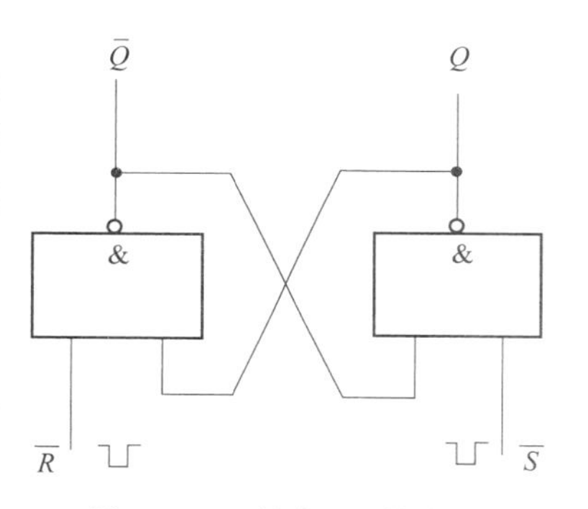


图 4.5.1　基本 RS 触发器

基本 RS 触发器也可以用两个“或非门”组成，此时为高电平触发有效。

**表 4.5.1　基本 RS 触发器的功能表**

| 输入 | | 输出 | |
|---|---|---|---|
| $\overline{S}$ | $\overline{R}$ | $Q^{n+1}$ | $\overline{Q^{n+1}}$ |
| 0 | 1 | 1 | 0 |
| 1 | 0 | 0 | 1 |
| 1 | 1 | $Q^n$ | $\overline{Q^n}$ |
| 0 | 0 | φ | φ |

### 2. JK 触发器

在输入信号为双端的情况下，JK 触发器是功能完善、使用灵活和通用性较强的一种触发器，常被用作缓冲存储器、移位寄存器和计数器。本项目采用 74LS112 双 JK 触发器，是下降边沿触发的边沿触发器。引脚功能及逻辑符号如图 4.5.2 所示。

JK 触发器的状态方程为　　$Q^{n+1}=J^n\overline{Q^n}+\overline{K}Q^n$

$J$ 和 $K$ 是数据输入端，是触发器状态更新的依据，若 $J$、$K$ 有两个或两个以上输入端时，组成“与”的关系。$Q$ 与 $\overline{Q}$ 为两个互补输出端。通常把 $Q=0$、$\overline{Q}=1$ 的状态定为触发器“0”状态；而把 $Q=1$、$\overline{Q}=0$ 定为“1”状态。下降沿触发 JK 触发器的功能见表 4.5.2。

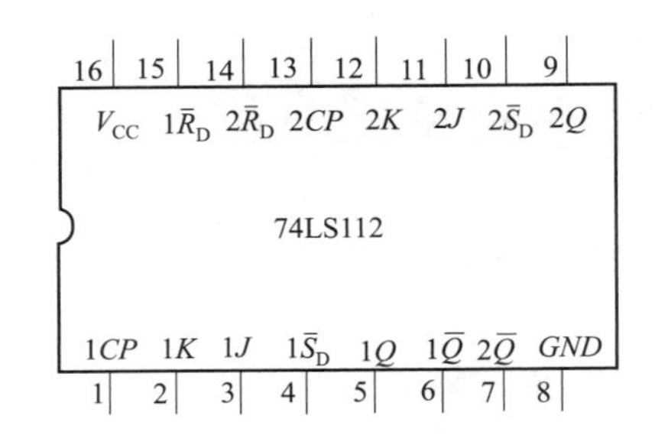

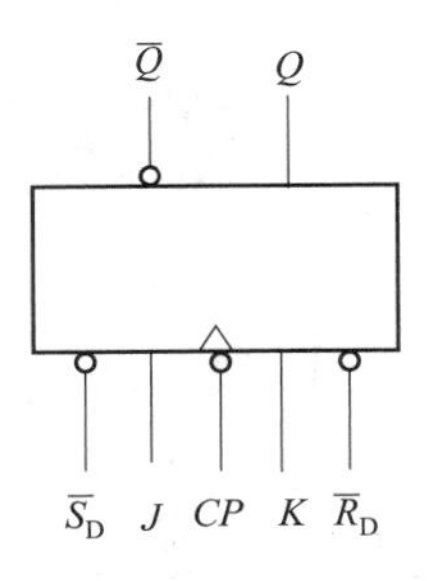


图 4.5.2　74LS112 双 JK 触发器引脚排列及逻辑符号

**表 4.5.2　下降沿触发 JK 触发器的功能**

| 输入 | | | | | 输出 | |
|---|---|---|---|---|---|---|
| $\overline{S}_D$ | $\overline{R}_D$ | $CP$ | $J$ | $K$ | $Q^{n+1}$ | $\overline{Q^{n+1}}$ |
| 0 | 1 | × | × | × | 1 | 0 |
| 1 | 0 | × | × | × | 0 | 1 |
| 0 | 0 | × | × | × | φ | φ |
| 1 | 1 | ↓ | 0 | 0 | $Q^n$ | $\overline{Q^n}$ |
| 1 | 1 | ↓ | 1 | 0 | 1 | 0 |
| 1 | 1 | ↓ | 0 | 1 | 0 | 1 |
| 1 | 1 | ↓ | 1 | 1 | $\overline{Q^n}$ | $Q^n$ |
| 1 | 1 | ↑ | × | × | $Q^n$ | $\overline{Q^n}$ |

注：×—任意态；　↓—高到低电平跳变；　↑—低到高电平跳变；
$Q^n$（$\overline{Q^n}$）—现态；　$Q^{n+1}$（$\overline{Q^{n+1}}$）—次态；　φ—不定态。

### 3. D 触发器

在输入信号为单端的情况下，D 触发器用起来最为方便，其状态方程为 $Q^{n+1}=D^n$，其输出状态的更新发生在 $CP$ 脉冲的上升沿，故又称为上升沿触发的边沿触发器，触发器的状态只取决于时钟到来前 $D$ 端的状态，D 触发器的应用很广，可用作数字信号的寄存、移位寄存、分频和波形发生等。有很多种型号可供各种用途的需要而选用。如双 D 74LS74、四 D 74LS175、六 D 74LS174 等。图 4.5.3 为双 D 74LS74 的引脚排列及逻辑符号，功能见表 4.5.3。

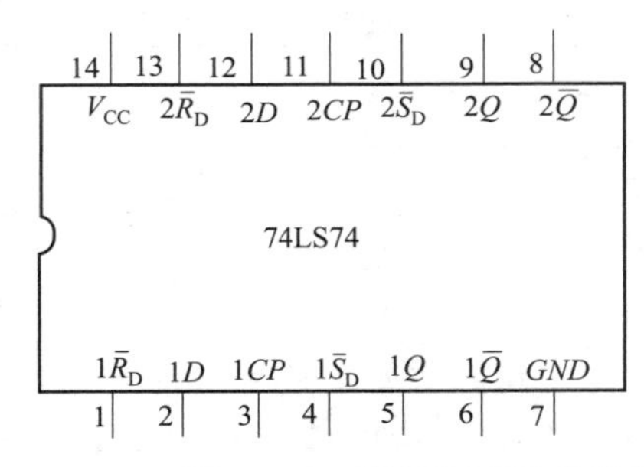

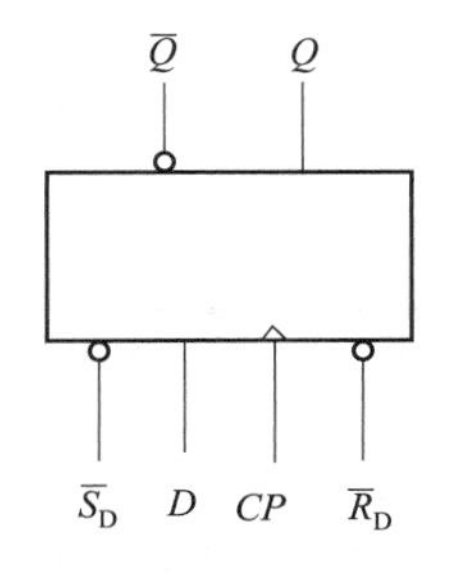


图 4.5.3　双 D74LS74 的引脚排列及逻辑符号

**表 4.5.3　74LS74 功能表**

| 输入 | | | | 输出 | |
|---|---|---|---|---|---|
| $\overline{S}_D$ | $\overline{R}_D$ | $CP$ | $D$ | $Q^{n+1}$ | $\overline{Q^{n+1}}$ |
| 0 | 1 | × | × | 1 | 0 |
| 1 | 0 | × | × | 0 | 1 |

续表

| 输　入 | | | | 输　出 | |
|---|---|---|---|---|---|
| $\overline{S}_D$ | $\overline{R}_D$ | $CP$ | $D$ | $Q^{n+1}$ | $\overline{Q^{n+1}}$ |
| 0 | 0 | × | × | φ | φ |
| 1 | 1 | ↑ | 1 | 1 | 0 |
| 1 | 1 | ↑ | 0 | 0 | 1 |
| 1 | 1 | ↓ | × | $Q^n$ | $\overline{Q^n}$ |

**4. 触发器之间的相互转换**

在集成触发器的产品中，每一种触发器都有自己固定的逻辑功能。但可以利用转换的方法得到具有其他功能的触发器。例如将 JK 触发器的 $J$、$K$ 两端连在一起，并认它为 $T$ 端，就得到所需的 T 触发器。如图 4.5.4(a) 所示，其状态方程为：　$Q^{n+1}=T\overline{Q^n}+\overline{T}Q^n$

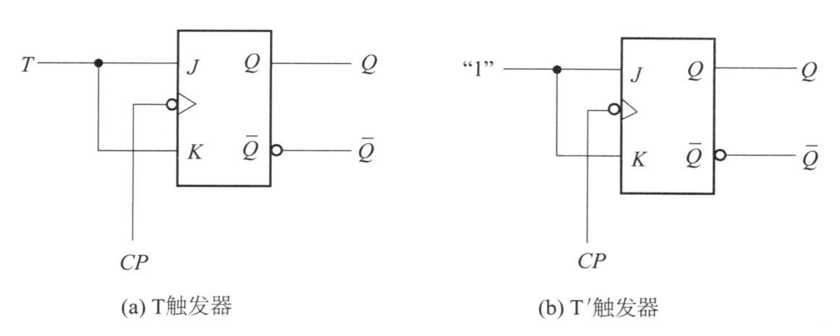


图 4.5.4　JK 触发器转换为 T、T′触发器

T 触发器的功能如表 4.5.4 所示。

**表 4.5.4　T 触发器的功能**

| 输　入 | | | | 输　出 |
|---|---|---|---|---|
| $\overline{S}_D$ | $\overline{R}_D$ | $CP$ | $T$ | $Q^{n+1}$ |
| 0 | 1 | × | × | 1 |
| 1 | 0 | × | × | 0 |
| 1 | 1 | ↓ | 0 | $Q^n$ |
| 1 | 1 | ↓ | 1 | $\overline{Q^n}$ |

由功能表 4.5.4 可见，当 $T=0$ 时，时钟脉冲作用后，其状态保持不变；当 $T=1$ 时，时钟脉冲作用后，触发器状态翻转。所以，若将 T 触发器的 T 端置 "1"，如图 4.5.4(b) 所示，即得 T′触发器。在 T′触发器的 $CP$ 端每来一个 $CP$ 脉冲信号，触发器的状态就翻转一次，故称之为反转触发器，广泛用于计数电路中。

同样，若将 D 触发器 $\overline{Q}$ 端与 D 端相连，便转换成 T′触发器，如图 4.5.5 所示。

JK 触发器也可转换为 D 触发器，如图 4.5.6 所示。

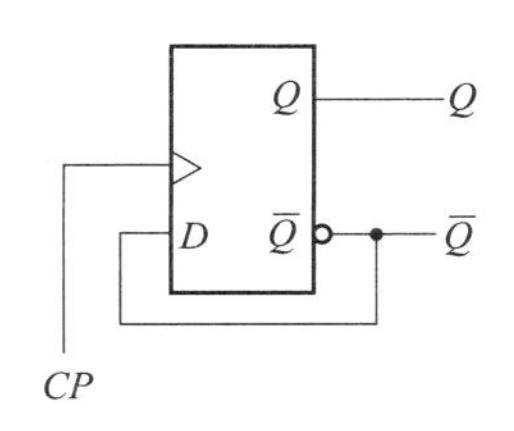


图 4.5.5　D 转成 T′

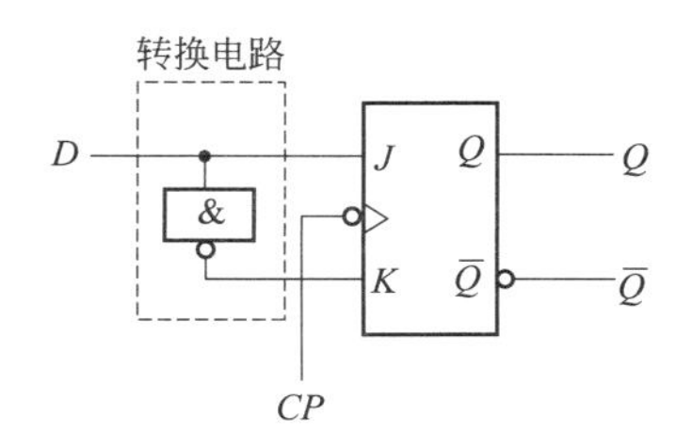


图 4.5.6　JK 转成 D

**5. CMOS 触发器**

1）CMOS 边沿型 D 触发器

CC4013 是由 CMOS 传输门构成的边沿型 D 触发器。它是上升沿触发的双 D 触发器，表 4.5.5 为其功能表，图 4.5.7 为引脚排列。

**表 4.5.5　CC4013 功能表**

| 输入 | | | | 输出 |
|---|---|---|---|---|
| $S$ | $R$ | $CP$ | $D$ | $Q^{n+1}$ |
| 1 | 0 | × | × | 1 |
| 0 | 1 | × | × | 0 |
| 1 | 1 | × | × | φ |
| 0 | 0 | ↑ | 1 | 1 |
| 0 | 0 | ↑ | 0 | 0 |
| 0 | 0 | ↓ | × | $Q^n$ |

2）CMOS 边沿型 JK 触发器

CC4027 是由 CMOS 传输门构成的边沿型 JK 触发器，它是上升沿触发的双 JK 触发器，表 4.5.6 为其功能表，图 4.5.8 为引脚排列。

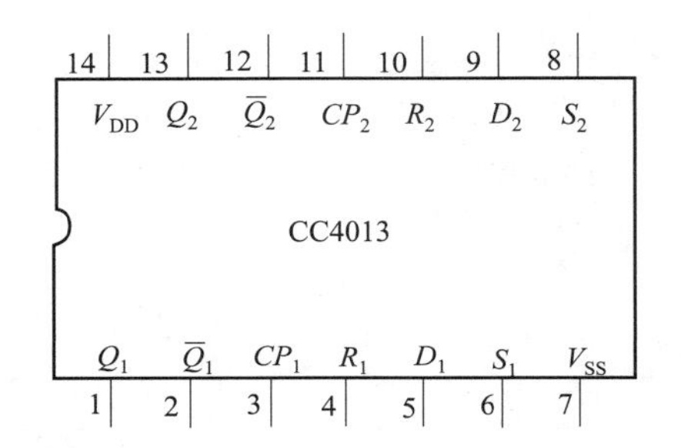


图 4.5.7　双上升沿 D 触发器

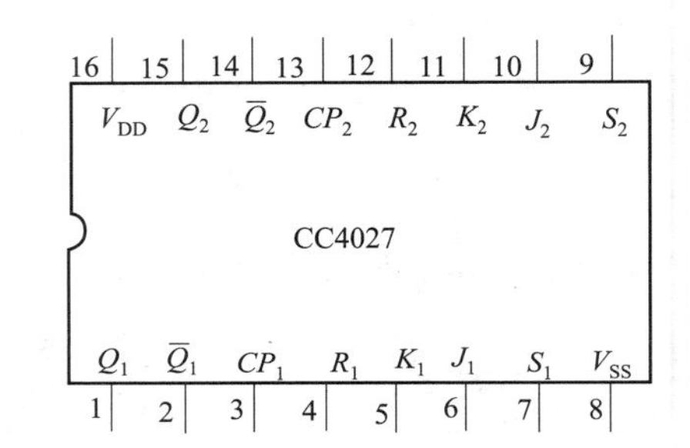


图 4.5.8　双上升沿 JK 触发器

**表 4.5.6　CC4027 功能表**

| 输入 | | | | | 输出 |
|---|---|---|---|---|---|
| $S$ | $R$ | $CP$ | $J$ | $K$ | $Q^{n+1}$ |
| 1 | 0 | × | × | × | 1 |
| 0 | 1 | × | × | × | 0 |
| 1 | 1 | × | × | × | φ |
| 0 | 0 | ↑ | 0 | 0 | $Q^n$ |
| 0 | 0 | ↑ | 1 | 0 | 1 |
| 0 | 0 | ↑ | 0 | 1 | 0 |
| 0 | 0 | ↑ | 1 | 1 | $\overline{Q^n}$ |
| 0 | 0 | ↓ | × | × | $Q^n$ |

CMOS 触发器的直接置位、复位输入端 $S$ 和 $R$ 是高电平有效，当 $S=1$（或 $R=1$）时，触发器将不受其他输入端所处状态的影响，使触发器直接置 1（或置 0）。但直接置位、复位输入端 $S$ 和 $R$ 必须遵守 $RS=0$ 的约束条件。CMOS 触发器在按逻辑功能工作时，$S$ 和 $R$ 必须均置 0。

## 4.5.3　训练使用设备及器件

（1）数字逻辑实验箱。

（2）74LS112（或 CC4027），74LS00（或 CC4011），74LS74（或 CC4013）。

## 4.5.4　训练内容

### 1. 测试基本 RS 触发器的逻辑功能

按图 4.5.1 接线，用两个与非门组成基本 RS 触发器，输入端 $\overline{R}$、$\overline{S}$ 接逻辑开关的输出插口，输出端 $Q$、$\overline{Q}$ 接逻辑电平显示输入插口，按表 4.5.7 要求测试，记录之。

表 4.5.7　基本 RS 触发器测试表

| $\overline{R}$ | $\overline{S}$ | $Q$ | $\overline{Q}$ |
|---|---|---|---|
| 1 | 1→0 | | |
| | 0→1 | | |
| 1→0 | 1 | | |
| 0→1 | | | |
| 0 | 0 | | |

### 2. 测试双 JK 触发器 74LS112 逻辑功能

1）测试$\overline{R_D}=0$、$\overline{S_D}$的复位、置位功能

任取一只 JK 触发器，$\overline{R_D}$、$\overline{S_D}$、$J$、$K$ 端接逻辑开关输出插口，$CP$ 端接单次脉冲源，$Q$、$\overline{Q}$ 端接至逻辑电平显示输入插口。要求改变$\overline{R_D}$，$\overline{S_D}$（$J$、$K$、$CP$ 处于任意状态），并在$\overline{R_D}=0$（$\overline{S_D}=1$）或$\overline{S_D}=0$（$\overline{R_D}=1$）作用期间任意改变 $J$、$K$ 及 $CP$ 的状态，观察 $Q$、$\overline{Q}$ 状态。自拟表格并记录之。

2）测试 JK 触发器的逻辑功能

按表 4.5.8 的要求改变 $J$、$K$、$CP$ 端状态，观察 $Q$、$\overline{Q}$ 状态变化，观察触发器状态更新是否发生在 $CP$ 脉冲的下降沿（即 $CP$ 由 1→0），记录之。

3）将 JK 触发器的 $J$、$K$ 端连在一起，构成 T 触发器

在 $CP$ 端输入 1kHz 连续脉冲，用双踪示波器观察 $CP$、$Q$、$\overline{Q}$ 端波形，注意相位关系，描绘之。

表 4.5.8　JK 触发器的逻辑功能测试表

| $J$ | $K$ | $CP$ | $Q^{n+1}$ | |
|---|---|---|---|---|
| | | | $Q^n=0$ | $Q^n=1$ |
| 0 | 0 | 0→1 | | |
| | | 1→0 | | |
| 0 | 1 | 0→1 | | |
| | | 1→0 | | |
| 1 | 0 | 0→1 | | |
| | | 1→0 | | |
| 1 | 1 | 0→1 | | |
| | | 1→0 | | |

### 3. 测试双 D 触发器 74LS74 的逻辑功能

（1）测试$\overline{R_D}$、$\overline{S_D}$的复位、置位功能，测试方法同训练内容（2），自拟表格记录。

（2）测试 D 触发器的逻辑功能。

按表 4.5.9 要求进行测试，并观察触发器状态更新是否发生在 $CP$ 脉冲的上升沿（即由 0→1），记录之。

表 4.5.9 双 D 触发器 74LS74 的逻辑功能测试表

| $D$ | $CP$ | $Q^{n+1}$ | |
|---|---|---|---|
| | | $Q^n=0$ | $Q^n=1$ |
| 0 | 0→1 | | |
| | 1→0 | | |
| 1 | 0→1 | | |
| | 1→0 | | |

(3) 将 D 触发器的 $\overline{Q}$ 端与 $D$ 端相连接，构成 T′触发器。测试方法同训练内容 (2)，记录之。

### 4.5.5 训练预习要求

(1) 复习有关触发器内容。
(2) 列出各触发器功能测试表格。
(3) 按训练内容要求设计线路，拟订方案。

### 4.5.6 项 目 报 告

(1) 列表整理各类触发器的逻辑功能。
(2) 总结观察到的波形，说明触发器的触发方式。
(3) 体会触发器的应用。

## 项目 4.6 计数器及其应用

### 4.6.1 训 练 目 标

(1) 学习用集成触发器构成计数器的方法。
(2) 掌握中规模集成计数器的使用及功能测试方法。
(3) 运用集成计数计构成 1/N 分频器。

### 4.6.2 原 理 说 明

计数器是一个用以实现计数功能的时序部件，它不仅可用来计脉冲数，还常用作数字系统的定时、分频和执行数字运算以及其他特定的逻辑功能。

计数器种类很多。按构成计数器中的各触发器是否使用一个时钟脉冲源来分，有同步计数器和异步计数器。根据计数制的不同，分为二进制计数器、十进制计数器和任意进制计数器。根据计数的增减趋势，又分为加法、减法和可逆计数器。还有可预置数和可编程序功能计数器等。目前，无论是 TTL 还是 CMOS 集成电路，都有品种较齐全的中规模集成计数器。使用者只要借助于器件手册提供的功能表和工作波形图以及引出端的排列，就能正确地运用这些器件。

**1. 用 D 触发器构成异步二进制加/减计数器**

图 4.6.1 是用四只 D 触发器构成的四位二进制异步加法计数器，它的连接特点是将每

只 D 触发器接成 T′触发器，再由低位触发器的 $\overline{Q}$ 端和高一位的 $CP$ 端相连接。

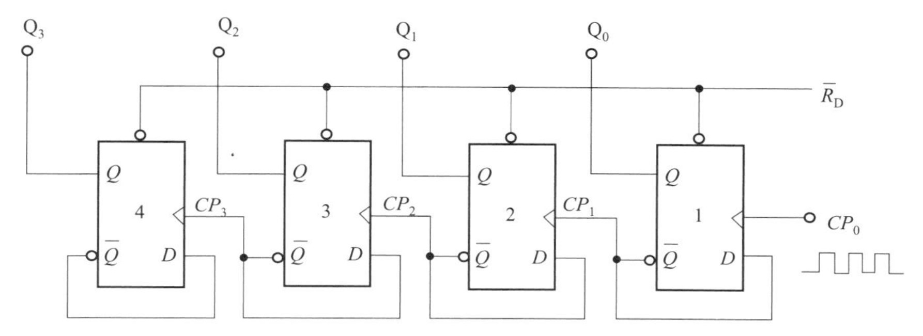


图 4.6.1　四位二进制异步加法计数器

若将图 4.6.1 稍加改动，即将低位触发器的 $Q$ 端与高一位的 $CP$ 端相连接，即构成了一个四位二进制减法计数器。

**2. 中规模十进制计数器**

CC40192 是同步十进制可逆计数器，具有双时钟输入，并具有清除和置数等功能，其引脚排列及逻辑符号如图 4.6.2 所示。

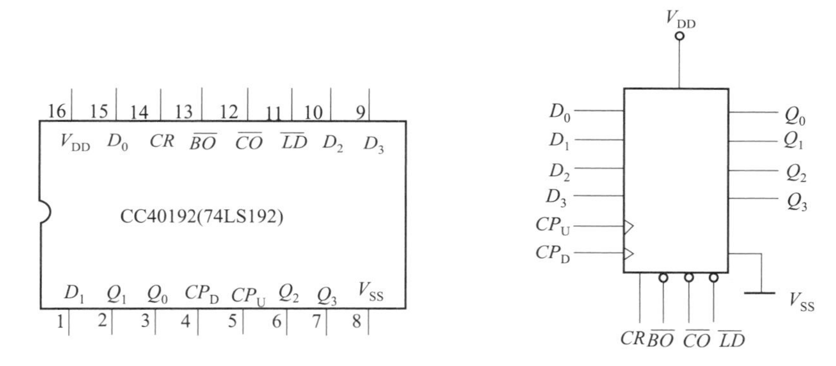


图 4.6.2　CC40192 引脚排列及逻辑符号

图 4.6.2 中：$\overline{LD}$—置数端 ；$CP_U$—加计数端；$CP_D$—减计数端；$\overline{CO}$—非同步进位输出端；$\overline{BO}$—非同步借位输出端；$D_0$、$D_1$、$D_2$、$D_3$—计数器输入端；$Q_0$、$Q_1$、$Q_2$、$Q_3$—数据输出端 ；$CR$—清除端，CC40192（同 74LS192，二者可互换使用）。

当清除端 $CR$ 为高电平“1”时，计数器直接清零；$CR$ 置低电平则执行其他功能。当 $CR$ 为低电平，置数端$\overline{LD}$也为低电平时，数据直接从置数端 $D_0$、$D_1$、$D_2$、$D_3$ 置入计数器。当 $CR$ 为低电平，$\overline{LD}$为高电平时，执行计数功能。执行加计数时，减计数端 $CP_D$ 接高电平，计数脉冲由 $CP_U$ 输入；在计数脉冲上升沿进行 8421 码十进制加法计数。执行减计数时，加计数端 $CP_U$ 接高电平，计数脉冲由减计数端 $CP_D$输入。

**3. 计数器的级联使用**

一个十进制计数器只能表示 0～9 十个数，为了扩大计数器范围，常用多个十进制计数器级联使用。

同步计数器往往设有进位（或借位）输出端，故可选用其进位（或借位）输出信号驱动下一级计数器。图 4.6.3 是由 CC40192 利用进位输出$\overline{CO}$控制高一位的 $CP_U$ 端构成的加数级联图。

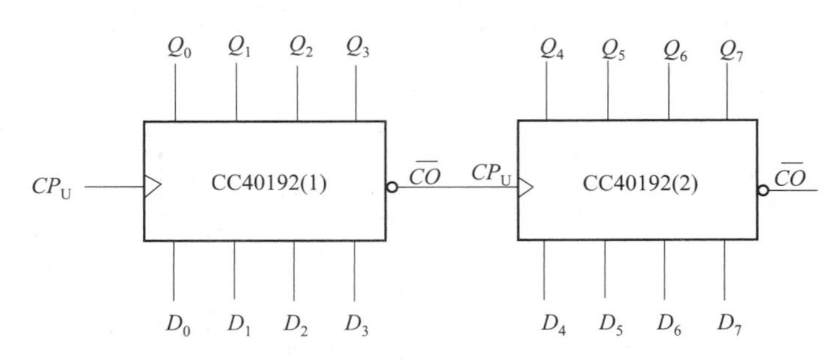


图 4.6.3　CC40192 级联电路

**4. 实现任意进制计数**

1）用复位法获得任意进制计数器

假定已有 $N$ 进制计数器，而需要得到一个 $M$ 进制计数器时，只要 $M<N$，用复位法使计数器计数到 $M$ 时置“0”，即获得 $M$ 进制计数器。如图 4.6.4 所示为一个由 CC40192 十进制计数器接成的 6 进制计数器。

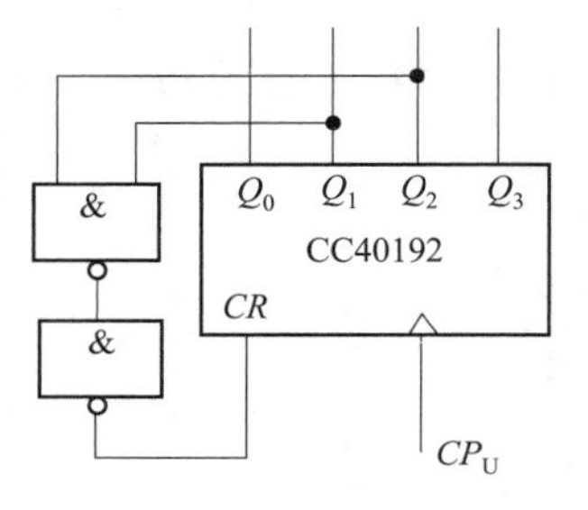


图 4.6.4　六进制计数器

2）利用预置功能获得 $M$ 进制计数器

图 4.6.5 为用三个 CC40192 组成的 421 进制计数器。外加的由与非门构成的锁存器可以克服器件计数速度的离散性，保证在反馈置“0”信号作用下计数器可靠置“0”。

图 4.6.6 是一个特殊 12 进制的计数器电路方案。在数字钟里，对时位的计数序列是 1、2、…11，12、1、…是 12 进制的，且无 0 数。如图 4.6.6 所示，当计数到 13 时，通过与非门产生一个复位信号，使 CC40192（2）〔十位〕直接置成 0000，而 CC40192（1）即个位直接置成 0001，从而实现了 1～12 计数。

## 4.6.3　训练使用设备及器件

（1）数字逻辑实验箱。

（2）译码显示器，CC4013 × 2（74LS74），CC40192 × 3（74LS192），CC4011（74LS00），CC4012（74LS20）。

## 4.6.4　训练内容

（1）用 CC4013 或 74LS74 D 触发器构成 4 位二进制异步加法计数器。

① 按图 4.6.1 接线，$\overline{R}_D$接至逻辑开关输出插口，将低位 $CP_0$端接单次脉冲源，输出端 $Q_3$、$Q_2$、$Q_1$、$Q_0$接逻辑电平显示输入插口，各$\overline{S_D}$接高电平“1”。

② 清零后，逐个送入单次脉冲，观察并列表记录 $Q_3$～$Q_0$状态。

③ 将单次脉冲改为 1Hz 的连续脉冲，观察 $Q_3$～$Q_0$的状态。

④ 将 1Hz 的连续脉冲改为 1kHz，用双踪示波器观察 $CP$、$Q_3$、$Q_2$、$Q_1$、$Q_0$端波形，描绘之。

⑤ 将图 4.6.1 电路中的低位触发器的 Q 端与高一位的 $CP$ 端相连接，构成减法计数器，按训练内容②，③，④进行，观察并列表记录 $Q_3$～$Q_0$的状态。

（2）测试 CC40192 或 74LS192 同步十进制可逆计数器的逻辑功能

计数脉冲由单次脉冲源提供，清除端 $CR$，置数端$\overline{LD}$，数据输入端 $D_3$、$D_2$、$D_1$、$D_0$

分别接逻辑开关，输出端 $Q_3$、$Q_2$、$Q_1$、$Q_0$ 接实验设备的一个译码显示输入相应插口 $A$、$B$、$C$、$D$；$\overline{CO}$ 和 $\overline{BO}$ 接逻辑电平显示插口。

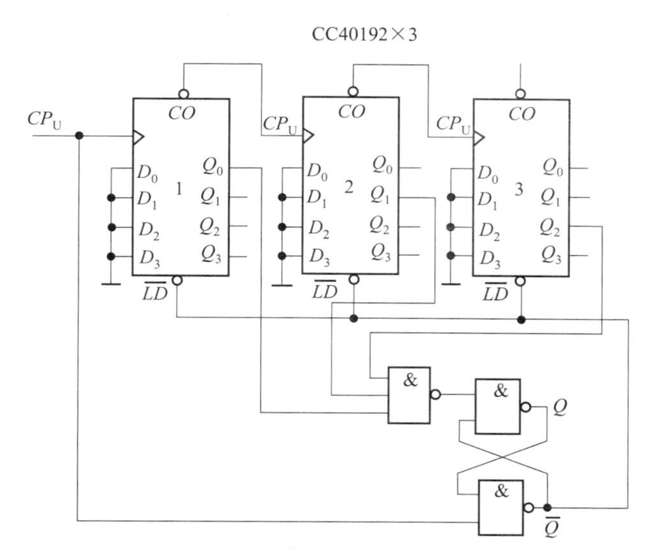

图 4.6.5　421 进制计数器

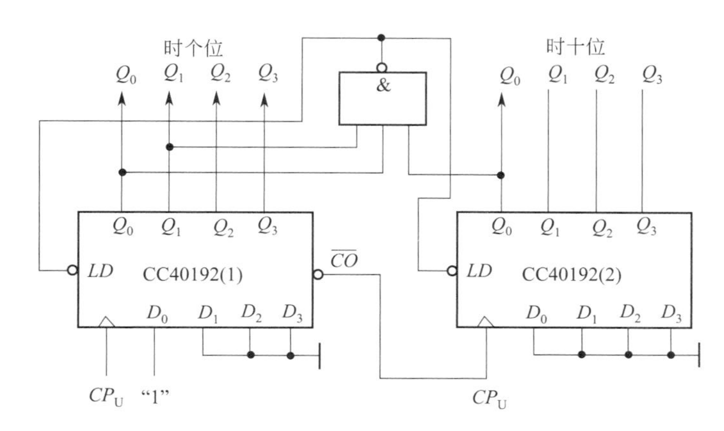

图 4.6.6　特殊 12 进制计数器

① 清除。令 $CR=1$，其他输入为任意态，这时 $Q_3Q_2Q_1Q_0=0000$，译码数字显示为 0。清除功能完成后，置 $CR=0$。

② 置数。$CR=0$，$CP_U$、$CP_D$ 任意，数据输入端输入任意一组二进制数，令 $\overline{LD}=0$，观察计数译码显示输出，预置功能是否完成，此后置 $\overline{LD}=1$。

③ 加计数。$CR=0$，$\overline{LD}=CP_D=1$，$CP_U$ 接单次脉冲源。清零后送入 10 个单次脉冲，观察译码数字显示是否按 8421 码十进制状态转换表进行；输出状态变化是否发生在 $CP_U$ 的上升沿。

④ 减计数。$CR=0$，$\overline{LD}=CP_U=1$，$CP_D$、$CP_D$ 接单次脉冲源。参照③进行实验。

（3）如图 4.6.3 所示，用两片 CC40192 组成两位十进制加法计数器，输入 1Hz 连续计数脉冲，进行由 00～99 累加计数，记录之。

（4）将两位十进制加法计数器改为两位十进制减法计数器，实现由 99～00 递减计数，记录之。

（5）按图 4.6.4 电路进行，记录之。

（6）按图 4.6.5 或图 4.6.6 进行，记录之。

（7）设计一个数字钟移位 60 进制计数器。

### 4.6.5 训练预习要求

（1）复习有关计数器部分内容。

（2）绘出各训练内容的详细线路图。

（3）拟出各训练内容所需的测试记录表格。

（4）查手册，给出并熟悉训练所用各集成块的引脚排列图。

### 4.6.6 项目报告

（1）画出线路图，记录、整理实验现象及所得的有关波形。对结果进行分析。

（2）总结使用集成计数器的体会。

## 项目 4.7 移位寄存器及其应用

### 4.7.1 训练目标

（1）掌握中规模 4 位双向移位寄存器逻辑功能及使用方法。

（2）熟悉移位寄存器的应用，实现数据的串行、并行转换和构成环形计数器。

### 4.7.2 原理说明

#### 1. 移位寄存器功能结构

移位寄存器是一个具有移位功能的寄存器，是指寄存器中所存的代码能够在移位脉冲的作用下依次左移或右移。既能左移又能右移的称为双向移位寄存器，只需要改变左、右移的控制信号便可实现双向移位要求。根据移位寄存器存取信息的方式不同分为：串入串出、串入并出、并入串出、并入并出四种形式。

本项目选用的 4 位双向通用移位寄存器，型号为 CC40194 或 74LS194，两者功能相同，可互换使用，其逻辑符号及引脚排列如图 4.7.1 所示。

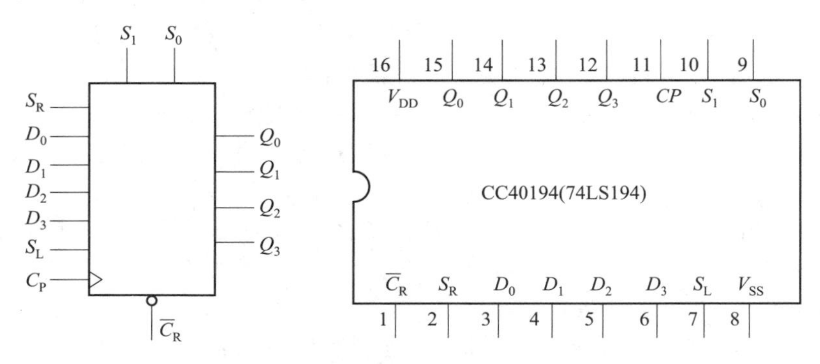


图 4.7.1 CC40194 的逻辑符号及引脚功能

其中 $D_0$、$D_1$、$D_2$、$D_3$ 为并行输入端；$Q_0$、$Q_1$、$Q_2$、$Q_3$ 为并行输出端；$S_R$ 为右移串行输入端，$S_L$ 为左移串行输入端；$S_1$、$S_0$ 为操作模式控制端；$C_R$ 为直接无条件清零端；$CP$ 为时钟脉冲输入端。

CC40194 有 5 种不同操作模式：即并行送数寄存，右移（方向由 $Q_0 \to Q_3$），左移（方向由 $Q_3 \to Q_0$），保持及清零。

**2. 移位寄存器应用**

移位寄存器应用很广，可构成移位寄存器型计数器；顺序脉冲发生器；串行累加器；可用作数据转换，即把串行数据转换为并行数据，或把并行数据转换为串行数据等。

1）环形计数器

把移位寄存器的输出反馈到它的串行输入端，就可以进行循环移位，如图 4.7.2 所示，把输出端 $Q_3$ 和右移串行输入端 $S_R$ 相连接，设初始状态 $Q_0Q_1Q_2Q_3=1000$，则在时钟脉冲作用下 $Q_0Q_1Q_2Q_3$ 将依次变为 0100→0010→0001→1000→…，可见它是一个具有四个有效状态的计数器，这种类型的计数器通常称为环形计数器。图 4.7.2 所示电路可以由各个输出端输出在时间上有先后顺序的脉冲，因此也可作为顺序脉冲发生器。如果将输出 $Q_0$ 与左移串行输入端 $S_L$ 相连接，即可达左移循环移位。

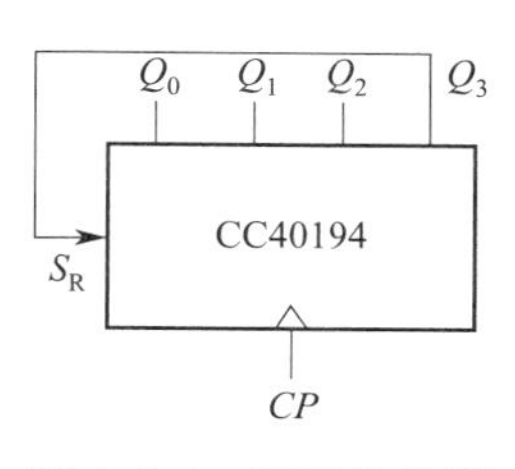


图 4.7.2　环形计数器

2）实现数据串、并行转换

（1）串行/并行转换器。串行/并行转换是指串行输入的数码，经转换电路之后变换成并行输出。

图 4.7.3 是用两片 CC40194(74LS194) 四位双向移位寄存器组成的七位串/并行数据转换电路。

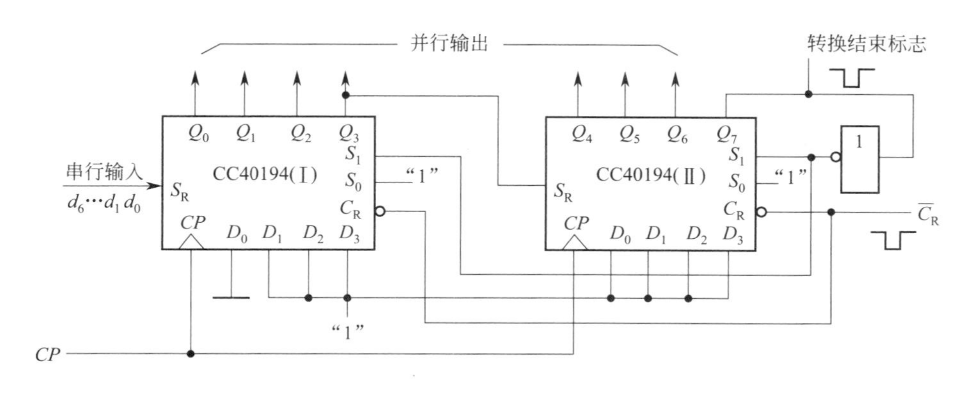


图 4.7.3　七位串行/并行转换器

电路中 $S_0$ 端接高电平 1，$S_1$ 受 $Q_7$ 控制，两片寄存器连接成串行输入右移工作模式。$Q_7$ 是转换结束标志。当 $Q_7=1$ 时，$S_1$ 为 0，使之成为 $S_1S_0=01$ 的串入右移工作方式，当 $Q_7=0$时，$S_1=1$，有 $S_1S_0=10$，则串行送数结束，标志着串行输入的数据已转换成并行输出了。

串行/并行转换的具体过程如下：转换前，$C_R$ 端加低电平，使 1、2 两片寄存器的内容清 0，此时 $S_1S_0=11$，寄存器执行并行输入工作方式。当第一个 $CP$ 脉冲到来后，寄存器的输出状态 $Q_0 \sim Q_7$ 为 01111111，与此同时 $S_1S_0$ 变为 01，转换电路变为执行串入右移工作方式，串行输入数据由 1 片的 $S_R$ 端加入。右移操作七次之后，$Q_7$ 变为 0，

$S_1S_0$又变为 11，说明串行输入结束。这时，串行输入的数码已经转换成了并行输出了。当再来一个 $CP$ 脉冲时，电路又重新执行一次并行输入，为第二组串行数码转换做好了准备。

(2) 并行/串行转换器

并行/串行转换器是指并行输入的数码经转换电路之后，换成串行输出。图 4.7.4 是用两片 CC40194(74LS194) 组成的七位并行/串行转换电路，它比图 4.7.3 多了两只与非门 $G_1$ 和 $G_2$，电路工作方式同样为右移。

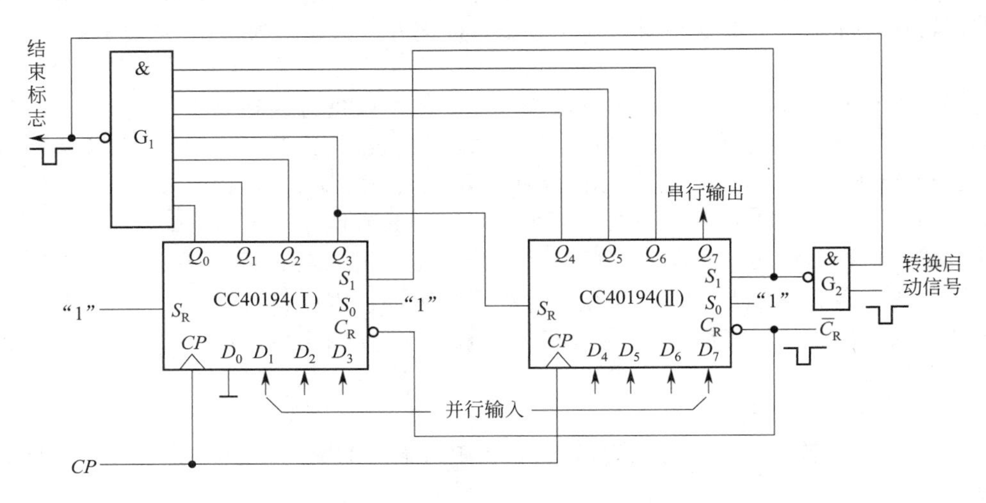


图 4.7.4　七位并行/串行转换器

寄存器清“0”后，加一个转换启动信号（负脉冲或低电平）。此时，由于方式控制 $S_1S_0$为 11，转换电路执行并行输入操作。当第一个 $CP$ 脉冲到来后，$Q_0Q_1Q_2Q_3Q_4Q_5Q_6Q_7$的状态为 $D_0D_1D_2D_3D_4D_5D_6D_7$，并行输入数码存入寄存器。从而使得 $G_1$输出为 1，$G_2$输出为 0，结果，$S_1S_2$变为 01，转换电路随着 $CP$ 脉冲的加入，开始执行右移串行输出，随着 $CP$ 脉冲的依次加入，输出状态依次右移，待右移操作七次后，$Q_0$～$Q_6$的状态都为高电平 1，与非门 $G_1$输出为低电平，$G_2$门输出为高电平，$S_1S_2$又变为 11，表示并/串行转换结束，且为第二次并行输入创造了条件。中规模集成移位寄存器，其位数往往以 4 位居多，当需要的位数多于 4 位时，可把几片移位寄存器用级连的方法来扩展位数。

## 4.7.3　训练使用设备及器件

(1) 数字逻辑实验箱。

(2) CC40194×2(74LS194)，CC4011(74LS00)，CC4068(74LS30)。

## 4.7.4　训练内容

**1. 测试 CC40194（或 74LS194）的逻辑功能**

按图 4.7.5 接线，$\overline{C_R}$、$S_1$、$S_0$、$S_L$、$S_R$、$D_0$、$D_1$、$D_2$、$D_3$分别接至逻辑开关的输出插口；$Q_0$、$Q_1$、$Q_2$、$Q_3$接至逻辑电平显示输入插口。$CP$ 端接单次脉冲源。按表 4.7.1 所规定的输入状态，逐项进行测试。

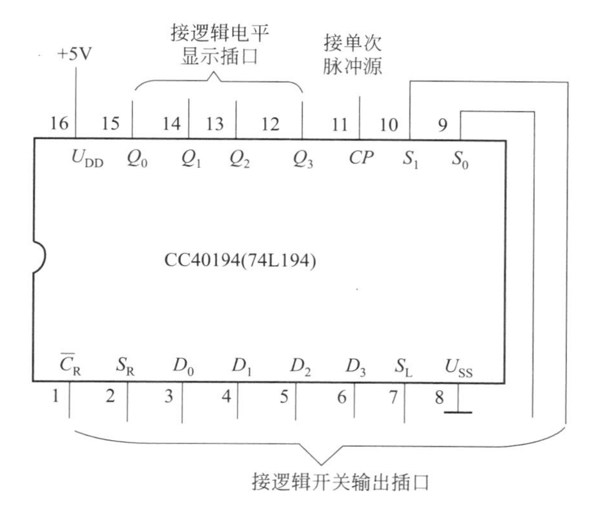


图 4.7.5　CC40194 逻辑功能测试

**表 4.7.1　CC40194 逻辑功能测试表**

| 输入 | | | | | | | | | | | 输出 | | | | 工作模式 |
|---|---|---|---|---|---|---|---|---|---|---|---|---|---|---|---|
| 清零 | 控制 | | 串行输入 | | 时钟 | 并行输入 | | | | | | | | | |
| $\overline{C_R}$ | $S_1$ | $S_0$ | $S_L$ | $S_R$ | $CP$ | $D_0$ | $D_1$ | $D_2$ | $D_3$ | $Q_0$ | $Q_1$ | $Q_2$ | $Q_3$ | | |
| 0 | × | × | × | × | × | × | × | × | × | 0 | 0 | 0 | 0 | 异步清零 | |
| 1 | 0 | 0 | × | × | × | × | × | × | × | $Q_0^n$ | $Q_1^n$ | $Q_2^n$ | $Q_3^n$ | 保　持 | |
| 1 | 0 | 1 | × | 1 | ↑ | × | × | × | × | 1 | $Q_0^n$ | $Q_1^n$ | $Q_2^n$ | 右移，$S_R$ 为串行输入，$Q_3$ 为串行输出 | |
| 1 | 0 | 1 | × | 0 | ↑ | × | × | × | × | 0 | $Q_0^n$ | $Q_1^n$ | $Q_2^n$ | | |
| 1 | 1 | 0 | 1 | × | ↑ | × | × | × | × | $Q_1^n$ | $Q_2^n$ | $Q_3^n$ | 1 | 左移，$S_L$ 为串行输入，$Q_0$ 为串行输出 | |
| 1 | 1 | 0 | 0 | × | ↑ | × | × | × | × | $Q_1^n$ | $Q_2^n$ | $Q_3^n$ | 0 | | |
| 1 | 1 | 1 | × | × | ↑ | $D_0$ | $D_1$ | $D_2$ | $D_3$ | $D_0$ | $D_1$ | $D_2$ | $D_3$ | 并行置数 | |

（1）清除：令$\overline{C_R}=0$，其他输入均为任意态，这时寄存器输出 $Q_0$、$Q_1$、$Q_2$、$Q_3$ 应均为 0。清除后，置$\overline{C_R}=1$ 。

（2）送数：令$\overline{C_R}=S_1=S_0=1$ ，送入任意 4 位二进制数，如 $D_0D_1D_2D_3=1101$，加 $CP$ 脉冲，观察 $CP=0$ 、$CP$ 由 0→1、$CP$ 由 1→0 三种情况下寄存器输出状态的变化，观察寄存器输出状态变化是否发生在 $CP$ 脉冲的上升沿。

（3）右移：清零后，令$\overline{C_R}=1$，$S_1=0$，$S_0=1$，由右移输入端 $S_R$ 送入二进制数码如 0100，由 $CP$ 端连续加 4 个脉冲，观察输出情况，记录之。

（4）左移：先清零或预置，再令$\overline{C_R}=1$，$S_1=1$，$S_0=0$，由左移输入端 $S_L$ 送入二进制数码如 1111，连续加四个 $CP$ 脉冲，观察输出端情况，记录之。

（5）保持：寄存器预置任意 4 位二进制数码，令$\overline{C_R}=1$，$S_1=S_0=0$，加 $CP$ 脉冲，观察寄存器输出状态，记录之。

**2. 环形计数器**

自拟测量线路用并行送数法预置寄存器为某二进制数码（如 0100），然后进行右移循环，观察寄存器输出端状态的变化，记录之。

**3. 实现数据的串、并行转换**

（1）串行输入、并行输出。按图 4.7.3 接线，进行右移串入、并出实验，串入数码自定；改接线路用左移方式实现并行输出。自拟表格，记录之。

（2）并行输入、串行输出。按图 4.7.4 接线，进行右移并入、串出实验，并入数码自定。再改接线路用左移方式实现串行输出。自拟表格，记录之。

## 4.7.5 训练预习要求

（1）复习有关寄存器及串行、并行转换器有关内容。

（2）查阅 CC40194、CC4011 及 CC4068 逻辑线路。熟悉其逻辑功能及引脚排列。

（3）在对 CC40194 进行送数后，若要使输出端改成另外的数码，是否一定要使寄存器清零？

（4）使寄存器清零，除采用$\overline{C_R}$输入低电平外，可否采用右移或左移的方法？可否使用并行送数法？若可行，如何进行操作？

（5）若进行循环左移，图 4.7.4 接线应如何改接？

（6）画出用两片 CC40194 构成的七位左移串/并行转换器线路。

（7）画出用两片 CC40194 构成的七位左移并/串行转换器线路。

## 4.7.6 项目报告

（1）根据训练内容 2 的结果，画出 4 位环形计数器的状态转换图及波形图。

（2）分析串 / 并、并 / 串转换器所得结果的正确性。

# 项目 4.8 使用门电路产生脉冲信号：自激多谐振荡器

## 4.8.1 训练目标

（1）掌握使用门电路构成脉冲信号产生电路的基本方法。

（2）掌握影响输出脉冲波形参数的定时元件数值的计算方法。

（3）学习石英晶体稳频原理和使用石英晶体构成振荡器的方法。

## 4.8.2 原理说明

与非门作为一个开关倒相器件，可用以构成各种脉冲波形的产生电路。电路的基本工作原理是利用电容器的充放电，当输入电压达到与非门的阈值电压 $V_T$时，门的输出状态即发生变化。因此，电路输出的脉冲波形参数直接取决于电路中阻容元件的数值。

### 1. 非对称型多谐振荡器

如图 4.8.1 所示，非门 3 用于输出波形整形。非对称型多谐振荡器的输出波形是不对称的，当用 TTL 与非门组成时，输出脉冲宽度：$t_{W1}=RC$，$t_{W2}=1.2RC$，$T=2.2RC$，调节 $R$ 和 $C$ 值，可改变输出信号的振荡频率，通常用改变 $C$ 实现输出频率的粗调，改变电位器 $R$ 实现输出频率的细调。

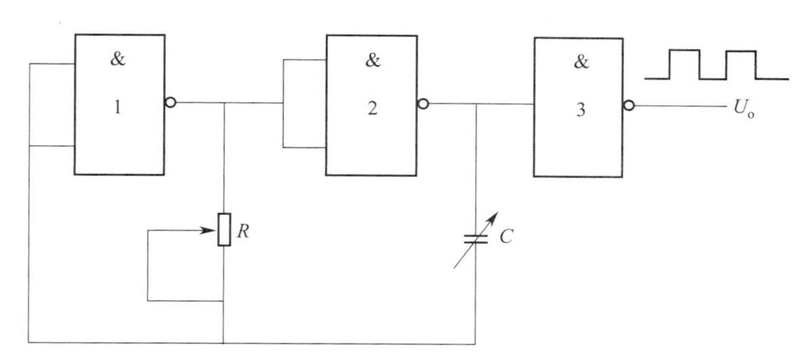


图 4.8.1　非对称型振荡器

### 2. 对称型多谐振荡器

如图 4.8.2 所示，由于电路完全对称，电容器的充放电时间常数相同，故输出为对称的方波。改变 $R$ 和 $C$ 的值，可以改变输出振荡频率。非门 3 用于输出波形整形。一般取 $R \leqslant 1\text{k}\Omega$，当 $R = 1\text{k}\Omega$，$C = 100\text{pf} \sim 100\mu\text{f}$ 时，$f = n\text{Hz} \sim n\text{MHz}$，脉冲宽度 $t_{w1} = t_{w2} = 0.7RC$，$T = 1.4RC$。

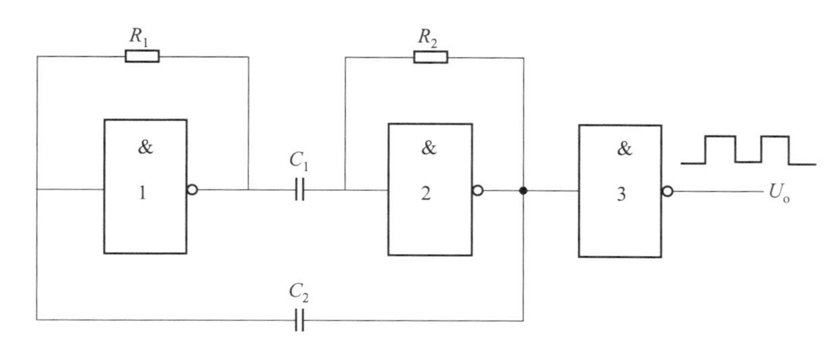


图 4.8.2　对称型振荡器

### 3. 带有 RC 电路的环形振荡器

电路如图 4.8.3 所示，非门 4 用于输出波形整形，$R$ 为限流电阻，一般取 $100\Omega$，电位器 $R_w$ 要求 $\leqslant 1\text{k}\Omega$，电路利用电容 $C$ 的充放电过程，控制 $D$ 点电压 $V_D$，从而控制与非门的自动启闭，形成多谐振荡，电容 $C$ 的充电时间 $t_{w1}$、放电时间 $t_{w2}$ 和总的振荡周期 $T$ 分别为：$t_{w1} \approx 0.94RC$，$t_{w2} \approx 1.26RC$，$T \approx 2.2RC$，调节 $R$ 和 $C$ 的大小可改变电路输出的振荡频率。

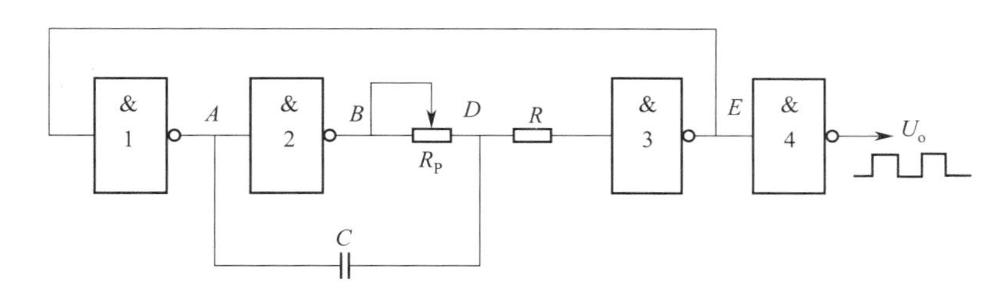


图 4.8.3　带有 RC 电路的环形振荡器

以上这些电路的状态转换都发生在与非门输入电平达到门的阈值电平 $V_T$ 的时刻。在 $V_T$ 附近电容器的充放电速度已经缓慢，而且 $V_T$ 本身也不够稳定，易受温度、电源电压变化等因素以及干扰的影响。因此，电路输出频率的稳定性较差。

**4. 石英晶体稳频的多谐振荡器**

当要求多谐振荡器的工作频率稳定性很高时，上述几种多谐振荡器的精度已不能满足要求。为此常用石英晶体作为信号频率的基准。用石英晶体与门电路构成的多谐振荡器常用来为微型计算机等提供时钟信号。图 4.8.4 所示为常用的晶体稳频多谐振荡器。图 4.8.4(a)、(b)为 TTL 器件组成的晶体振荡电路；图 4.8.4(c)、(d)为 CMOS 器件组成的晶体振荡电路，一般用于电子表中，其中晶体的 $f_0$＝32768Hz。

图 4.8.4(c) 中，门 1 用于振荡，门 2 用于缓冲整形。$R_f$是反馈电阻，通常在几十兆欧之间选取，一般选 22MΩ。$R$ 起稳定振荡作用，通常取十至几百千欧。$C_1$是频率微调电容器，$C_2$用于温度特性校正。

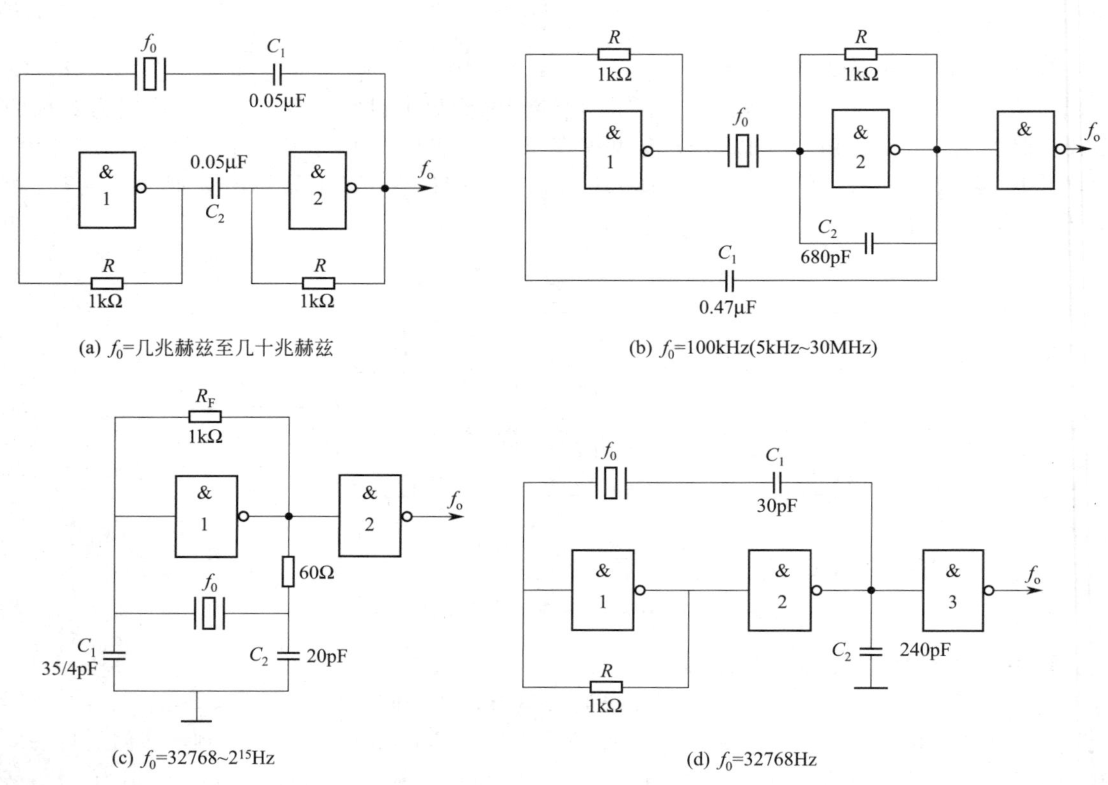


图 4.8.4　常用的晶体振荡电路

## 4.8.3 训练使用设备及器件

（1）数字逻辑实验箱。

（2）双踪示波器。

（3）数字频率计。

（4）74LS00（或 CC4011）；晶振 32768Hz；电位器、电阻、电容若干。

## 4.8.4 训练内容

（1）用与非门 74LS00 按图 4.8.1 构成多谐振荡器，其中 $R$ 为 10kΩ 电位器，为 0.01μF。

① 用示波器观察输出波形及电容 $C$ 两端的电压波形，列表记录之。

② 调节电位器观察输出波形的变化，测出上、下限频率。

③ 用一只 100μF 电容器跨接在 74LS00 的 14 脚与 7 脚的最近处，观察输出波形的变化及电源上纹波信号的变化，记录之。

（2）用 74LS00 按图 4.8.2 接线，取 $R=1\text{k}\Omega$，$C=0.047\mu\text{F}$，用示波器观察输出波形，记录之。

（3）用 74LS00 按图 4.8.3 接线，其中定时电阻 $R_W$ 用一个 510Ω 与一个 1kΩ 的电位器串联，取 $R=100\Omega$，$C=0.1\mu\text{F}$。

① $R_W$ 调到最大时，观察并记录 $A$、$B$、$D$、$E$ 及 $U_0$ 各点电压的波形，测出

② $U_0$ 的周期 $T$ 和负脉冲宽度（电容 $C$ 的充电时间）并与理论计算值比较。

③ 改变 $R_W$ 值，观察输出信号 $U_0$ 波形的变化情况。

（4）按图 4.8.4(c) 接线，晶振选用电子表晶振 32768Hz，与非门选用 CC4011，用示波器观察输出波形，用频率计测量输出信号频率，记录之。

### 4.8.5　训练预习要求

（1）复习自激多谐振荡器的工作原理。

（2）画出详细线路图。

（3）拟好记录、数据表格等。

### 4.8.6　项目报告

（1）画出电路，整理数据与理论值进行比较。

（2）用方格纸画出观测到的工作波形图，对结果进行分析。

## 项目 4.9　单稳态触发器与施密特触发器：脉冲延时与波形整形电路

### 4.9.1　训练目标

（1）掌握使用集成门电路构成单稳态触发器的基本方法。

（2）熟悉集成单稳态触发器的逻辑功能及其使用方法。

（3）熟悉集成施密特触发器的性能及其应用。

### 4.9.2　原理说明

在数字电路中常使用矩形脉冲作为信号，进行信息传递，或作为时钟信号用来控制和驱动电路，使各部分协调动作。自激多谐振荡器是不需要外加信号触发的矩形波发生器。另一类是他激多谐振荡器，有单稳态触发器，它需要在外加触发信号的作用下输出具有一定宽度的矩形脉冲波；有施密特触发器（整形电路），它对外加输入的正弦波等波形进行整形，使电路输出矩形脉冲波。

**1. 用与非门组成单稳态触发器**

利用与非门作开关，依靠定时元件 RC 电路的充放电路来控制与非门的启闭。单稳态电

路有微分型与积分型两大类，这两类触发器对触发脉冲的极性与宽度有不同的要求。

1）微分型单稳态触发器

如图 4.9.1 所示为负脉冲触发。其中 $R_P$、$C_P$ 构成输入端微分隔直电路。$R$、$C$ 构成微分型定时电路，定时元件 $R$、$C$ 的取值不同，输出脉宽 $t_W$ 也不同。$t_W \approx (0.7\sim1.3)RC$。

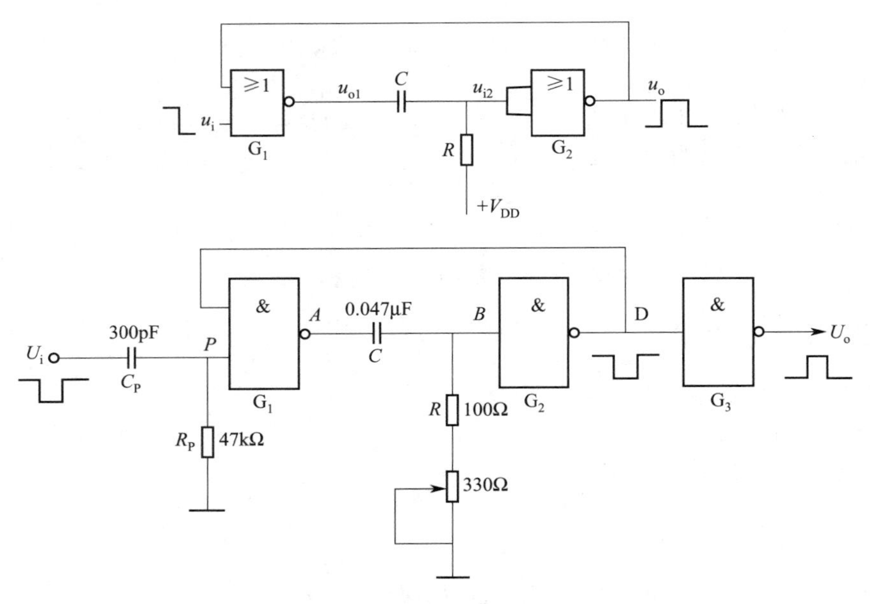


图 4.9.1 微分型单稳态触发器

如图 4.9.2 所示为该微分型单稳态触发器各点波形图，下面结合波形图说明其工作原理。

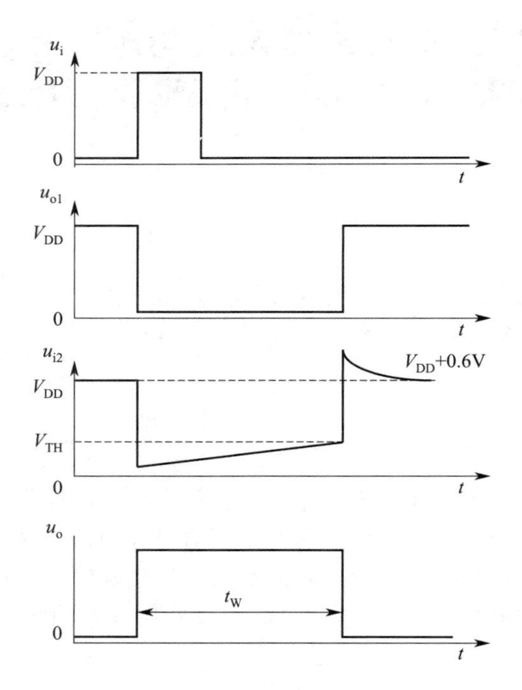


图 4.9.2 微分型单稳态触发器波形图

(1) 无外介触发脉冲时电路初始稳态（$t<t_1$前状态）。稳态时 $u_i$为高电平。适当选择电阻 $R$ 阻值，使与非门 $G_2$输入电压 $V_B$ 小于门的关门电平（$V_B<V_{off}$），则门 $G_2$关闭，输出 $V_D$为高电平。适当选择电阻 $R_P$阻值，使与非门 $G_1$ 的输入电压 $V_P$大于门的开门电平（$V_P>V_{on}$），于是 $G_1$的两个输入端全为高电平，则 $G_1$开启，输出 $V_A$为低电平（为方便计，取 $V_{off}=V_{on}=V_T$）。

(2) 触发翻转（$t=t_1$时刻）。$u_i$负跳变，$V_p$也负跳变，门 $G_1$输出 $V_A$升高，经电容 $C$ 耦合，$V_B$也升高，门 $G_2$输出 $V_D$降低，正反馈到 $G_1$输入端，结果使 $G_1$输出 $V_A$由低电平迅速上跳至高电平，$G_1$迅速关闭；$V_B$也上跳至高电平，$G_2$输出 $V_D$则迅速下跳至低电平，$G_2$迅速开通。

(3) 暂稳状态（$t_1<t<t_2$）。$t\geqslant t_1$以后，$G_1$输出高电平，对电容 $C$ 充电，$V_B$随之按指数规律下降，但只要 $V_B>V_T$，$G_1$关、$G_2$开的状态将维持不变，$V_A$、$V_D$也维持不变。

(4) 自动翻转（$t=t_2$）。$t=t_2$时刻，$V_B$ 下降至门的关门平 $V_T$，$G_2$输出 $V_D$升高，$G_1$输出 $V_A$，正反馈作用使电路迅速翻转至 $G_1$开启，$G_2$关闭初始稳态。暂稳态时间的长短，决定于电容 $C$ 充电时间常数 $t=RC$。

(5) 恢复过程（$t_2<t<t_3$）。电路自动翻转到 $G_1$开启，$G_2$关闭后，$V_B$不是立即回到初始稳态值，这是因为电容 $C$ 要有一个放电过程。$t>t_3$以后，如 $u_i$再出现负跳变，则电路将重复上述过程。

如果输入脉冲宽度较小时，则输入端可省去 $R_PC_P$微分电路了。

2）积分型单稳态触发器

如图 4.9.3 所示为积分型单稳态触发器，采用正脉冲触发。

工作波形如图 4.9.4 所示。电路的稳定条件是 $R\leqslant 1k\Omega$，输出脉冲宽度 $t_W\approx 1.1RC$。

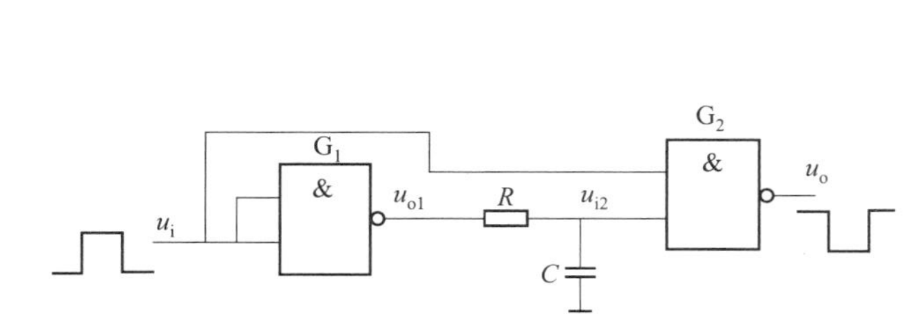


图 4.9.3　积分型单稳态触发器

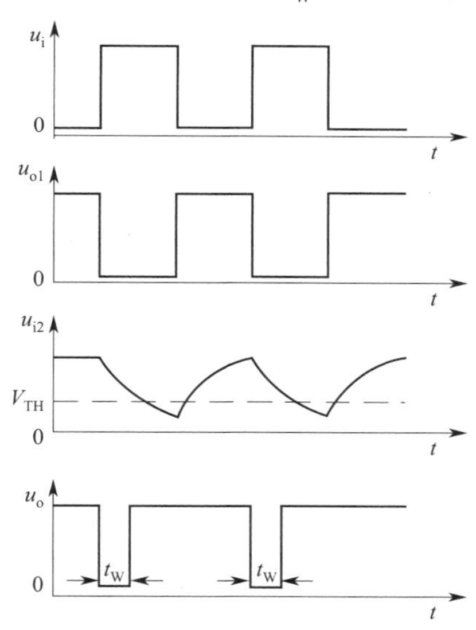


图 4.9.4　积分型单稳态触发器波形图

单稳态触发器共同特点是：触发脉冲未加入前，电路处于稳态。此时，可以测得各门的输入和输出电位。触发脉冲加入后，电路立刻进入暂稳态，暂稳态的时间，即输出脉冲的宽度 $t_W$只取决于 $RC$ 数值的大小，与触发脉冲无关。

**2. 集成六施密特触发器 CC40106**

如图 4.9.5 为其逻辑符号及引脚功能，它可用于波形的整形，也可作反相器或构成单稳态触发器和多谐振荡器。

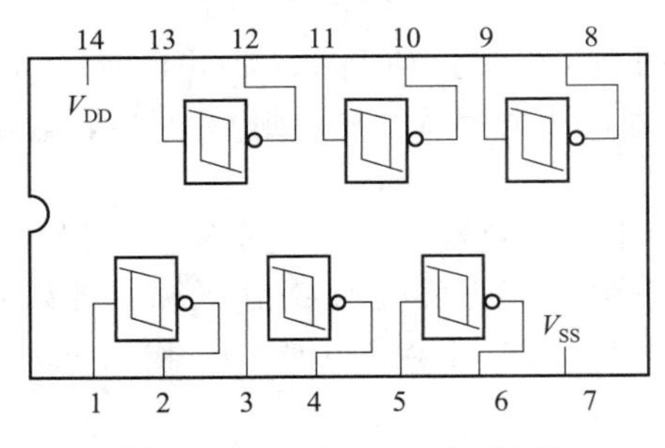


图 4.9.5　CC40106 引脚排列

（1）将正弦波转换为方波，如图 4.9.6 所示。

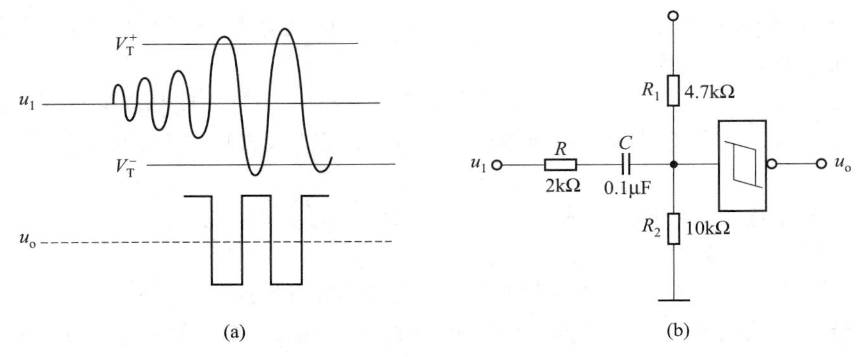


图 4.9.6　正弦波转换为方波

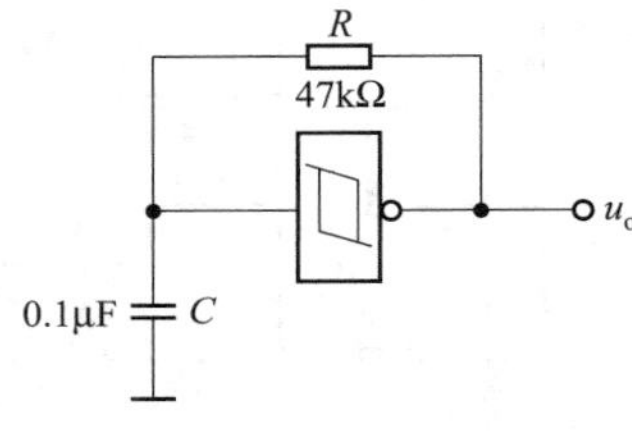


图 4.9.7　多谐振荡器

（2）构成多谐振荡器，如图 4.9.7 所示。

（3）构成单稳态触发器。图 4.9.8(a) 为下降沿触发电路；图 4.9.8(b) 为上升沿触发电路。

## 4.9.3　训练使用设备及器件

（1）数字逻辑实验箱。

（2）双踪示波器。

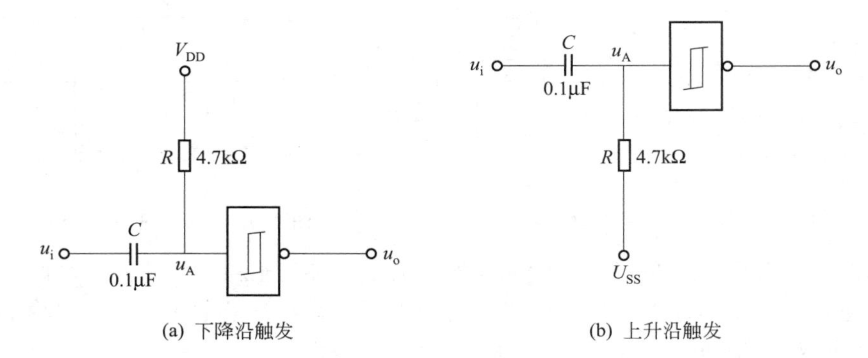


图 4.9.8　单稳态触发器

（3）数字频率计。

（4）CC4011，CC14528，CC40106，2CK15，电位器、电阻、电容若干。

### 4.9.4　训练内容

（1）按图 4.9.1 接线，输入 1kHz 连续脉冲，用双踪示波器观察 $u_i$、$V_P$、$V_A$、$V_B$、$V_D$ 及 $u_o$的波形，记录测试情况。试着改变 $C$ 或 $R$ 之值，重复训练内容。

（2）按图 4.9.3 接线，重复步骤（1）的训练内容，记录测试情况。

（3）分别按如图 4.9.8(a)、(b) 所示电路接线，记录测试情况与输出波形。

### 4.9.5　训练预习要求

（1）复习有关单稳态触发器和施密特触发器的内容。

（2）画出详细线路图。

（3）拟定各次的方法、步骤。

（4）拟好记录结果所需的数据、表格等。

### 4.9.6　项目报告

（1）绘出线路图，用方格纸记录波形。

（2）分析各次结果的波形，验证有关的理论。

（3）总结单稳态触发器及施密特触发器的特点及其应用。

## 项目 4.10　555 时基电路及其应用

### 4.10.1　训练目标

（1）熟悉 555 型集成时基电路结构、工作原理及其特点。

（2）掌握 555 型集成时基电路的基本应用。

### 4.10.2　原理说明

集成时基电路又称为集成定时器或 555 电路，是一种数字、模拟混合型的中规模集成电路，应用十分广泛。它是一种产生时间延迟和多种脉冲信号的电路，由于内部电压标准使用了三个 5kΩ 电阻，故取名 555 电路。其电路类型有双极型和 CMOS 型两大类，二者的结构与工作原理类似。几乎所有的双极型产品型号最后的三位数码都是 555 或 556；所有的 CMOS 产品型号最后四位数码都是 7555 或 7556，二者的逻辑功能和引脚排列完全相同，易于互换。555 和 7555 是单定时器。556 和 7556 是双定时器。双极型的电源电压 $V_{CC}=+5\sim+15V$，输出的最大电流可达 200mA，CMOS 型的电源电压为 $+3\sim+18V$。

**1. 555 电路的工作原理**

555 电路的内部电路方框图如图 4.10.1 所示。它含有两个电压比较器，一个基本 RS 触发器，一个放电开关管 VT，比较器的参考电压由三只 5kΩ 的电阻器构成的分压器提供。它们分别使高电平比较器 $A_1$ 的同相输入端和低电平比较器 $A_2$ 的反相输入端的参考电平为 $\frac{2}{3}V_{CC}$

和$\frac{1}{3}V_{CC}$。$A_1$与$A_2$的输出端控制RS触发器状态和放电管开关状态。当输入信号自6脚，即高电平触发输入并超过参考电平$\frac{2}{3}V_{CC}$时，触发器复位，555的输出端3脚输出低电平，同时放电开关管导通；当输入信号自2脚输入并低于$\frac{1}{3}V_{CC}$时，触发器置位，555的3脚输出高电平，同时放电开关管截止。

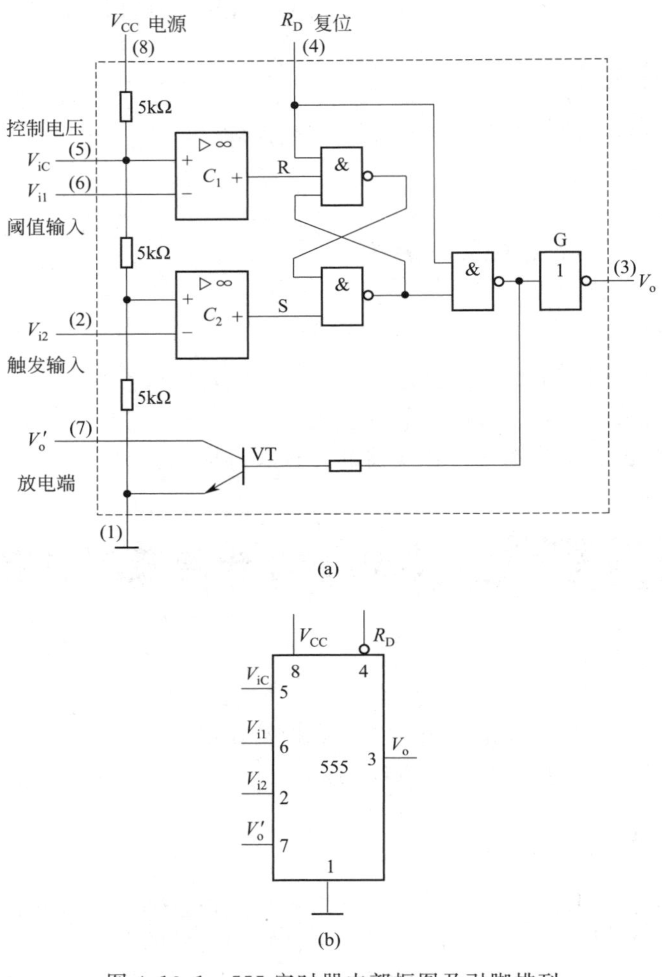


图 4.10.1　555定时器内部框图及引脚排列

$\overline{R_D}$是复位端（4脚），当$\overline{R_D}=0$，555输出低电平。平时$\overline{R_D}$端开路或接$V_{CC}$。

$V_{iC}$是控制电压端（5脚），平时输出$\frac{2}{3}V_{CC}$作为比较器$A_1$的参考电平，当5脚外接一个输入电压，即改变了比较器的参考电平，从而实现对输出的另一种控制，在不接外加电压时，通常接一个0.01μF的电容器到地，起滤波作用，以消除外来的干扰，以确保参考电平的稳定。VT为放电管，当VT导通时，将给接于脚7的电容器提供低阻放电通路。555定时器主要是与电阻、电容构成充放电电路，并由两个比较器来检测电容器上的电压，以确定输出电平的高低和放电开关管的通断。这就很方便地构成从微秒到数十分钟的延时电路，可方便地构成单稳态触发器、多谐振荡器、施密特触发器等脉冲产生或波形变换电路。

**2. 555 定时器的典型应用**

1）构成单稳态触发器

用 555 定时器构成的单稳态触发器电路及工作波形如图 4.10.2 所示。

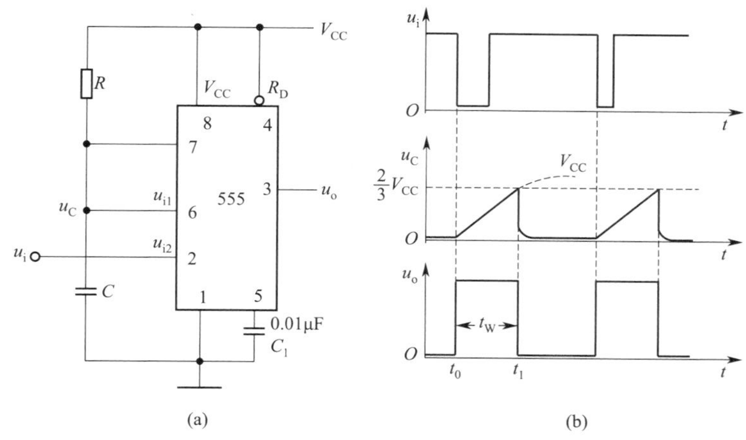


图 4.10.2　单稳态触发器

（1）无触发信号输入时电路工作在稳定状态。当电路无触发信号时，$V_i$保持高电平，电路工作在稳定状态，即输出端 $V_o$保持低电平，555 内放电三极管 VT 饱和导通，管脚 7 接地，电容电压 $V_C$为 0V。

（2）$v_i$下降沿触发。当 $v_i$下降沿到达时，555 触发输入端（2 脚）由高电平跳变为低电平，电路被触发，$v_o$由低电平跳变为高电平，电路由稳态转入暂稳态。

（3）暂稳态的维持时间。在暂稳态期间，555 内放电三极管 VT 截止，$V_{CC}$经 $R$ 向 $C$ 充电。其充电回路为 $V_{CC}\to R\to C\to$地，时间常数 $\tau_1=RC$，电容电压 $u_C$由 0V 开始增大，在电容电压 $u_C$上升到阈值电压$\frac{2}{3}V_{CC}$之前，电路将保持暂稳态不变。

（4）自动返回（暂稳态结束）时间。当 $u_C$上升至阈值电压$\frac{2}{3}V_{CC}$时，输出电压 $u_o$由高电平跳变为低电平，555 内放电三极管 VT 由截止转为饱和导通，管脚 7 接地，电容 $C$ 经放电三极管对地迅速放电，电压 $u_C$由$\frac{2}{3}V_{CC}$迅速降至 0V（放电三极管的饱和压降），电路由暂稳态重新转入稳态。

（5）恢复过程。当暂稳态结束后，电容 $C$ 通过饱和导通的三极管 VT 放电，时间常数 $\tau_2=RC$，式中 $R$ 是 VT 的饱和导通电阻，其阻值非常小，因此 $\tau_2$之值亦非常小。经过 $(3\sim5)\tau_2$后，电容 $C$ 放电完毕，恢复过程结束。

恢复过程结束后，电路返回到稳定状态，单稳态触发器又可以接收新的触发信号。

2）构成多谐振荡器

如图 4.10.3(a) 所示，由 555 定时器和外接元件 $R_1$、$R_2$、$C$ 构成多谐振荡器，脚 2 与脚 6 直接相连。电路没有稳态，仅存在两个暂稳态，电路亦不需要外加触发信号，利用电源通过 $R_1$、$R_2$向 $C$ 充电，以及 $C$ 通过 $R_2$向放电端 $C_1$放电，使电路产生振荡。电容 $C$ 在$\frac{1}{3}V_{CC}$和$\frac{2}{3}V_{CC}$之间充电和放电，其波形如图 4.10.3（b）所示。输出信号的时间参数：

$$T=t_{w1}+t_{w2};t_{w1}=0.7(R_1+R_2)C;t_{w2}=0.7R_2C \tag{4.10.1}$$

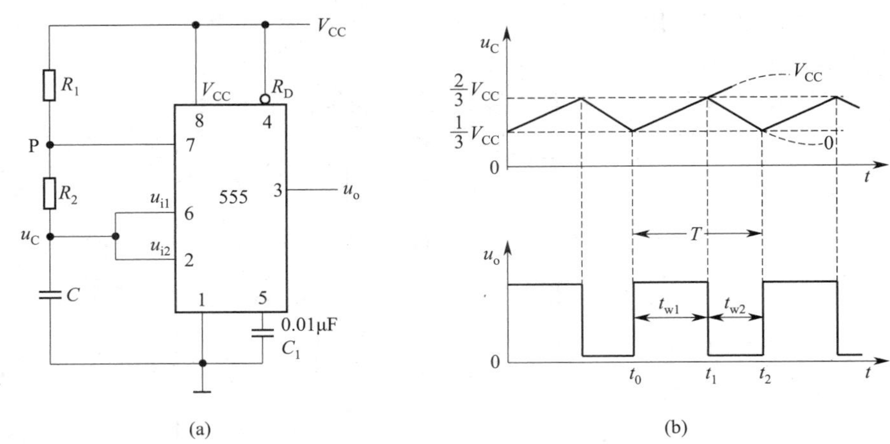


图 4.10.3 多谐振荡器

555 电路要求 $R_1$ 与 $R_2$ 均应大于或等于 1kΩ，但 $R_1+R_2$ 应小于或等于 3.3MΩ。

外部元件的稳定性决定了多谐振荡器的稳定性，555 定时器配以少量的元件即可获得较高精度的振荡频率和具有较强的功率输出能力。因此这种形式的多谐振荡器应用很广。

3）组成占空比可调的多谐振荡器

电路如图 4.10.4 所示，它比图 4.10.3 所示电路增加了一个电位器和两个导引二极管。$VD_1$、$VD_2$ 用来决定电容充、放电电流流经电阻的途径（充电时 $VD_1$ 导通，$VD_2$ 截止；放电时 $VD_2$ 导通，$VD_1$ 截止）。

$$\text{占空比}\quad P=\frac{t_{w1}}{t_{w1}+t_{w2}}\approx\frac{0.7R_A C}{0.7C(R_A+R_B)}=\frac{R_A}{R_A+R_B}\tag{4.10.2}$$

可见，若取 $R_A=R_B$ 电路即可输出占空比为 50% 的方波信号。

4）组成占空比连续可调并能调节振荡频率的多谐振荡器

电路如图 4.10.5 所示。对 $C_1$ 充电时，充电电流通过 $R_1$、$VD_1$、$R_{W2}$ 和 $R_{W1}$；放电时通过 $R_{W1}$、$R_{W2}$、$VD_2$、$R_2$。当 $R_1=R_2$、$R_{W2}$ 调至中心点，因充放电时间基本相等，其占空比约为 50%，此时调节 $R_{W1}$ 仅改变频率，占空比不变。如 $R_{W2}$ 调至偏离中心点，再调节 $R_{W1}$，不仅振荡频率改变，而且对占空比也有影响。$R_{W1}$ 不变，调节 $R_{W2}$，仅改变占空比，

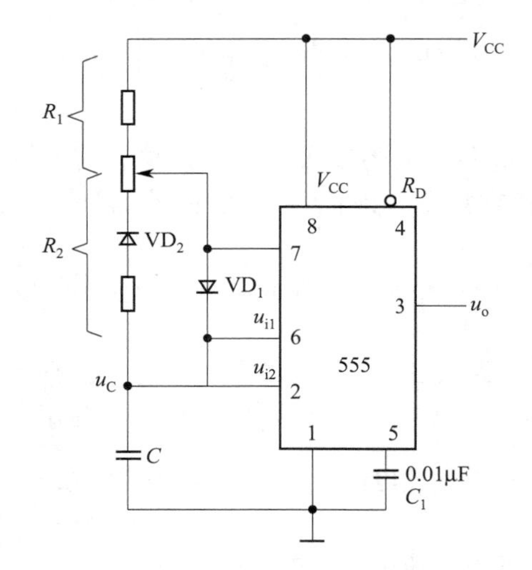


图 4.10.4 占空比可调的多谐振荡器

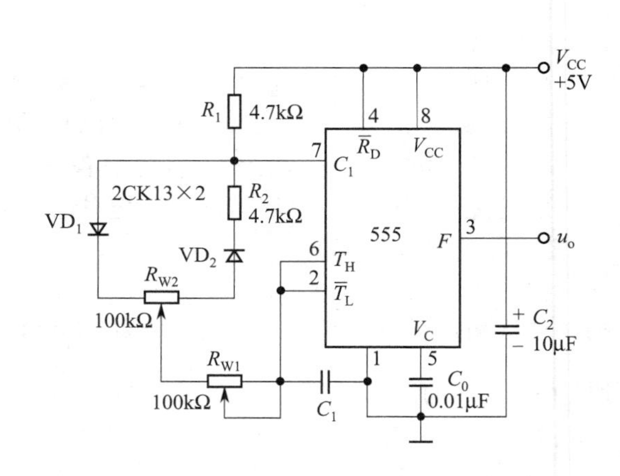


图 4.10.5 占空比与频率均可调的多谐振荡器

对频率无影响。因此，当接通电源后，应首先调节 $R_{W1}$ 使频率至规定值，再调节 $R_{W2}$，以获得需要的占空比。若频率调节的范围比较大，还可以用波段开关改变 $C_1$ 的值。

5）组成施密特触发器

电路如图 4.10.6 所示，只要将脚 2、6 连在一起作为信号输入端，即得到施密特触发器。

如图 4.10.7 所示为 $u_s$、$u_i$ 和 $u_o$ 的波形图。设被整形变换的电压为正弦波 $u_s$，其正半波通过二极管 VD 同时加到 555 定时器的 2 脚和 6 脚，得 $u_i$ 为半波整流波形。当 $u_i$ 上升到 $\frac{2}{3}V_{CC}$ 时，$u_o$ 从高电平翻转为低电平；当 $u_i$ 下降到 $\frac{1}{3}V_{CC}$ 时，$u_o$ 又从低电平翻转为高电平。

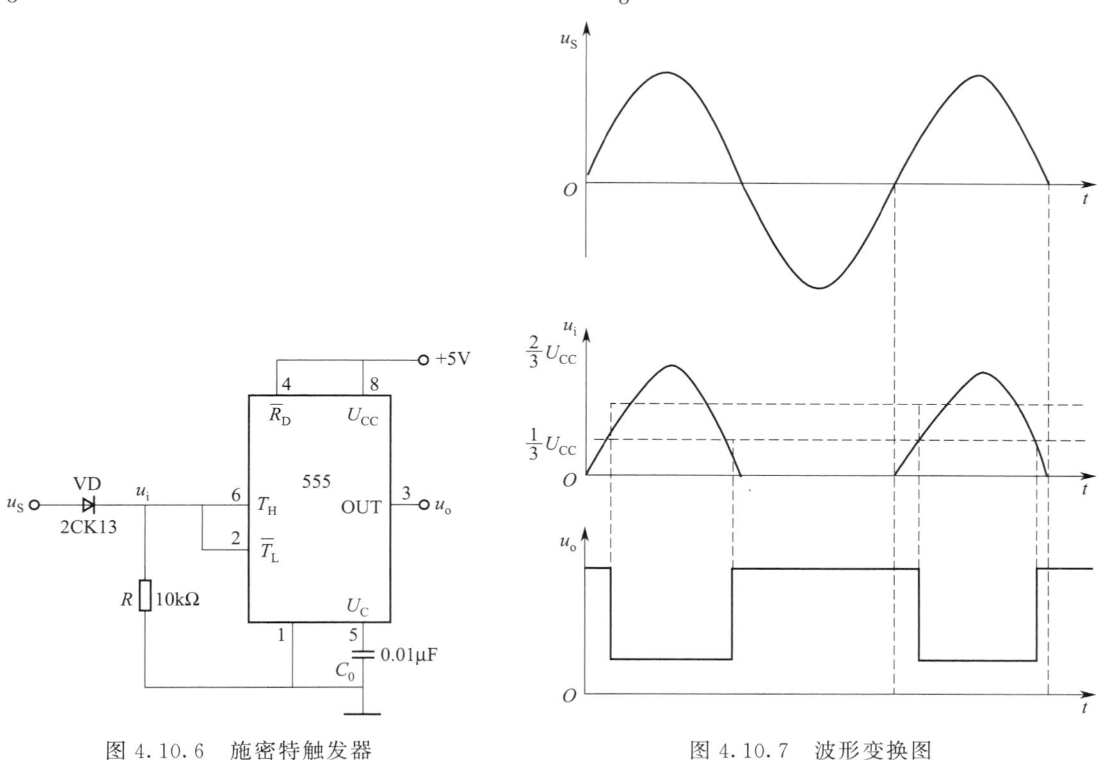


图 4.10.6　施密特触发器

图 4.10.7　波形变换图

## 4.10.3　训练使用设备及器件

（1）数字逻辑实验箱。

（2）双踪示波器。

（3）数字频率计。

（4）音频信号源。

（5）2 片 555、2 片 CK13、电位器、电阻、电容若干。

## 4.10.4　训练内容

### 1. 单稳态触发器

（1）按图 4.10.2 连线，取 $R=100\text{k}\Omega$，$C=47\mu\text{F}$，输入信号 $u_i$ 由单次脉冲源提供，用双踪示波器观测 $u_i$、$u_C$、$u_o$ 波形，测定幅度与暂稳时间。

（2）将 $R$ 改为 1 kΩ，$C$ 改为 0.1μF，输入端加 1kHz 的连续脉冲，观测 $u_i$、$u_c$、$u_o$ 波形，测定幅度及暂稳时间。

**2. 多谐振荡器**

(1) 按图 4.10.3 接线，用双踪示波器观测 $u_c$与 $u_o$的波形，测定频率。

(2) 按图 4.10.4 接线，组成占空比为 50%的方波信号发生器。观测 $u_c$、$u_o$波形，测定波形参数。

(3) 按图 4.10.5 接线，通过调节 $R_{W1}$和 $R_{W2}$来观测输出波形。

**3. 施密特触发器**

按图 4.10.6 接线，输入信号由音频信号源提供，预先调好 $u_s$ 的频率为 1kHz，接通电源，逐渐加大 $u_s$的幅度，观测输出波形，测绘电压传输特性，计算出回差电压 $\Delta U$。

**4. 模拟声响电路**

按图 4.10.8 接线，组成两个多谐振荡器，调节定时元件，使Ⅰ输出较低频率，Ⅱ输出较高频率，连好线，接通电源，试听音响效果。调换外接阻容元件，再试听音响效果。

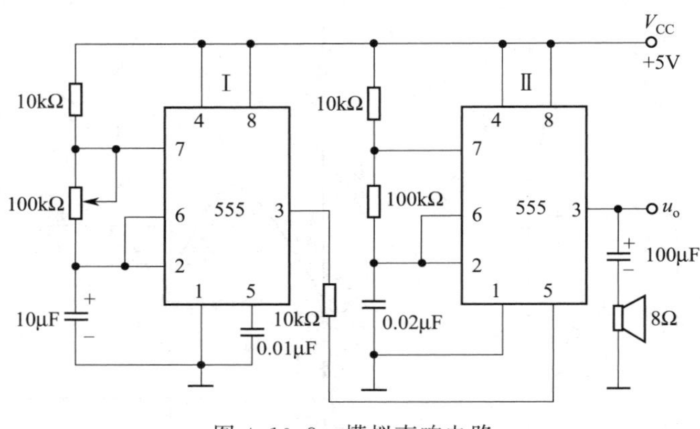


图 4.10.8 模拟声响电路

## 4.10.5 训练预习要求

(1) 复习有关 555 定时器的工作原理及其应用。

(2) 拟定所需的数据、表格等。

(3) 如何用示波器测定施密特触发器的电压传输特性曲线?

(4) 拟定各次的步骤和方法。

## 4.10.6 项目报告

(1) 绘出详细的线路图，定量绘出观测到的波形。

(2) 分析、总结结果。

# 项目 4.11 智力竞赛抢答装置

## 4.11.1 训练目标

(1) 学习数字电路中 D 触发器、分频电路、多谐振荡器、CP 时钟脉冲源等单元电路的综合运用。

（2）熟悉智力竞赛抢赛器的工作原理。

（3）了解简单数字系统实验、调试及故障排除方法。

## 4.11.2　原理说明

图 4.11.1 为供四人用的智力竞赛抢答装置线路，用以判断抢答优先权。

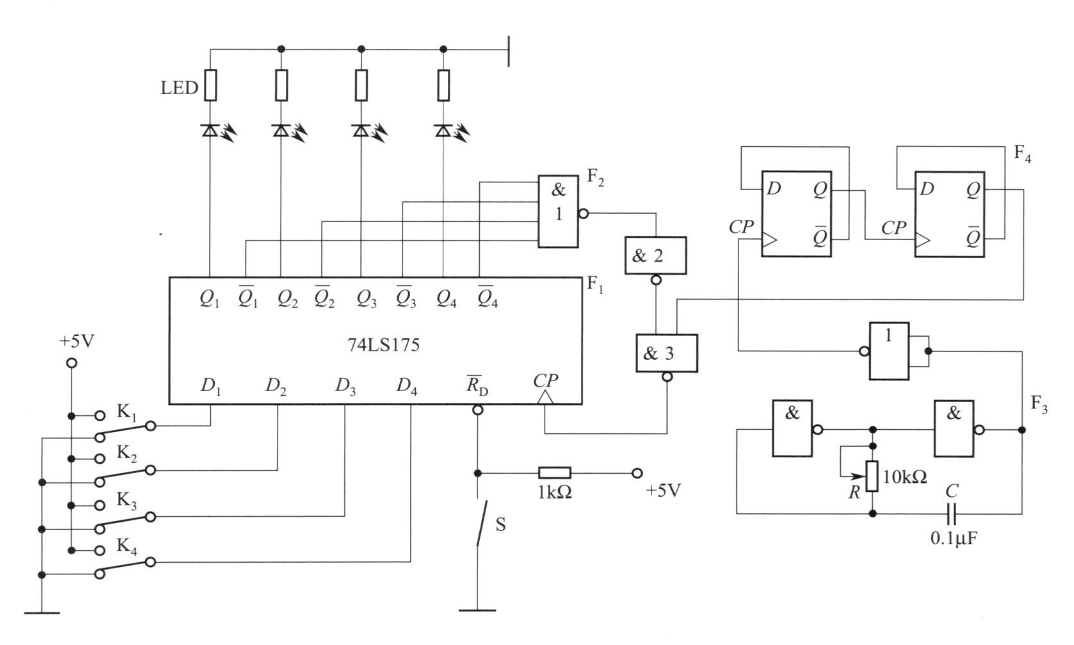


图 4.11.1　智力竞赛抢答装置原理图

图 4.11.1 中 $F_1$ 为四 D 触发器 74LS175，它具有公共置 0 端和公共 $CP$ 端，引脚排列自行查阅手册；$F_2$ 为双 4 输入与非门 74LS20；$F_3$ 是由 74LS00 组成的多谐振荡器；$F_4$ 是由 74LS74 组成的四分频电路，$F_3$、$F_4$ 组成抢答电路中的 $CP$ 时钟脉冲源，抢答开始时，由主持人清除信号，按下复位开关 S，74LS175 的输出 $Q_1 \sim Q_4$ 全为 0，所有发光二极管 LED 均熄灭，当主持人宣布“抢答开始”后，首先作出判断的参赛者立即按下开关，对应的发光二极管点亮，同时，通过与非门 $F_2$ 送出信号锁住其余三个抢答者的电路，不再接受其他信号，直到主持人再次清除信号为止。

## 4.11.3　训练使用设备及器件

（1）＋5V 直流电源。

（2）逻辑电平开关。

（3）逻辑电平显示器。

（4）双踪示波器。

（5）数字频率计。

（6）直流数字电压表。

（7）74LS175、74LS20、74LS74、74LS00。

## 4.11.4 训练内容

**1. 各触发器及各逻辑门的逻辑功能。**

(1) 按图 4.11.1 接线，抢答器五个开关接实验装置上的逻辑开关、发光二极管接逻辑电平显示器。

(2) 断开抢答器电路中 CP 脉冲源电路，单独对多谐振荡器 $F_3$ 及分频器 $F_4$ 进行调试，调整多谐振荡器 10kΩ 电位器，使其输出脉冲频率约 4kHz，观察 $F_3$ 及 $F_4$ 输出波形及测试其频率。

**2. 测试抢答器电路功能**

接通+5V 电源，CP 端接实验装置上连续脉冲源，取重复频率约 1kHz。

(1) 抢答开始前，开关 $K_1$、$K_2$、$K_3$、$K_4$ 均置“0”，准备抢答，将开关 S 置“0”，发光二极管全熄灭，再将 S 置“1”。抢答开始，$K_1$、$K_2$、$K_3$、$K_4$ 某一开关置“1”，观察发光二极管的亮、灭情况，然后再将其他三个开关中任一个置“1”，观察发光二极的亮、灭有否改变。

(2) 重复 (1) 的内容，改变 $K_1$、$K_2$、$K_3$、$K_4$ 任一个开关状态，观察抢答器的工作情况。

(3) 整体测试。

断开实验装置上的连续脉冲源，接入 $F_3$ 及 $F_4$，再进行实验。

## 4.11.5 训练预习要求

若在图 4.11.1 电路中加一个计时功能，要求计时电路显示时间精确到秒，最多限制为 2min，一旦超出限时，则取消抢答权，电路如何改进。

## 4.11.6 项目报告

(1) 分析智力竞赛抢答装置各部分功能及工作原理。

(2) 总结数字系统的设计、调试方法。

(3) 分析实验中出现的故障及解决办法。

# 参考文献


[1] 秦曾煌．电工学简明教程．北京：高等教育出版社，2011.

[2] 童诗白，华成英．模拟电子技术基础．第4版．北京：高等教育出版社，2006.

[3] 赵翱东．数字电子技术．北京：化学工业出版社，2009.

[4] 王幼林．电工电子技术实验与实践指导．北京：机械工业出版社，2015.

[5] 桑林．邳志刚．电工与电子技术实验教程．北京：化学工业出版社，2016.